Faserbeton

Bernhard Wietek

Faserbeton

im Bauwesen

4. Auflage

Springer Vieweg

Bernhard Wietek
Ingenieurbüro WIETEK
Sistrans, Österreich

ISBN 978-3-658-44749-6 ISBN 978-3-658-44750-2 (eBook)
https://doi.org/10.1007/978-3-658-44750-2

Die Deutsche Nationalbibliothek verzeichnet diese Publikation in der Deutschen Nationalbibliografie; detaillierte bibliografische Daten sind im Internet über https://portal.dnb.de abrufbar.

Planung/Lektorat: Sandy Lunau
Springer Vieweg ist ein Imprint der eingetragenen Gesellschaft Springer Fachmedien Wiesbaden GmbH und ist ein Teil von Springer Nature.
Die Anschrift der Gesellschaft ist: Abraham-Lincoln-Str. 46, 65189 Wiesbaden, Germany

Das Papier dieses Produkts ist recycelbar.

Vorwort zur 4. Auflage

Seit der letzten (3.) Auflage sind nun schon weitere vier Jahre verstrichen. In dieser Zeit haben sich bezüglich der Anwendung von Faserbeton etliche neue Anwendungen ergeben, die für den Leser von Nutzen sein können.

Für den Brandfall wurden in den letzten Jahren die Kunststoff-Mikrofasern ausführlich getestet und sind bereits in breiter Anwendung. Diese erfolgreich getesteten Materialeigenschaften sollten nun auch im Bereich des Hochbaus für brandhemmende bzw. brandbeständige Bauteile zur Anwendung gebracht werden. Es werden Vorschläge unterbreitet.

Flächenhafte Bauteile wie Wände und Decken bzw. Platten können nicht beliebige Abmessungen erhalten. Grund dafür ist die Tatsache, dass wegen äußerer Einflüsse wie Temperaturschwankung beispielsweise eine Zugspannung im Flächenbauteil entsteht, die zu Rissen führen kann. Dieses Phänomen wird nun zusätzlich für Faserbetonbauteile untersucht.

In der praktischen Anwendung von Faserbeton hat sich immer wieder ergeben, dass zwei unterschiedliche Fasern bei einem Bauteil zum Ensatz kamen. Gründe dafür sind vielfältig, meistens ist hier der Brandschutz zu erwähnen. Es wird neuerdings auch aufgezeigt, wie mit zwei unterschiedlichen Fasern die Materialeigenschaften des Faserbetons zu ermitteln sind.

Im Hochbau werden bei der Herstellung von Geschosswänden aus Beton Doppelwände verwendet. Dabei sind die Außenschalen der Wand bereits im Fertigteilwerk vorgefertigt und auf der Baustelle werden diese in der vorgesehenen Lage aufgestellt und mit Beton ausgefüllt. Es wird nun gezeigt, daß diese Doppelwände auch mit Faserbeton hergestellt werden können und somit keine Stahlbewehrung mehr notwendig ist.

Die gute und konstruktive Zusammenarbeit mit Baufirmen und auch der Faserhersteller konnte es ermöglichen, all die Neuerungen und auch die zahlreichen Anwendungen im ausgewogenen Maß darzustellen. Für diese Zusammenarbeit und das dabei immer entgegengebrachte Vertrauen möchte ich mich bei allen beteiligten Firmen ausdrücklich bedanken.

Ich möchte mich beim Verlag und seinen Lektoren Herrn Frieder Kumm und neuerdings auch Frau Dr. Sandy Lunau für die gewohnt rasche und problemlose Zusammenarbeit bedanken, ohne die das Buch nicht so rasch zum Leser gekommen wäre.

Sistrans bei Innsbruck, im April 2024 — Bernhard Wietek

Vorwort zur 3. Auflage

Nachdem wieder mal drei Jahre seit der letzten Auflage vergangen sind, hat eine Entwicklung im Bereich von Faserbeton statt gefunden, die es erfordert, die neuen Zusammenhänge auch dem Leser zugänglich zu machen.

Der Beton als Baustoff wurde neu überarbeitet, denn alte Bezeichnungen gehören nicht weiter verwendet, es sollte auf der materialtechnischen Seite mit klaren Zusammenhängen gearbeitet werden, wobei selbstverständlich auf die bestehenden Erkenntnisse weiterhin geachtet wird und diese beibehalten werden. Es werden bei den Festigkeitsklassen nur noch die Prismenfestigkeiten berücksichtigt, und für die Biegezugfestigkeit werden die Risse im Beton, die als Schwindrisse entstanden sind in ihrer Auswirkung berücksichtigt. Dies ermöglicht einen besseren Zusammenhang mit den im Bauwesen üblichen Stoffgesetzen.

Es wird auf die Vermeidung von Schrumpfrissen mit Fasern eingegangen und die dabei notwendigen Ergänzungen zu den Mischungsverhältnissen beim Frischbeton eingegangen.

Dadurch ist eine Kombination von Fasern im Faserbeton schon sinnvoll und es wird auf die Kombination von Fasern eigens eingegangen und die entsprechenden Nachweise aufgezeigt.

Weitere Berechnungsbeispiele wurden ergänzt um auch an weiteren Anwendungsmöglichkeiten den Einsatz von Faserbeton aufzuzeigen und auch zu ermöglichen.

Nur die gute und konstruktive Zusammenarbeit mit Baufirmen und hier insbesondere der Spezialtiefbauunternehmen konnte es ermöglichen, all die Neuerungen und auch die zahlreichen Anwendungen im ausgewogenen Maß darzustellen. Für diese Zusammenarbeit und das dabei immer entgegengebrachte Vertrauen möchte ich mich bei allen beteiligten Firmen ausdrücklich bedanken.

Weiters möchte ich mich beim Verlag und seinem Lektor Herrn Frieder Kumm für die gewohnt rasche und problemlose Zusammenarbeit bedanken, ohne die das Buch nicht so rasch zum Leser gekommen wäre.

Sistrans bei Innsbruck, im Juni 2020 — Bernhard Wietek

Vorwort zur 2. Auflage

Nach drei Jahren ist das vorliegende Buch bereits in einigen Punkten hinter der Praxis zurück und es ist an der Zeit die neueren Erkenntnisse nachzutragen.

Im Kapitel Verarbeitung wurde auf einzelne Verarbeitungsschritte näher eingegangen und diesbezüglich auch die Unterschiede der einzelnen Fasermaterialien angegeben.

Das Kapitel Verbundwirkung von Fasern war etwas schwer verständlich geschrieben, daher wurde es vollkommen neu überarbeitet. Damit ist die Tragwirkung der Fasern besser verständlich gemacht und für den Leser leichter nachvollziehbar. Auch interne gegenseitige Verweise wurden entsprechend ergänzt um das Verständnis der Zusammenhänge etwas zu erleichtern.

Weitere Berechnungsbeispiele wurden ergänzt um auch an weiteren Anwendungsmöglichkeiten den Einsatz von Faserbeton aufzuzeigen und auch zu ermöglichen.

Es wurden die zwischenzeitlich gemachten Erfahrungen aus der Praxis nun mit etlichen Bildern und auch mit Verweisen auf Filme bei youtube unterstützt in das Buch aufgenommen. Die unterschiedlichen Anwendungsfälle zeigen die große Variabilität bei der Bearbeitungsmöglichkeit von Faserbeton. Es wird auch in Zukunft auf diesem Gebiet eine stete Weiterentwicklung geben.

Nur die gute und konstruktive Zusammenarbeit mit Baufirmen und hier insbesondere der Spezialtiefbauunternehmen konnte es ermöglichen, all die Neuerungen und auch die zahlreichen Anwendungen im ausgewogenen Maß darzustellen. Für diese Zusammenarbeit und das dabei immer entgegebrachte Vertrauen möchte ich mich bei allen beteiligten Firmen ausdrücklich bedanken.

Weiters möchte ich mich beim Verlag und seinem Lektor Herrn Harms für die gewohnt rasche und problemlose Zusammenarbeit bedanken, ohne die das Buch nicht so rasch zum Leser gekommen wäre.

Sistrans bei Innsbruck, im August 2017 Bernhard Wietek

Vorwort

Im Bauwesen werden die unterschiedlichsten Baustoffe angewendet. Jeder dieser Baustoffe hat seine Eigenschaften, die unterschiedliche Vor- und Nachteile haben. Es liegt nun an den Bauingenieuren, die richtigen Baustoffe für die Anwendung auszusuchen um somit für den Bauherrn eine optimale Lösung seines Bauwerkes zu erreichen. Diese Forderung ist nicht leicht zu erfüllen, da es unzählige Randbedingungen bei einer solchen Entscheidung gibt, die zu berücksichtigen sind.

Im vorliegenden Buch soll auf einen Baustoff aufmerksam gemacht werden, der in den letzten Jahrzehnten in den Hintergrund gerückt wurde, ohne dass seine eigentlichen Vorteile richtig gewürdigt wurden. Faserbeton als Erweiterung des Betons bietet für die Baupraxis erhebliche Vorteile, die ausgehend von den Materialeigenschaften eine sehr hohe Lebensdauer ermöglichen und somit gerade für dauerhafte Bauwerke von großem Vorteil sind.

Faserbeton wirkt mit seinen Materialeigenschaften über den gesamten Querschnitt und bietet somit äußeren Angriffen auch Schutz vor innerer Zerstörung. Es ist ein Baustoff, der seine volle statische Wirkung im ungerissenen Zustand ähnlich den meisten anderen Baustoffen wie Holz, Stahl, Glas u.a. erreicht. Treten Risse auf, so ist dieser Baustoff überlastet und somit auch überfordert, jedoch tritt kein schlagartiger Bruch ein, sondern es besteht noch weiter eine verminderte Tragfähigkeit. Jeder Bauherr hat Anspruch auf einen nicht zerstörten Baustoff als Tragelement in seinem Bauwerk.

Im Buch Stahlfaserbeton wurde ein erster Weg für die Bemessung begangen, der in der Praxis nicht immer ganz nachvollziehbar war. Daher wurde nun die Berechnung des Faserbetons wesentlich umfangreicher, jedoch besser nachvollziehbar gestaltet und auf sämtliche in der Praxis in Verwendung befindlichen Fasertypen erweitert. Mit diesem Buch soll nun dem Anwender eine Hilfe gegeben werden, den Faserbeton als Baustoff entsprechend seinen Eigenschaften bei einem Bauwerk richtig einzusetzen, um somit dem Bauherrn kostengünstig ein langlebiges Bauwerk zu schaffen.

Ich möchte mich bei allen Bauherrn und Baufirmen für die gute Zusammenarbeit bedanken, die wir auf den unterschiedlichsten Baustellen über all die Jahre hatten, und auch dass wir fast alle Probleme gemeinsam einer vernünftigen Lösung zuführen konnten.

Sistrans bei Innsbruck, im August 2014 Bernhard Wietek

Dank des Autors

Nicht versäumen möchte ich, mich bei jenen zu bedanken, die so viel Vertrauen in mich setzten und mich auf dieses Fachgebiet ansetzten, um eine ingenieurmäßige Lösung zu erarbeiten. Ich habe zwar in den letzten Jahren mit dem Buch STAHLFASERBETON viele interessierte Bauingenieure bewogen, sich mit dieser Materie zu befassen, es ist jedoch von Anfang an immer wieder der Wunsch aufgetaucht, nicht nur über Stahlfasern im Beton sondern über alle gebräuchlichen Faser eine zusammenfassende Darstellung zu bringen.

Ausführende Firmen wie Swietelsky und HTB sowie Felbermayer (FST) und Keller haben auf ihren vielfältigen Baustellen den Einsatz von Faserbeton nicht nur mit Stahlfaser gefordert, sondern auch die Bauherrn haben für Faserbeton großes Interesse gezeigt und dessen Einsatz in etlichen Fällen gewünscht. Besonders die Herren Dietmar Mair, Armin Krabichler und Stefan Rainer der Fa. HTB haben mit ihren Diskussionen viele Gedanken angeregt, die sich in diesem Buch niedergeschlagen haben.

Mein Wissen um alle in der Praxis angewendeten Fasern hat die Fa. Rindler GmbH immer sehr unterstützt und immer wieder neue Anwendungen aufgezeigt. Besonders Herr Mag. Alexander Rindler hat mich hier in der Beschreibung der einzelnen Faserarten und deren Eigenschaften tatkräftig unterstützt, wofür ich ihm sehr dankbar bin. Es zeigt sich dabei, dass eine umfassende Beschreibung auch von verschiedener Sicht notwendig ist, damit auch eine möglichst unabhängige Darstellung von Produkten erreicht wird.

Als das Manuskript im Entstehen war, hat der Verlag Springer Vieweg durch seinen Lektor Frieder Kumm sein positives Interesse gezeigt, dieses als Fachbuch in seiner 3. Auflage zu drucken, da es als Ergänzung und Erneuerung des Fachbuches Stahlfaserbeton gedacht ist.

Nun, da das Buch zumindest für einen Druck fertig ist, möchte ich mich bei allen erwähnten Personen herzlich für die Unterstützung und das Vertrauen bedanken.

Ein besonderes Anliegen ist es mir auch, mich bei meiner lieben Frau Jutta zu bedanken, die immer wieder viel Verständnis für die Einsätze von mir in der Freizeit zeigt und auch darauf achtet, dass ich mich nicht übernehme.

Bernhard Wietek

Inhaltsverzeichnis

1 Einführung

Beschäftigt man sich mit einem Baustoff und setzt ihn in der Praxis bei einem Bauwerk ein, so ist es interessant und auch notwendig zu wissen, wie der Baustoff entstanden ist, wie er sich im Umfeld verhält und auch wie er von der Fachwelt bewertet wird. Auch die allgemeine Anerkennung eines Baustoffes in der gegebenen Zeit ist immer wieder eine Diskussion wert.

Grundsätzlich sei an dieser Stelle an eine Vorbemerkung aus dem Buch Vorlesungen über Massivbau (1979) von F. Leonhardt über die DIN-Vorschriften erinnert:

DIN-Vorschriften und -Normen sind keine Gesetze, sondern Richtlinien, die in Regelfällen einzuhalten sind. In Sonderfällen - bessonders bei Großbrücken und neuen Bauarten oder Bauweisen - kann von DIN-Vorschriften mit Zustimmung der baurechttlich zuständigen Stelle abgewichen werden, wenn die Bedingungen der Standsichereit und Gebrauchsfähigkeit nachweislich eingehalten werden. In besonderen Fällen muß sogar von der Norm abgewichen werden, wenn neue Erkenntnisse vorliegen, die in der DIN noch nicht berücksichtigt sind. Man beachte, daß die Aufnahme neuer Erkenntnisse in DIN-Blätter in der BRD oft mehrere Jahre erfordert. Andererseits entzieht sich niemand der Verantwortung für eigenes Handeln durch das Anwenden von DIN-Normen. Eine Haftung des DIN (Deutsches Institut für Normung e.V.) und derjenigen, die an der Aufstehtllung der DIN-Normen beteiligt sind ist ausgeschlossen.

Ausgehend von einer geschichtlichen Betrachtung anderer Art als der üblichen, werden hier auch einige Grundgedanken aufgezählt, die dem Autor als wichtige Information erscheinen, damit man die Vorgangsweise und die Art der Erklärungen besser verstehen kann. Es soll eine möglichst neutrale mechanische Blickrichtung für den Baustoff Faserbeton erzeugt werden, der ohne wirtschaftliche Zwänge eine möglichst gute Beschreibung zum Ergebnis hat.

In den folgenden Passagen sollen diese allgemein nützlichen Wissensteile angesprochen werden.

B. Wietek, *Faserbeton*, https://doi.org/10.1007/978-3-658-44750-2_1

1.1 Geschichtliches

Meist wird in diesem Bereich dem Leser mit Jahreszahlen und Erfindern die erste Lust am Weiterlesen vermiest, hier soll auf eine andere Art dieses Kapitel abgehandelt werden, das möglicherweise so Manchen auch zum Nachdenken bringt.

Der Baustoff Beton und somit auch Faserbeton ist sehr alt, es soll aber hier nicht auf die Historie des Baustoffes im Detail eingegangen werden, sondern auf ein über 2.000 Jahre altes Vorwort zu einem Fachbuch der Baukunst zurückgegriffen werden, das an Aktualität nichts verloren hat, sondern eher noch mehr in der heutigen Zeit gilt:

1.1.1 Vorwort aus Vitruv – De Architectura 27 v. Chr.

VITRUV[1] (Marcus Vitruvius Pollio)

Römischer Architekturtheoretiker des 1. Jahrhunderts vor Christi, Verfasser des auf eigenen Erfahrungen als Baumeister (Tempel in Fanum – Fano) und auf intensivem Studium griechischer Quellen beruhenden zehnbändigen Werks von Marcus Vitruvius Pollio [42] .

Berühmte Sportler, die Olympia, an den Pythen, Istmien und Nemeen Siege errungen hatten, haben die Vorfahren der Griechen mit so hohen, ehrenvollen Auszeichnungen bedacht, dass sie nicht nur in der Festversammlung mit Siegespalme und Siegeskranz stehend Ruhm ernten, sondern auch, wenn sie siegreich in ihre Stadt zurückkehren, im Triumpfzug auf einem Viergespann in ihre Heimatstadt und zu ihrem Vaterhaus gefahren werden und in den Genuss eines von der Bürgerschaft beschlossenen lebenslangen Ehrensoldes kommen.

Wenn ich dies also bedachte, muss ich mich wundern, warum die gleichen ehrenvollen Auszeichnungen und sogar noch größere nicht auch den Schriftstellern zuteil geworden sind, die aller Welt für alle Ewigkeit unendliche, gute Dienste leisteten. Es wäre nämlich würdiger gewesen, diese Einrichtung zu treffen, weil die Sportler durch Training ihre eigenen Körper stählen, die Schriftsteller aber nicht nur ihren eigenen Geist, sondern das allgemeine Geistesleben bereichern, da sie durch ihre Bücher Lehren bereithalten, damit man durch sie Kenntnisse erwirbt und den Geist schöpft.

Was nützen nämlich ***Milon aus Kreton****, weil er unbesiegbar geblieben ist, oder die übrigen, die auf demselben Gebiet Sieger waren, den Menschen? Nur zu ihren Lebzeiten genossen sie unter ihren eigenen Mitbürgern Wertschätzung. Die auf das tägliche Leben bezüglichen Lehren des* ***Pythagoras*** *aber auch des* ***Demokrit****, des* ***Platon****, des* ***Aristoteles*** *und der übrigen Philosophen, die mit unermüdlichem Fleiß gepflegt, bringen nicht nur ihren Mitbürgern, sondern auch der*

[1] Vitruv. Zehn Bücher über Architektur. übersetzt und mit Anmerkungen versehen von Dr. Curt Fensterbusch. Primus Verlag, Darmstadt

ganzen Menschheit frische und lieblich duftende Früchte hervor. Diejenigen, die sich von frühester Jugend an aus diesen Schriften mit einem Übermaß gelehrten Wissens erfüllen, haben die besten, klugen Gedanken und werden in ihren Gemeinden zu den Schöpfern menschlich-sittlichen Verhaltens, der Rechtsgleichheit, der Gesetze, ohne die kein Staat sicher bestehen kann. Da also von den weisen Schriftstellern den Menschen sowohl im privaten wie im öffentlichen Leben so bedeutungsvolle Gaben geschenkt sind, muss man ihnen nach meiner Meinung nicht nur Palmen und Kränze verleihen, es müssten ihnen sogar Triumphe beschlossen werden, und sie müssten für würdig befunden werden, dass man ihnen einen Platz unter den Göttern anweise.

Wie sich die Zeiten doch nicht ändern! Nehmen wir heute jeden beliebigen Supersportler wie z.B. **Michael Schumacher** (Autorennfahrer) oder **Hermann Maier** (Schifahrer) oder auch **Tiger Woods** (Golfspieler) her und vergleichen diese mit **Peter Mitterhofer** oder auch **Josef Madersperger** – was, Sie kennen diese Herren nicht?

Peter Mitterhofer (1822–1893): Zimmermann - Erfinder der Schreibmaschine; starb verarmt – was würden wir heute ohne Schreibmaschine als Vorgänger der heutigen Computer machen?

Josef Madersperger (1786–1850); Schneidermeister - Erfinder der Nähmaschine; starb verarmt – was wären unsere Kleider ohne Nähmaschine?

Abbildung 1.1: Schreibmaschiene von Mitterhofer 1864 (Techn. Museum Wien)

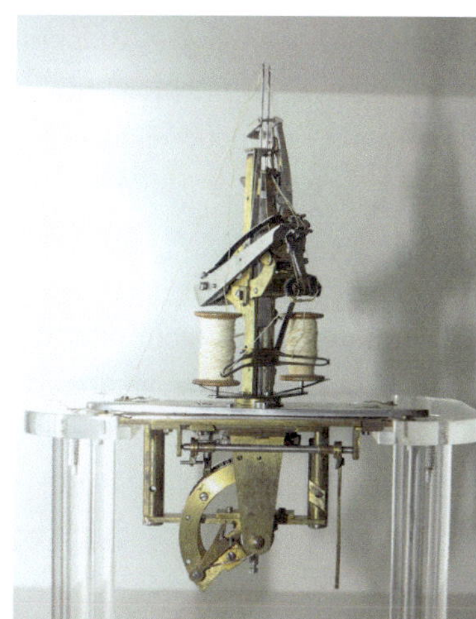

Abbildung 1.2: Nähhand von Madersperger 1830 (Techn. Museum Wien)

Diese Abschweifung soll etwas zum Nachdenken anregen und die Dinge in unserer raschlebigen Zeit doch etwas zurechtrücken. In der Öffentlichkeit wird nicht immer das Wesentliche erkannt. Wir sind aufgerufen, dazu ein wenig für einen Ausgleich beizutragen.

Nun aber wieder zurück zu unserem Thema:

Das Bauwesen ist seit dem ersten Bauwerk eine Fachrichtung im menschlichen Handeln, in dem seit jeher immer schon allwissende Pfuscher ihr Unwesen trieben, die Schäden produzierten und so sich selbst ihr Denkmal setzten. Diejenigen, die jedoch Wissen ansammelten und dieses gut einsetzten, schlossen sich zu Gemeinschaften[2] zusammen und gaben das Wissen innerhalb dieser weiter. Dieses Fachwissen wurde großteils geheimgehalten, erst mit der Aufklärung und der Einführung von technischen Universitäten wurde das technische Wissen öffentlich. Erst ab diesem Zeitpunkt[3] können wir in öffentlichen Bibliotheken das Wissen abrufen. Davor sind nur wenige und auch unsichere Literaturstellen bekannt.

1.1.2 Seit wann gibt es Beton?

Unter Beton versteht man natürliche Gesteinsteile, die mittels eines Bindemittels (heute Zement) zusammengehalten werden. Mit dieser Definition muss man Mutter Natur die Anerkennung geben, dass der erste Beton von der Natur ohne menschlichen Einfluss hergestellt wurde.

Konglomerat und Breczie sind in der Natur vorkommende Sedimentgesteine, die aus älteren Gesteinsbrocken und einem Bindemittel entstanden sind. Es bedurfte nur der Naturbeobachtung, um einen ähnlichen Baustoff wie diese Felsformationen herzustellen. Es wurde also aus zwei Komponenten[4] ein neuer Baustoff gewonnen, der mit Wasser langsam in einer Form erhärtete und somit zu einem felsähnlichem Gebilde wie Konglomerat oder Breczie wurde. Vorteilhaft war dabei die Freiheit der Formgebung, was auch heute noch sehr gerne genutzt wird.

Im Altertum gab es mehr oder weniger erfolgreiche Versuche der Herstellung von Betonbauten, die jedoch keinen nachhaltigen Fortschritt zeigten und somit fast in Vergessenheit gerieten. So waren in Ländern wie Indien, im Zweistromland[5] sowie in China einige Bauwerke mit betonähnlichen Baustoffen ohne große Nachahmung erprobt worden. Die Erfolge waren nicht berauschend, so wurden diese Systeme bei nachkommenden Kulturen wie Ägyptern und Griechen nicht mehr übernommen.

Erst wieder die Römer [42] versuchten es mit Beton, wobei sie als Bindemittel bereits eine zementähnliche Substanz verwendeten. Die Römer verwendeten gebranntem, gemahlenen Kalkstein und später auch vulkanische Asche in einem Gemisch als Cementum. Zusätzlich wurde je nach Anwendungsfall noch Naturfaser (Sisal) zugegeben um die Eigenschaften bei der Biege-

[2] Entstehung der Zünfte
[3] ab beginnendem 19. Jahrhundert
[4] Schotter und Bindemittel
[5] Babylon

und auch Zugbeanspruchung zu verbessern. Damit war es möglich das Pantheon (Kuppel mit ø=43m, 1.700 Jahre größte Kuppel weltweit) zu bauen, was mit heutigem Beton und dem normalen statischen Wissen nicht mehr möglich wäre.

Mit der Herstellung von Zement[6] bekam der Beton eine reproduzierbare Festigkeit, die in den folgenden Jahren und Jahrzehnten immer mehr verfeinert wurde. Besonders die klaren definierten Korngemische und die Zementarten mit deren Mahlfeinheit ermöglichen heute eine genaue Herstellung von Beton mit sehr gut vorhersehbaren Eigenschaften.

Abbildung 1.3: Die Kuppel des Pantheons in Rom 128 n.Chr.

Um 1861 sollten Blumentöpfe aus Beton hergestellt werden, die jedoch bei Befüllung immer brachen. So erinnerte sich Herr Josef Monier, dass die Griechen und Römer ihre Weingefäße mit Seilen und ebenso die Holzfässer mit Eisenringen zusammenhielten. Er machte dies mit einem Eisengeflecht das er in den Beton eingoss, und es funktionierte. So war der Monierbeton als erster Stahlbeton gefunden. Bald fand er auch Anwendung im Bauwesen, besonders bei Decken und Brücken. Es wurde auch die Berechnung auf eine theoretische Basis gestellt und so die Bemessung für Stahlbeton gefunden.

In diesem Zuge wurde die Zugabe von Fasern nicht mehr benötigt, da ja der Stahl die Zugkräfte zur Gänze aufnahm. Es wurde sogar bei der Herstellung von Beton auf eine Zugabe von Fasern völlig verzichtet und später auch verboten. Dies erhöhte natürlich den Absatz von Stahl im Stahlbeton.

[6]Portlandzement ab 1824

Abbildung 1.4: moderne Hochhäuser in New York 2019

Ein Hauptproblem bei Beton war seit jeher, dass beim Abbinden das Wasser entweicht bzw. auch im chemischen Prozess verwendet wird und somit eine Volumsverminderung statt findet. Dies führt im Abbindevorgang zu sogenannten Schwindrissen, die den ganzen Baustoff durchziehen können. Dies ist die Ursache, warum Beton kaum auf Zug beanspruchbar ist, da er bereits viele Risse in sich hat.

1.1.3 Seit wann gibt es Faserbeton?

Die Schwindrisse beim Abbindevorgang wollte man immer schon vermeiden, daher wurden in den Frischbeton Fasern eingemischt, die die Rissbildung beim Abbindevorgang vermeiden sollten. Fasern zur Verbesserung der Eigenschaften von Beton und Mörtel wurden somit schon seit frühester Zeit eingesetzt.

Meistens waren es Pflanzenfasern oder Tierhaare, die jedoch den Nachteil haben, dass sie sich zersetzen oder faulen können und daher nicht ausreichend lange beständig sind. Der Einsatz von Fasern hat sich im Handwerk immer schon durchgesetzt, so sei an die verschiedenen Putze erinnert, die mit Tierhaaren vermischt eine bessere Tragfähigkeit aufwiesen. Diese Form der Putze wurde bis Mitte des zwanzigsten Jahrhunderts erfolgreich angewendet.

In den Jahren 1950 bis 1960 gab es erste Versuche mit kurzen Stahldrähten, die später allmählich geformt wurden und so ab 1970 als Stahlfasern auf den Markt kamen. Da es keine vergleichbare Bemessungsmethode wie für den Stahlbeton gab, wurde der Stahlfaserbeton nur für untergeordnete Anwendungen zugelassen. Eine Anwendung für Biegeträger oder Platten und Decken wurde in den diversen Richtlinien ausdrücklich abgelehnt.

Mit der nun vorliegenden Bemessung für Faserbeton steht einer Anwendung dieses Baustoffes für tragende Bauteile wie Stützen, Decken und Platten nichts mehr im Wege. Es eröffnet sich somit eine reiche Palette an Anwendungsmöglichkeiten, die in der Praxis noch einzusetzen sind.

1.2 Grundgedanken

Der Leser wird sich die Frage stellen, warum schon wieder ein Buch, das nicht mit der allgemeinen Literatur übereinstimmt, sondern einen eigenen Weg in der Betrachtung des Stoffes geht.

Die Antwort darauf ist, dass nach Auffassung des Autors sich derzeit eine Fehlentwicklung im Bereich der Betrachtungsweise des Faserbetons eingestellt hat, die langfristig nicht haltbar ist, da die Nachvollziehbarkeit der einzelnen Schritte nicht gegeben ist und somit einer wilden Manipulation durch verschiedene Interessen Tür und Tor geöffnet ist. Mit dem vorliegenden Buch sollen Wege aufgezeigt werden, dass solche Möglichkeiten unterbunden werden und der Baustoff Faserbeton die ihm zustehende technisch nachvollziehbare Behandlung erfährt.

1.2.1 Klassifizierung des Baustoffes

Die österreichische Richtlinie für Faserbeton fordert Faserbetonklassen unter Angabe der jeweiligen Zugfestigkeit. Dabei kann der Eindruck entstehen, dass der Zusammensetzung (Betonfestigkeitsklasse und Faserdosierung) zur Erreichung dieser Festigkeit nur geringe Beachtung beigemessen wird. In der Praxis können dem Anwender dadurch Unsicherheiten entstehen.

Beispiel 1: (Zugfestigkeit)

Es wird vom Statiker zumeist ein Faserbeton einer bestimmten Klasse (Biegezugfestigkeit) gefordert und eine bestimmte Festigkeitsklasse vorgegeben. Dabei wird in vielen Fällen weder die Fasertype noch die Faserdosierung vorgegeben. Es bleibt also den erzeugenden Firmen überlassen die geforderten Nachweise der Faserbetonklasse zu erbringen. In der Praxis sieht das folgendermaßen aus:

Prüfbericht eines Labors:

Probe 1: FRSpC 25/30/III/J2/XC4/EV700/BZ4,5/F59/GK8 mit 3,0 [kg/m^3] Makrofasern
Probe 2: FRSpC 25/30/III/J2/XC4/EV700/BZ6/F59/GK8 mit 4,5 [kg/m^3] Makrofasern

Beide Proben erfüllen die Anforderungen der Richtlinie Faserbeton. Es wird bei beiden Proben der selbe Beton angegeben,[7], nur die Dosierung der Faser ergibt den Unterschied in der Biegezugfestigkeit.

Dabei ergeben sich theoretisch folgende statische Werte:

Probe 1: Mindestbiegezugfestigkeit 3,20 [N/mm^2]
Probe 2: Mindestbiegezugfestigkeit 4,25 [N/mm^2]

Die Differenz ist 1,05 [N/mm^2] bei Zugabe von 1,5 [kg/m^3] Makrofasern. Dies erscheint als reines Ergebnis aus der Steigerung der Faserdosierung sehr hoch und damit sind auch andere Rahmenkomponenten zur Erreichung einer höheren Betonqualität näher zu überprüfen. Zuverlässige Ergebnisse können in jedem Fall durch die Ergebnisse aus dem Vergleich mit einem geprüften unbewehrtem Ausgangsbeton gleicher Zusammensetzung (möglichst der gleichen Anwendungscharge) erzielt werden.

Wie ist das möglich?

Die fertigen (betoniert und mit Fasern versehenen) Proben werden ins Labor zur Untersuchung gebracht. Die Beton- und Faserangaben werden dem Labor vom Faserbetonhersteller angegeben. Da der Ausgangsbeton nicht überprüft wird, werden der Probe 2 mehr Zement zugegeben um somit die Zugfestigkeit zu erhöhen. Damit erfüllen die beiden Proben ihre Anforderungen laut Richtlinie Faserbeton. Es entsteht somit der Eindruck, dass die Faser eine tolle Steigerung der Zugfestigkeit erreichen kann, was in Praxis jedoch nicht entspricht. Der Statiker und auch Bauherr wird somit nicht fachgerecht informiert, da die Versuchsmaterialien nicht die gleiche Zusammensetzung bezüglich dem Beton haben.

Konsequenz:

Hauptaugenmerk sollte nicht hauptsächlich auf die Biegezugfestigkeit des Faserbetons gelegt werden, sondern gleichzeitig sollte auch zu jeder Probe der selbe Ausgangsbeton selbst ohne Fasern geprüft werden. Damit wird der Einfluss der jeweiligen Faser klar erkennbar und missverständlichen Auslegungen kann dadurch auch vorgebeugt werden.

Der reine Nachweis der Biegezugfestigkeit des Faserbetons erscheint hier zu wenig, da dies nur durch Probenentnahme auf der Baustelle beim Einbau und Prüfung nach 7 bzw. 28 Tagen also erst nach dem Einbau erfolgen kann. Daher ist jeder Planer bzw. Ingenieur bereits bei der Bemessung angehalten, darauf zu achten, dass der zu berechnende Bauteil mindestens in punkto Zementzugabe und Mischungsverhältnissen der erforderlichen Betonfestigkeitsklasse den Anforderungen der jeweiligen Norm entspricht. Dies war sicherlich der Grund, warum man im Beton- und Stahlbetonbau so genaue Vorschriften für den Nachweis der Materialqualität erstellt hat. Es muss auch beim Faserbeton der Beton und die Faser einer getrennten und dann auch kombinier-

[7]die Zusammensetzung wurde nicht überprüft, da die Proben auf der Baustelle entnommen wurden

ten Qualitätskontrolle unterliegen, damit die technischen Anforderungen an den Faserbeton auch wirklich eingehalten werden.

1.2.2 Brandverhalten des Baustoffes

Faserbeton mit Kunststofffaser wird zunehmend für Bauteile verwendet, die brandbeständig sein müssen. Insbesondere bei Verkehrstunneln, bei denen schon einschlägige Brandunfälle vorgekommen sind, wird ein brandbeständiger Baustoff gefordert.

Beispiel 2: (Brandbeständigkeit)

Im Tunnelbau wird auf das Brandverhalten von Kunststofffasern sehr viel Wert gelegt. So werden im Zuge der Ausschreibung auch gut definierte Anforderungen an die Fasern gestellt, die nachweislich zu erbringen sind. Dabei ist es notwendig, dass die, durch die jeweiligen Anbieter vorgelegten Prüfzeugnisse, in den wesentlichen zu dokumentierenden Punkten vergleichbar sind.

Diese Punkte sind:

- Anzahl direkt nacheinander bestandener Brandversuche
- Angabe der Größe der Versuchsreihe
- Versuchseinrichtung und angewandte Labor-Standards
- genaues Protokoll der Prüfkörperbeschaffenheit, der Art der Befeuerung, der Hitzeentwicklung, der Einwirkungsdauer
- Angabe der verwendeten Fasertype und -dosierung sowie der Betonsorte
- Prüfbericht mit Angabe des Labors und Prüfers

Besonders in diesem sensiblen Bereich – und sich die Folgen der fürchterlichen Tunnelbrände aus der Vergangenheit vor Augen haltend – erscheint es wichtig, die Transparenz der Eigenschaften und Prüfmethodik mit garantierter Reproduzierbarkeit zu erwirken.

1.2.3 Bemessung des Baustoffes

Gerade bei der Bemessung von Baustoffen ist es wichtig, dass hier technisch richtig vorgegangen wird. Es wird daher hier auf eine weit verbreitete Unsicherheit hingewiesen und wie diese aus materialkundlicher Sicht richtig zu bearbeiten ist.

Beispiel 3: (Biegeberechnungen)

Bei der Berechnung der aufnehmbaren Biegemomente wird von etlichen Technikern die Biegezugfestigkeit des Betons und des Faseranteiles einfach addiert und damit die gesamte Biegezugfestigkeit erhalten. Dies ist physikalisch falsch und kann so nicht durchgeführt werden.

Zugspannung aus Kombination Betonanteil und Faserauszug berechnen:

Aus der max. Zugspannung des Betons im Biegezugfall kann über den E-Modul des Betons die Dehnung errechnet werden. Die Tragfähigkeit der Faser wird über den Auszug bestimmt, dabei entsteht eine Fuge im Beton, sodass für den Faserauszug der Beton maßgeblich die Kraft bestimmt. Es ist also die Mantelreibung der Faser, die eine Spannungsübertragung ermöglicht. Es ist nun die Betonzugfestigkeit mit der gerichteten Mantelreibung der Fasern zu kombinieren, um eine gemeinsame Zugfestigkeit des Faserbetons zu erhalten.

Größere Dehnungen bewirken einen Biegezug im Beton, die dieser nicht mehr aufnehmen kann, und man hat keinen ungerissenen Baustoff mehr, da der Beton mit den integrierten Fasern reißt. Daraufhin ist der Baustoff Faserbeton nicht mehr voll tragfähig und verliert an Biegevermögen.

Im gerissenen Zustand ist auf Zug nur noch der Faseranteil zur Ableitung der Zugkräfte zuständig und somit handelt es sich nicht mehr um einen homogenen Baustoff, der im elastischen und somit wiederkehrenden Maße Last aufnehmen kann. Die Aufnahme der Zugspannungen alleine durch den Faseranteil verringert die Biegetragfähigkeit des Faserbetons erheblich.

Nur im ungerissenen Zustand kann der Faserbeton seine Eigenschaften voll ausnützen und ist somit in der Berechnung wie ein homogener Baustoff mit vorgegebener zulässiger Druck- und Zugspannung entsprechend den statischen Gesetzmäßigkeiten zu berechnen. Die Ermittlung der zulässigen Druck- und Zugspannung muss aus den Betoneigenschaften und den Fasereigenschaften mit Berücksichtigung der Dosierung erfolgen. Eine andere Ermittlung dieser zulässigen Spannungen ist technisch nicht sinnvoll, da bereits vor dem Bau die aufnehmbaren Spannungen im Baustoff bekannt sein müssen und nicht erst 1 Monat nach der Bauwerksherstellung klar ist, ob das Bauteil trägt oder nicht.

1.2.4 Forderung an die Normung bzw. auch an die Bauwirtschaft

Es ist aus technischer Sicht unbedingt notwendig, dass im Gegensatz zu der Richtlinie Faserbeton der Baustoff Faserbeton als Verbundbaustoff angesehen wird, der aus einer Mischung von zwei Grundbaustoffen Beton und Fasern besteht, die nach einem genau nachvollziehbaren Mischungsverhältnis zusammengefügt werden. Dafür soll jeder Grundbaustoff selbst die erforderlichen Nachweise erbringen und die Zusammensetzung soll technisch nachvollziehbar analytisch durch Berechnung der Mischungsverhältnisse ermöglicht werden. So sind sowohl der Beton in seinen Eigenschaften, insbesondere der entstehenden Schwindrisse und der sich daraus ergebenden Biegezugfestigkeit, als auch die zugemischten Fasern mit den entsprechenden Eigenschaften zu berücksichtigen.

Diese Forderung wird bei anderen Verbundbauwerken wie Stahlbeton oder auch im Verbundbrückenbau als selbstverständlich erachtet, warum also nicht auch beim Faserbeton.

Im vorliegenden Buch wird der geforderte Weg konsequent begangen und dies führt zu den dabei aufgezeigten Bemessungen, die sich an zahlreichen Beispielen auch in der Praxis positiv bestätigt haben.

1.3 Normen und Richtlinien

1.3.1 Normen

Deutschland:

DIN EN 206-1	Beton; Festlegung, Eigenschaften, Herstellung und Konformität
DIN 1045-2	Beton; Festlegung, Eigenschaften, Herstellung und Konformität
DIN 1045-3	Tragwerke aus Beton; Bauausführung
DIN EN 197-1	Zement; Zusammensetzung, Anforderungen und Konformitätskriterien
DIN EN 12350	Prüfverfahren für Frischbeton
DIN EN 12350	Püfverfahren ür Festbeton
DIN EN	Nachweis der Betondruckfestigkeit im Bauwerken
DIN EN 14651	Prüfverfahren für Beton mit metallischen Fasern
DIN EN 14721	Prüfverfahren für Beton mit metallischen Fasern
DIN EN 14845	Prüfverfahren für Fasern in Beton
DIN EN 14889	Fasern für Beton (2 Teile)

Österreich:

ÖNORM B 4701	Betontragwerke; EUROCODE-nahe Berechnung, Bemessung und konstruktive Durchb
ÖNORM B 4708	Faserbeton; Bemessung und konstruktive Durchbildung

1.3.2 Richtlinien

Deutschland:

DAfStb	(Deutscher Ausschuss für Stahlbeton) Richtlinie Stahlfaserbeton, Berlin 2005
DBV	(Deutscher Betonverein e.V.) Merkblatt Stahlfaserbeton, 2001
VDS	(Verband deutscher Stahlfaserhersteller) – diverse Bauregeln

Österreich:

ÖVBB (Österr. Vereinigung für Beton und Bautechnik) Richtlinie Faserbeton, Wien 2008

International:

BS EN 14889-1:2006 Fibres for Concrete. Steel Fibres. Definitions, specifications and conformity

BS EN 14845-1:2007 Test methods for fibres in concrete

ASTM A820-06 Standard Specification for Fiber-Reinforced Concrete

ASTM C1018-97 Standard Test Method for Flexural Toughness and First-Crack Strength of Fiber-Reinforced Concrete (Using Beam With Third Point Loading)

RILEM (RILEM TC 162 TDF) Test and Design for Steel Fibre Reinforced Concrete, Materials and Structures (2003) Vol. 36

RILEM (RILEM TC 162 TDF) Design of Steel Fibre Reinforced Concrete - Method, Recommondations, Materials and Structures (2001)

2 Definitionen

2.1 Begriffe

Die hier aufgelisteten Begriffe werden beschrieben, um so eine eindeutige Definition zu erhalten, die in diesem Buch verwendet wird.

- **Beton** Ausgehärtetes Gemisch bestehend aus Gesteinskörnung, Zement und Wasser mit Zusatzstoffen
- **Frischbeton** fertig gemischter, noch flüssiger Beton vor seiner Verarbeitung und Aushärtung
- **Festbeton** eingebauter und ausgehärteter Beton, der seine vorgegebene Festigkeit erreicht hat
- **Standardbeton** Beton nach Zusammensetzung entsprechend der Norm
- **Beton nach Eigenschaften** Beton, dessen Eigenschaften und Anforderungen vom Hersteller angegeben werden
- **Beton nach Zusammensetzung** Beton, dessen Zusammensetzung vom Hersteller angegeben wird
- **Faserbeton** Beton, dem Fasern in definierter Güte und Menge zugegeben sind
- **Zement** Hydraulisches Bindemittel, das unter Zugabe von Wasser erhärtet und damit einen Zementstein bildet
- **Gesteinskörnung** natürliche oder künstliche mineralische Stoffe, die mit einer definierten Kornverteilung die Grundlage für Beton sind
- **Fasern** kurze, dünne Zusätze im Beton, die aus verschiedenen Materialien und Formen bestehen
- **Dosierung** Gewichtsanteil der Fasern in 1 m^3 Beton (z.B. 40 kg/m^3)
- **Druckfestigkeit** maximale Druckspannung vor dem Bruch
- **Zugfestigkeit** maximale Zugspannung vor dem Bruch
- **Erstprüfung** Prü fung des frischen Betons, um alle Anforderungen zu überwachen

B. Wietek, *Faserbeton*, https://doi.org/10.1007/978-3-658-44750-2_2

– **Zusatzmittel** kleine Menge an chemischen Mitteln, die beim Mischen zugegeben wird

– **Zusatzstoff** fein verteilter anorganischer Stoff im Beton

2.2 Zeichen

Nachfolgende Definitionen sind möglichst an die internationalen Gebräuche angelehnt, jedoch werden zusätzliche Buchstaben und Zeichen hier eingesetzt, um die Berechnungen eindeutig zu machen.

Kräfte und Momente sowie Faserrichtungen mit Großbuchstaben

$D\ldots$ Druckkraft [N]
$F_1 ... F_4\ldots$ Richtung der Fasern im Halbraum
$F_z\ldots$ Einzel-Faserzugkraft [N]
$F\ldots$ Belastung beim Biegeversuch [N]
$g\ldots$ Belastung aus Eigengewicht [kN/m^2]
$M\ldots$ Moment [Nmm]
$N_k\ldots$ vertikale Knicklast [N]
$N_{zul}\ldots$ zulässige Knicklast [N]
$N^*\ldots$ vertikale Traglast [N]
$p\ldots$ Belastung aus Nutzlast [kN/m^2]
$Q_k\ldots$ aufnehmbare Querkraft in einem Querschnitt [N]
$q\ldots$ Belastung aus Summe aller Lasten [kN/m^2]
$R_d\ldots$ Bemessungswert des Widerstandes (Baustoffe) [N]
$R_k\ldots$ charakteristischer Wert des Widerstandes [N]
$S\ldots$ Gebrauchslast [N]
$S_d\ldots$ Bemessungswert der Beanspruchung (Lasten) [N]
$S_k\ldots$ charakteristischer Wert der Beanspruchung [N]
$S^*\ldots$ Traglast [N]
$Z\ldots$ Zugkraft [N]
$Z_c\ldots$ Zugkraft aus Beton [N]
$Z_f\ldots$ Zugkraft aus Stahlfaser [N]

Spannungen mit griechischen Kleinbuchstaben

$E_c \ldots$ Elastizitätsmodul von Beton [N/mm^2]
$E_s \ldots$ Elastizitätsmodul von Stahl [N/mm^2]
$\sigma_d \ldots$ Druckspannung [N/mm^2]
$\sigma_z \ldots$ Zugspannung [N/mm^2]
$\sigma_f \ldots$ Faserzugspannung im Beton [N/mm^2]
$\sigma \ldots$ Normalspannung in der Bruchfuge [N/mm^2]
$\sigma_n \ldots$ Spannung aus Normalkraft [N/mm^2]
$\sigma_m \ldots$ Spannung aus Moment [N/mm^2]
$\sigma_{md} \ldots$ Druckspannung bei mittlerer Ausmitte [N/mm^2]
$\sigma_{mz} \ldots$ Zugspannung bei mittlerer Ausmitte [N/mm^2]
$\tau \ldots$ Schubspannung in der Bruchfuge [N/mm^2]
$\tau_o \ldots$ Schubspannung bei Normalspannung = 0 [N/mm^2]
$\tau_c \ldots$ Kohäsion [N/mm^2]

Längen mit Kleinbuchstaben

$a \ldots$ Höhe des verbleibenden Kugelabschnittes [mm]
$d \ldots$ Durchmesser der einzelnen Stahlfaser [mm]
$h \ldots$ Höhe des Querschnittes [mm]
$h \ldots$ Höhe der Kugelkappe [mm]
$i \ldots$ Trägheitsradius eines Querschnittes [mm]
$l \ldots$ Länge der einzelnen Stahlfaser [mm]
$l_k \ldots$ Knicklänge [m]
$r \ldots$ Risstiefe im Querschnitt [mm]
$R \ldots$ Radius der Halbkugel [mm]
$x \ldots$ Höhe des Druckquerschnittes [mm]
$y \ldots$ Höhe des Zugquerschnittes [mm]
$z \ldots$ Hebelsarm zwischen Zug- und Druckkraft [mm]
$z_d \ldots$ Hebelsarm für die Druckkraft [mm]
$z_z \ldots$ Hebelsarm für die Zugkraft [mm]

Flächen in Großbuchstaben bzw. Kleinbuchstaben

$A_F \dots$ Querschnittsfläche einer Faser [mm^2]
$a \dots$ Kappenfläche im Halbraum [mm^2]
$b \dots$ mittlere Ringfläche im Halbraum [mm^2]
$c \dots$ untere Ringfläche im Halbraum [mm^2]
$F_b \dots$ Fläche in der Bruchebene beim Versuchskörper [mm^2]
$F_e \dots$ Aufstandsfläche beim Versuchskörper [mm^2]
$G_F \dots$ Gewicht einer Faser [g]
$I \dots$ Trägheitsmoment eines Querschnittes [mm^4]
$O_\alpha \dots$ Oberfläche der Kugelkappe mit Winkel α [mm^2]
$O_H \dots$ Oberfläche der Halbkugel [mm^2]
$O_k \dots$ Oberfläche der Kugelkappe [mm^2]
$V_F \dots$ Volumen einer Faser [mm^3]

Materialspannungen mit indizierten Kleinbuchstaben

$f_{cd} \dots$ Bemessungswert der Betondruckfestigkeit [N/mm^2]
$f_{cfk} \dots$ charakteristische Druckfestigkeit des Stahlfaserbetons [N/mm^2]
$f_{cftk} \dots$ charakteristische Zugfestigkeit des Stahlfaserbetons [N/mm^2]
$f_{ck} \dots$ charakteristische Betondruckfestigkeit [N/mm^2]
$f_{ck,cube} \dots$ Würfeldruckfestigkeit [N/mm^2]
$f_{cm} \dots$ charakteristische Zylinderdruckfestigkeit von Beton [N/mm^2]
$f_{ctk} \dots$ charakteristische Betonzugfestigkeit [N/mm^2]
$f_{ctm} \dots$ mittlere Betonzugfestigkeit [N/mm^2]
$f_{ctm,fl} \dots$ Biegezugfestigkeit von Beton [N/mm^2]
$f_f \dots$ Faserzugspannung beim Biegeversuch [N/mm^2]
$f_{fk} \dots$ spezifische Faserzugspannung [N/mm^2]
$f_{pk} \dots$ charakteristische Spannstahlstreckgrenze [N/mm^2]
$f_{yd} \dots$ Bemessungswert der Stahlstreckgrenze [N/mm^2]
$f_{yk} \dots$ charakteristische Stahlstreckgrenze (Zugfestigkeit) [N/mm^2]

Winkel mit griechischen Kleinbuchstaben

$\alpha \ldots$ Bruchwinkel des Betons
$\alpha \ldots$ Raumwinkel der aktiven Stahlfasern
$\alpha_1 \ldots$ Raumwinkel der aktiven Stahlfasern nur im Zustand 1
$\alpha_2 \ldots$ Raumwinkel der aktiven Stahlfasern im Zustand 2
$\delta \ldots$ Bruchwinkel des Betons
$\varphi \ldots$ Scherwinkel nach Coulomb

Faktoren mit indizierten Kleinbuchstaben

$D_f \ldots$ Dosierung der Fasern im Beton [kg/m^3]
$d_f \ldots$ Faktor der Faserdichte [Fasern/mm^3]
$\varepsilon \ldots$ Dehnung
$\varepsilon_b \ldots$ Betonstauchung
$\varepsilon_s \ldots$ Stahldehnung
$\lambda \ldots$ Schlankheit bei Druckstäben
$m_f \ldots$ Faktor des Gesamteinflusses der Fasern
$m_{f,o} \ldots$ Faktor des Einflusses der Faseroberfläche
$m_{f,f} \ldots$ Faktor des Einflusses der Faserform
$\omega \ldots$ Knickwerte für Beton

Verhältnisse bzw. Sicherheiten mit griechischen Kleinbuchstaben

$\gamma_c \ldots$ Teilsicherheitsbeiwert für Beton
$\gamma_y \ldots$ Teilsicherheitsbeiwert für Stahl
$\gamma_f \ldots$ Teilsicherheit für Stahlfaser
$\gamma_S \ldots$ Sicherheit für Lasten beim Nachweis der Tragsicherheit
$\gamma_R \ldots$ Sicherheit für Baustoffe beim Nachweis der Tragsicherheit
$\eta_f \ldots$ Ausnutzungsgrad der Stahlfaserspannung
$\eta \ldots$ Sicherheit beim Gebrauchslastverfahren
$\nu \ldots$ Gesamtsicherheit beim Traglastverfahren
$\nu_L \ldots$ Sicherheit für Lasten beim Traglastverfahren
$\nu_R \ldots$ Sicherheit für Baustoffe beim Traglastverfahren

2.3 Einheiten

Es werden hier die gebräuchlichen Einheiten für die Bearbeitung und Berechnung von Faserbeton angegeben.

Längen	mm	cm	m
Flächen	mm^2	cm^2	m^2
Kräfte	N	kN	MN
Spannungen	N/mm^2	kN/cm^2	MN/m^2

Zusätzlich soll eine Umrechnungstabelle den Umstieg zwischen unterschiedlichen Einheiten bei den Spannungen erleichtern.

Spannungen	N/mm^2	N/cm^2	kN/cm^2	MN/m^2	bar	MPa
1 N/mm^2 =	1	100	0,1	1	10	1
1 N/cm^2 =	0,01	1	0,001	0,01	0,1	0,01
1 kN/cm^2 =	10	1.000	1	10	100	10
1 MN/m^2 =	1	100	0,1	1	10	1
1 bar =	0,1	10	0,01	0,1	1	0,1
1 MPa =	1	100	0,1	1	10	1

3 Beton

Der heute im Bauwesen eingesetzte Beton besteht aus Zement, Zuschlag (Gesteinskörnung) und Wasser sowie oftmals auch Betonzusätzen.

Unmittelbar bei der Herstellung besitzt der Beton nach dem Mischvorgang als Frischbeton eine plastische bis flüssige Eigenschaft, die sich erst nach der Erhärtungszeit in eine feste Substanz, den Beton, verändert. Nach der Erhärtungszeit spricht man von Festbeton.

3.1 Betonarten

Entsprechend der Zusammensetzung, dem Erhärtungsgrad, den besonderen Eigenschaften etc. wird der Beton in unterschiedliche Betonarten eingeteilt:

- Rohdichte
  - Leichtbeton bis 2,0 [to/m^3]
  - Normalbeton 2,0 bis 2,6 [to/m^3]
  - Schwerbeton über 2,6 [to/m^3]
- Erhärtungszustand: Frischbeton; junger Beton; Festbeton
- Konsistenz: steifer Beton; plastischer Beton; weicher Beton; fließfähiger Beton; selbstverdichtender Beton
- Eigenschaften: Hochfester Beton; wasserundurchlüssiger Beton; Frostwiderstand; Frost-Tausalzwiderstand; chemische Angriffe; Verschleißwiderstand; Strahlenschutzbeton; Sichtbeton; Massenbeton; Drainagebeton
- Zusammensetzung: Sandbeton; Kies-Sandbeton; Splittbeton
- Ort der Herstellung: Baustellenbeton; werkgemischter Beton; transportgemischter Beton; Ortbeton ; Fertigteilbeton; Unterwasserbeton
- Gefüge: geschlossenes Gefüge; haufwerkporiger Beton; Einkornbeton; Porenbeton; Luftporenbeton

B. Wietek, *Faserbeton*, https://doi.org/10.1007/978-3-658-44750-2_3

- Bewehrung: unbewehrter Beton; bewehrter Beton; Stahlbeton; Spannbeton; Stahlfaserbeton
- Förderung: Stampfbeton; Rüttelbeton; Pumpbeton; Walzenbeton; Spritzbeton; Schleuderbeton; Vakuumbeton

3.2 Betonklassen

In den Normen ist es üblich, den Beton nach seiner Druckfestigkeit (nach 28 Tagen) in Klassen einzuteilen. Diese Festigkeitsklassen bilden auch eine Grundlage für die statische Bemessung eines Querschnittes.

Bei der Prüfung des Betons wurde in der Vergangenheit ein Betonwürfel einem Druckversuch unterzogen. Die dabei gewonnenen Druckwerte wurden für die Klassifizierung verwendet. Erst seit ca. 10 Jahren wurde im Vergleich der Druckprüfung ein Prisma verwendet, und man stellte fest, dass geringere Druckspannungen beim Bruch auftraten. Der Grund dafür liegt in der allgemeinen Bruchmechanik von Festkörpern.

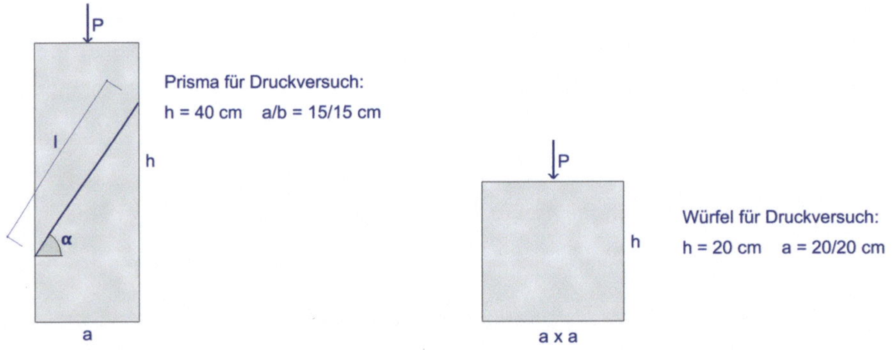

Abbildung 3.1: Unterschiede beim Druckversuch Prisma-Würfel

Bei einem Prisma mit den Seitenverhältnissen $h \geq 2,5 * a$ kann sich eine beliebige Bruchlinie einstellen. Dies kommt daher, dass sich nach dem Schergesetz von Mohr-Coulomb eine Bruchlinie bei Belastung in einem Winkel von:

$$\alpha = 45 + \varphi/2 \tag{3.1}$$

wobei φ der Scherwinkel in Grad gemäß dem Schergesetz von Coulomb für Feststoffe wie alle Böden und Feststoffe (Fels, Beton, Stahl etc.) ist und direkt am $\sigma - \tau$ - Diagramm ablesbar ist.

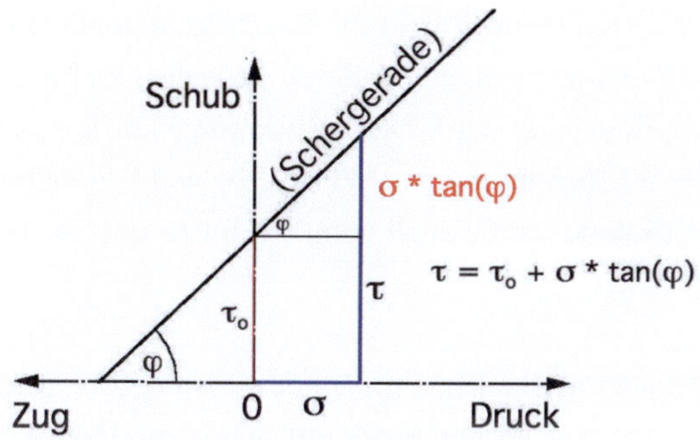

Abbildung 3.2: Bruchkriterium nach Coulomb

Der Bruchwinkel bei einer Belastung wird in der Darstellung mit dem Mohr'schen Spannungskreis und der Schergrenze von Coulomb klar erkennbar und hat die Beziehung (3.1).

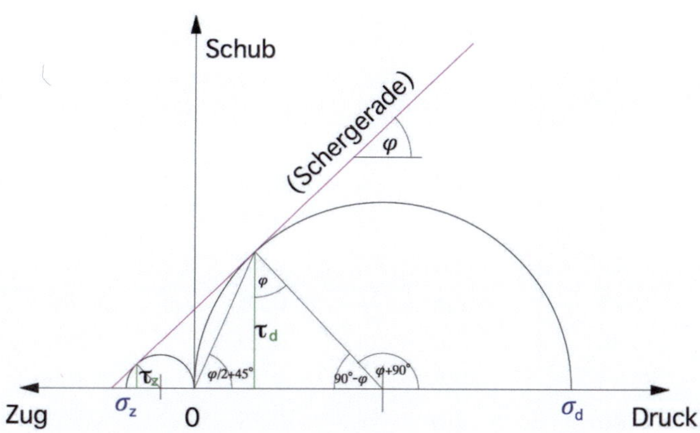

Abbildung 3.3: Mohr'scher Spannungskreis mit Coulomb'scher Schergerade

Bei in der Natur gemessenen Scherwinkeln φ von 10 - 45 Grad ergeben sich nach Formel (3.1) Werte für einen Bruchwinkel α von 50 - 67,5 Grad. Nimmt man den höchsten Wert von 67,5 Grad an , so ergibt sich eine Höhe des Probekörpers von:

$$h = a * tan\alpha = 15 * tan(67,5) = 36,2cm \tag{3.2}$$

Da nun 36,2 < 40 cm (siehe Abbildung 3.1) ist, kann sich bei dem Probeprisma für die Betonprüfung der Bruchwinkel beliebig einstellen. Daher wird in diesem Buch weiterhin nur mit den Werten der Betonprüfung mit Prisma gearbeitet.

Im Gegensatz dazu kann sich beim Würfel die Bruchfläche nicht frei einstellen, sondern der Bruchwinkel wird auf 45 Grad gezwungen. Dadurch entstehen Zwängungskräfte an den beiden Stirnflächen, wo die Kraft eingeleitet wird. Diese Zwängungskräfte zusammen mit dem erzwungenen Bruchwinkel ergeben Bruchlasten beim Würfel, die nicht der natürlichen Körpermechanik entsprechen. Aus diesem Grunde wurde auch vom Würfel zum Prisma als Probekörper bei dem Betondruckversuch gewechselt.

Im Weiteren wird nur noch mit den Ergebnissen der Prismaprobe gerechnet, denn damit kann auch mit den üblichen Stoffgesetzen der Mechanik wie dem Mohr-Coulomb'schen Materialverhalten gerechnet werden. Es können somit auch höhere Materialgesetze wie nach Tresca, Rankine, von Mises, Huber u.ä. angewendet werden.

Bei der Kurzbezeichnung bedeutet der Buchstabe C die englische Bezeichnung concrete (Beton), die Zahl ist die Zylinderdruckfestigkeit bei einer Probenhöhe von 300 mm und einem Probendurchmesser von 150 mm. Auf die auch noch teilweise übliche zweite Zahl, die Würfeldruckfestigkeit, wird hier verzichtet, da dieser Wert nicht den Materialeigenschaften nach den gültigen Stoffgesetzen genügt.

Betonklasse	f_{ck} [kN/cm^2]	f_{ctm} [kN/cm^2]	E_c [kN|cm^2]
C 8	0,8	0,12	2.530
C 12	1,2	0,16	2.700
C 16	1,6	0,19	2.860
C 20	2,0	0,22	2.990
C 25	2,5	0,26	3.140
C 30	3,0	0,29	3.280
C 35	3,5	0,32	3.400
C 40	4,0	0,35	3.520
C 45	4,5	0,38	3.620
C 50	5,0	0,41	3.720

Tabelle 3.1: Betonfestigkeitsklassen

Die Festigkeitsklassen reichen noch höher hinauf, jedoch für die Anwendung beim Faserbeton und auch bei den in der Praxis üblichen Betonen werden diese nur sehr selten verwendet, sodass hier darauf verzichtet wurde. Ebenfalls sind die Festigkeitsklassen für Leichtbeton hier nicht angegeben, da damit derzeit noch kein Faserbeton hergestellt werden kann.

f_{ck} [kN/cm²] ... Druckfestigkeit es wird die Zylinderdruckfestigkeit verwendet

f_{ctm} [kN/cm²] ... Zugfestigkeit wird errechnet

E_c [kN|cm²] ... Elastizitätsmodul wird errechnet

$$f_{ctm} = 0,30 * f_{ck}^{2/3} \tag{3.3}$$

$$E_c = 2200 * (f_{ck} + 0,8)^{0,3} \tag{3.4}$$

Dieser Zusammenhang gilt bis zu einer Betongüte von C50, Darüber ist ein anderer Zusammenhang, auf den hier nicht weiter eingegangen wird, da diese Betongüten nur selten angewendet werden.

3.3 erweiterte Kennwerte

Die Biegezugfestigkeit $f_{ct,fl}$ wird recht unterschiedlich in Abhängigkeit der Zugfestigkeit angegeben.

$$f_{ct,fl} = 2,0 * f_{ctm} \tag{3.5}$$

Dies ist die maximal angegebene Biegezugspannung in der Literatur (Valentin). Bei der Stahlbetonnorm EN 1992-1-1 wird die Biegezugspannung in Abhängigkeit der Bauteildicke angegeben.

$$f_{ct,fl} = max((1,6 - H/1000) * f_{ctm}; f_{ctm}) \tag{3.6}$$

Dabei ist:

h	die Gesamthöhe des Bauteiles in mm
f_{ctm}	Mittelwert der zentrischen Zugfestigkeit

Dies kommt daher, da bei der Nachbehandlung des Betons nur eine intensive Wirkung an der Oberfläche erzielt wird. Je stärker ein Bauteil, desto weniger Einfluss hat die Nachbehandlung auf die Rissbildung infolge des Schwindvorganges.

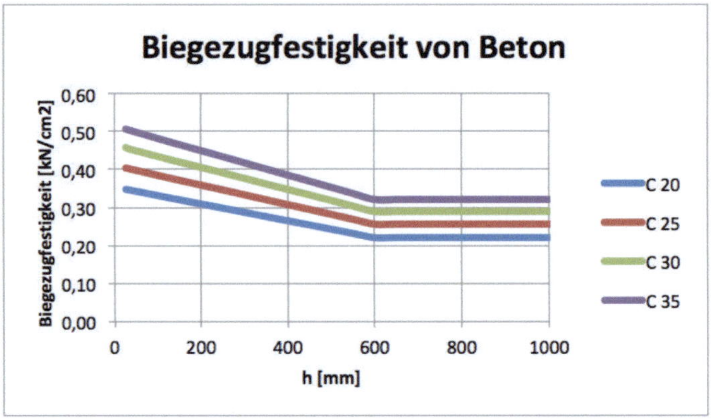

Abbildung 3.4: Biegezugfestigkeit lt. EN 1992-1-1

Geht man nun davon aus, dass die unterschiedlichen Faktoren für die Biegezugfestigkeit infolge der Schwindrisse entstehen, so kann man den Beton auch als teilweise gerissen ansehen. Dabei wird der maximale Wert der Biegezugspannung erreicht, wenn der Beton keine Schrumpfrisse aufweist (3.5). Da diese Biegezugfestigkeit doppelt so hoch ist als die Zugfestigkeit (3.3) müssen die Schrumpfrisse einen Anteil von 50% annehmen.

In der Stahlbetonnorm geht man also davon aus, dass der Beton an der Oberfläche einen Rissanteil von 20% hat, der sich auf 50% bis in eine Tiefe von 60 cm erhöht und dann gleich bleibt. Dies unabhängig von einer unterschiedlichen Nachbehandlung. Man muss also feststellen, dass hier eine sehr pessimistische Sicht eingenommen wird und dadurch die Biegezugfestigkeit auf der extrem sicheren Seite liegt. Dies immer unter dem Gesichtspunkt, dass die Zugspannungen ja ohnehin von der Stahlbewehrung aufgenommen werden.

Sieht man nun diesen Rissanteil (50%) als maximalen Rissanteil bei Beton an, so kann der Faktor für eine Berechnung der Biegezugfestigkeit folgendermaßen definiert werden:

$$r = 2 * (1 - p) \tag{3.7}$$

r ... Rissfaktor

p ... Prozentanteil der Risse im Beton

Dieser Rissfaktor kann nun für die möglichen Rissanteile ermittelt werden:

Rissanteil p	0 %	10 %	20 %	30 %	4 0 %	50 %
Rissfaktor r	2,0	1,80	1,60	1,40	1,20	1,00

Tabelle 3.2: Rissfaktor für verschiedene Rissanteile

Damit kann nun die Formel für die Biegezugfestigkeit folgende Form annehmen:

$$f_{ct,fl} = r * f_{ctm} \tag{3.8}$$

Eine Berechnung der gängigen Biegezugfestigkeiten kann aus nachfolgendem Diagramm entnommen werden.

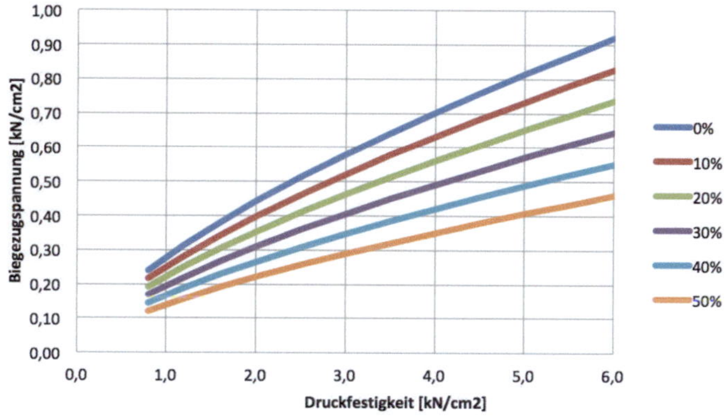

Abbildung 3.5: Biegezugfestigkeiten bei möglichen Rissanteilen

Die Frage ist nun: Wie können diese Rissanteile möglichst auf ein Minimum reduziert werden um eine möglichst hohe Biegezugfestigkeit für einen Baukörper zu erreichen?

Die Antwort war bis heute, man muß mit einer richtigen Nachbehandlung dem Beton genügend Feuchtigkeit zugeben, damit die Schwindrisse nicht zu groß werden und sich nur im minimalen Bereich einstellen. Dies führte auch zu der Unterscheidung der Bauteildicken, für die die Nachbehandlung wirksam ist. So entstand auch der Zusammenhang in Formel (3.6).

3.4 Zement

Die Festigkeit des Betons wird vom Zement erzeugt. Dieser ist ein hydraulisches Bindemittel, das mit Wasser vermischt einen Zementleim ergibt. Durch Hydratation erstarrt der Zementleim langsam sowohl an der Luft als auch unter Wasser zu einem festen Zementstein. Dieser umhüllt den Zuschlag und auch die eingebauten Stahlteile, sodass ein Verbundbaustoff entsteht.

Es gibt fünf Hauptgruppen für die Zemente:

CEM	I	Portlandzement
CEM	II	Portland(komposit)zement
CEM	III	Hochofenzement
CEM	IV	Puzzolanzement
CEM	V	Kompositzement

Die Bezeichnungen des Zementes sind zwar etwas lang, aber eindeutig. Im Folgenden wird ein Beispiel einer üblichen Zementbezeichnung angegeben, danach werden die einzelnen Teile näher erläutert.

Portlandhüttenzement EN 197–1 – CEM II/A-S 32,5 R

Nennung der Norm, Bindestrich
Bezeichnung der Hauptgruppe, Schrägstrich
Angabe der Zusatzstoffmenge (A, B, C), Bindestrich
Angabe der Zusatzstoffart (S, V,...)
Angabe der Mindestdruckfestigkeit nach 28 Tagen
Angabe der Frühfestigkeit (N: normal; R: rapid)

Die Angabe der Menge der Zusatzstoffe ist folgendermaßen definiert:

CEM I	nur Zumahlung $\leq$ 5 %
CEM II/A	Zumahlung von 6–20 % Masse
CEM II/B	Zumahlung von 21–35 % Masse
CEM III/A	Zumahlung von 36–65 % Masse (nur S)
CEM III/B	Zumahlung von 66–80 % Masse (nur S)
CEM III/C	Zumahlung von 81–95 % Masse (nur S)
CEM IV/A	Zumahlung von 11–35 % Masse
CEM IV/B	Zumahlung von 36–55 % Masse
CEM V/A	Zumahlung von 18–30 % Masse (P,Q,V) u.(S)
CEM V/B	wie A jedoch 31–50 % Masse

Des weiteren gibt es Zusatzstoffarten, die dem Zement beigegeben werden, es ändern sich damit die Eigenschaften teilweise erheblich. Eine genaue Dosierung muss vorher mit dem Zementwerk unbedingt abgeklärt werden. Die Angabe der Zusatzstoffarten ist wie folgt definiert:

S	Hüttensand (Hochofenschlacke)
V	silikatische Flugasche
W	kalkreiche Flugasche
D	Mikrosilika
L	Kalkstein (TOC $\leq$0,5 %-Masse)
LL	Kalkstein (TOC $\leq$0,2 %-Masse)
P	natürliches Puzzolan
Q	künstliches Puzzolan
T	gebrannter Schiefer
M	Mixture mit Angabe der Komponenten, z. B. M(S-V-L)

Bei den Festigkeitsklassen der Zemente werden nach definierten Zeiträumen nach der Herstellung der Prüfkörper folgende Festigkeiten verlangt:

<table>
<tr><th rowspan="3">Festigkeits-
klasse</th><th colspan="4">Druckfestigkeit [N/mm2]</th><th rowspan="3">Erstarrungs-
beginn
[min]</th><th rowspan="3">Dehnungs-
maß
[mm]</th></tr>
<tr><th colspan="2">Anfangsfestigkeit</th><th colspan="2">Normfestigkeit</th></tr>
<tr><th>2 Tage</th><th>7 Tage</th><th colspan="2">28 Tage</th></tr>
<tr><td>32,5 N</td><td>-</td><td>≥ 16</td><td rowspan="2">$\geq 32{,}5$</td><td rowspan="2">$\leq 52{,}5$</td><td rowspan="2">≥ 75</td><td rowspan="6">≤ 10</td></tr>
<tr><td>32,5 R</td><td>≥ 10</td><td>-</td></tr>
<tr><td>42,5 N</td><td>≥ 10</td><td>-</td><td rowspan="2">$\geq 42{,}5$</td><td rowspan="2">$\leq 62{,}5$</td><td rowspan="2">≥ 60</td></tr>
<tr><td>42,5 R</td><td>≥ 20</td><td>-</td></tr>
<tr><td>52,5 N</td><td>≥ 20</td><td>-</td><td rowspan="2">$\geq 52{,}5$</td><td rowspan="2">-</td><td rowspan="2">≥ 45</td></tr>
<tr><td>52,5 R</td><td>≥ 30</td><td>-</td></tr>
</table>

Tabelle 3.3: Anforderungen an Zemente lt. EN 197-1

Der Zement muss vor jeder Verunreinigung und Feuchtigkeit geschützt werden. Er darf nur in saubere Transportbehälter gefüllt und darin transportiert und dann gelagert werden, die keine Rückstände früherer Zementlieferungen oder anderer Stoffe enthalten. Schon geringe Mengen von Stoffen, die mit dem Zement nicht verträglich sind, können sich im Beton nachteilig auswirken.

Auch bei der Lagerung von Zement auf der Baustelle ist besonders darauf zu achten, dass Feuchtigkeit wie Regen und Schnee nicht an den Zement herankommt. Es sollte daher der Zement jederzeit mit dichten Planen abgedeckt werden und diese zusätzlich befestigt werden.

Zemente verschiedener Arten und Klassen sollten nicht vermischt werden. Dies sollte nur, wenn erforderlich, unter Anleitung von Zementfachleuten der Herstellerwerke durchgeführt werden.

3.5 Gesteinskörnungen (Zuschlag)

Als Gesteinskörnung kann natürliches Gesteinsmaterial oder auch Betonbruch verwendet werden. Dieses Gesteinskörnung darf auf jeden Fall nur mineralische Bestandteile haben. Organische Einschlässe sind nicht erlaubt. Sobald der Beton eine Stahlbewehrung oder Stahlfasern enthält, dürfen keine schädigenden Mengen an Salzen im Zuschlag enthalten sein. Es könnte nämlich dadurch die Korrosion des Stahles beschleunigt und der allgemeine Korrosionsschutz des Betons aufgehoben werden.

In diesem Buch wird auf die weitere Behandlung von Recyclingstoffen als Zuschläge verzichtet, da diese bei Faserbeton bislang noch keinen Einsatz gefunden haben.

<table>
<tr><th>GK [mm]</th><th colspan="2">Anwendung</th></tr>
<tr><td>4</td><td colspan="2">Estriche, feingliedrige Bauteile</td></tr>
<tr><td>8</td><td rowspan="2">Spritzbeton</td><td rowspan="3">Faserbeton</td></tr>
<tr><td>11</td></tr>
<tr><td>16</td><td rowspan="3">Normalbeton</td></tr>
<tr><td>22</td><td rowspan="2">Massenbeton</td></tr>
<tr><td>32</td></tr>
</table>

Tabelle 3.4: Betonanwendungen mit Angabe des Größtkorns

Die Zuschläge aus natürlich vorkommenden Gesteinen unterliegen großen Schwankungen, insbesondere, wenn man die Sieblinie betrachtet. Daher ist in allen Betonnormen ein Sieblinienbereich vorgeschrieben, der vom Größtkorn des Betons abhängig ist.

Bei der Wahl der Sieblinie sollte man möglichst das Größtkorn eher groß wählen, es sind jedoch meist die Randbedingungen, die zur Wahl des Größtkornes führen. So sollte das Größtkorn kleiner als 0,3 mal der kleinsten Querschnittsdimension sein; bzw. auch kleiner als 0,5 mal dem geringsten Bewehrungsabstand. Nachfolgende Zusammenstellung gibt eine Hilfe für die Wahl des Größtkornes.

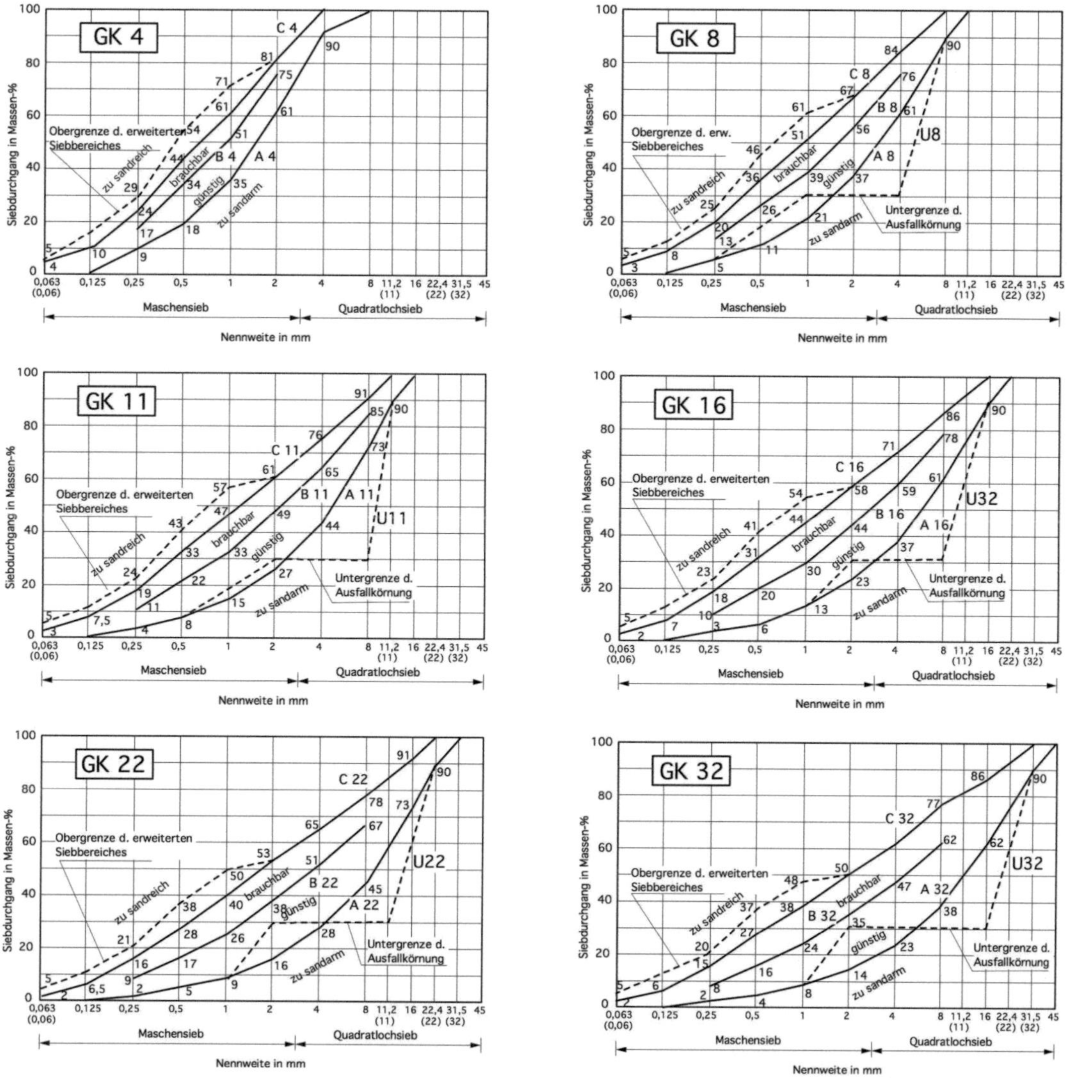

Abbildung 3.6: Sieblinien für Beton abhängig vom Größtkorn GK

Mit Hilfe dieser vorgegebenen Körnungsbereiche können nun die meisten Betonsorten hergestellt werden. Bei besonderen Bedingungen wie z. B. Einkornbeton oder Drainagebeton sind zur Abklärung der Festigkeitseigenschaften Untersuchungen notwendig, deren Ergebnisse dann in die bautechnische Anwendung und Bemessung einfließen.

3.6 Wasser

Als Zugabewasser ist jedes in der Natur vorkommende Wasser geeignet, falls nicht Bestandteile vorhanden sind, die die Betoneigenschaften beeinträchtigen. So ist jedes Grundwasser, Regenwasser, Bach- und Flusswasser prinzipiell geeignet, jedoch nicht Moorwasser. So ist Trinkwasser (Leitungswasser) und auch Restwasser aus der Betonherstellung immer geeignet.

Verunreinigungen, wie ein hoher Salzgehalt (z.B. bei Drainagen entlang Straßen) oder Industrieabwässer sind tunlichst zu vermeiden. Mineralisch angereichertes Wasser ist auf seine Brauchbarkeit mit einer chemischen Untersuchung zu testen. Alle betonangreifenden Wässer sind als Zugabewasser auszuschließen.

3.7 Betonzusätze

Es wird aufgrund der unterschiedlichen Wirkungsweise beim Beton zwischen Zusatzstoffen und Zusatzmitteln unterschieden.

3.7.1 Betonzusatzstoffe

Diese werden meist in feiner körniger Struktur beim Mischvorgang des Frischbetons in größerer Menge zugegeben und sind daher auch mengenmäßig bei den jeweiligen Mischungsverhältnissen zu berücksichtigen. Als Zusatzstoffe werden zwei unterschiedliche Arten verwendet:

Typ I: inaktive Zusatzstoffe wie Gesteinsmehl, Pigmente etc.
Typ II: puzzolanische oder latenthydraulische Zusatzstoffe wie Flugasche, Silika, Staub, etc.

Durch die Zugabe der Betonzusätze wird durch die chemische oder physikalische Wirkung die Betoneigenschaft in eine erwßnschte Eigenschaft gebracht. Dies betrifft die Konsistenz, Verarbeitbarkeit, Festigkeit, Dichtheit und Farbe. Zusatzstoffe müssen generell unschädlich sein und somit die wichtigen Eigenschaften wie Erhärtung, Dauerhaftigkeit und Korrosionsschutz der Bewehrung nicht verändern. Im Anwendungsfall ist eine Güteüberwachung vorzulegen.

3.7.2 Betonzusatzmittel

Zusatzmittel sind meist chemisch oder physikalisch wirksame Mittel, die definierte Betoneigenschaften günstig beeinflussen. Diese werden dem Beton bei der Mischung nur in geringer Menge zugegeben. Diese Zugabemengen sind je nach Anwendung begrenzt und vom Betonhersteller genau zu protokollieren.

Eine Kombination der Zusatzmittel ist prinzipiell möglich, sollte jedoch mit dem Herstellerwerk vor der Anwendung abgeklärt werden.

BV	Betonverflüssiger	verringern den Wasseranspruch des Frischbetons, indem sie die Oberflächenspannung des Wassers herabsetzen; damit kann ein niedriger W/B-Wert eingehalten werden.
FM	Fließmittel	für die Herstellung von Fließbeton
LP	Luftporenbildner	erzeugen im Frischbeton mikroskopisch kleine Luftporen, wodurch die Frost-Tausalz-Beständigkeit verbessert wird
LPV		Luftporen bildende Verflüssigerkombination von LP-Mitteln und Verflüssiger
DM	Dichtungsmittel	sollen die Wasserdurchlüssigkeit des Betons verbessern, ihre Wirkungsweise ist jedoch beschränkt
VZ	Verzögerer	schieben den Erstarrungsbeginn des Betons hinaus, Anwendung z. B. bei heiöem Wetter oder bei langen Betonierarbeiten (Massenbeton)
BE	Beschleuniger (Erstarrungsbeschleuniger)	setzen den Beginn des Erstarrens bis auf wenige Sekunden herab, z. B. für Spritzbeton oder als Dichtungsmittel bei Wassereinbrüchen im Tunnel- und Stollenbau
FS	Frostschutzmittel	sollen die Festigkeitsentwicklung des jungen Betons beschleunigen; Achtung: nicht chloridhaltige FS bei Stahlbeton und Stahlfaserbeton sowie Spannbeton verwenden

Tabelle 3.5: Zusatzmittel für Beton

3.8 Betoneigenschaften

Bei der Herstellung von Beton sind neben der Festigkeitsklasse (siehe Punkt 3.1.2) noch weitere Punkte zu berücksichtigen. All diese Eigenschaften haben eigene Bezeichnungen, die bei der Benennung des Betons aufgezählt werden sollten.

Nachfolgend werden diese Eigenschaften relativ kurz behandelt, damit der Leser den Zusammenhang erfasst. Es wird jedoch für eine eingehendere Beschäftigung mit Beton die einschlägige Fachliteratur unbedingt angeraten, um so die jeweils gültige Normsituation auch richtig zu erfahren.

3.8.1 Betonarten

Die Betonarten unterscheiden sich generell durch ihre Anwendung. Es ist wichtig, sich mit den unterschiedlichen Betonarten zu beschäftigen, da dies bereits bei der Zusammensetzung des Betons eine entscheidende Rolle spielt. Gerade die Zusammensetzung, der Erhärtungsgrad und die besonderen Eigenschaften, die auf der Baustelle gefordert werden, führen zu den einzelnen Betonarten.

Bezeichnung	Eigenschaft
UB1, UB2	Unterwasserbeton
PB	Pumpbeton
SB	Sichtbeton
SCC	selbstverdichtender Beton
BL	Beton mit geringer Blutneigung
W	Wärmeentwicklung (W40 –> bis 40 °C)
VV	verlängerte Verarbeitungszeit
ES, EM, EL, E0	Erhärtung schnell, mittel, langsam, sehr langsam
RS	reduziertes Schwinden
A	festgelegte Abreißfestigkeit

Tabelle 3.6: Betonarten

Bei der Planung muss die Betonart angegeben werden; dies ist nicht nur für den Betonhersteller wichtig, sondern besonders für die Baufirma. Es werden damit Randbedingungen angegeben, die beim Mischungsverhältnis und bei der Schalung und auch Einbringungart sowie Verdichtungsart berücksichtigt werden müssen.

3.8.2 Einwirkungen auf den Beton

Die von der Umwelt auf das Bauteil wirkenden Einflüsse werden in Expositionsklassen (engl. exposure classes) zusammengefasst. Die Exposition wird durch einen Großbuchstaben X (exposure classes) und einen weiteren Großbuchstaben bezeichnet, der von der Belastungsart stammt.

C ... von Carbonatisierung (engl. **C**arbonation)
D ... von Frost (engl. **D**eicing)
S ... von Meereswasser (engl. **S**eawater)
F ... von Frost (eng. **F**rost)
A ... von aggressiver Umgebung (engl. **A**gressiv area)
M ... von mechanischen Angriff (eng. **M**echanical treatment)
Die Klasse X0 zeigt, dass kein Schadensrisiko besteht.

Bezeichnung	Risiko	Umwelt	Anwendungsbeispiele
X0	nein	unbewehrter Beton, kein Frost, kein chem. od. mechan. Angriff, bewehrter Beton im Inneren	unbewehrte Fundamentplatte, Füll- und Ausgleichsbeton
XC 1	Karbonatisierung	trocken oder ständig nass	Gebäude, Wohn- u. Geschäftsbau einschließlich Nassräume; Fundament im Grundwasser
XC 2	Karbonatisierung	nass, selten trocken, kein Wasserdruck ($h <$ 2 m)	Innenräume mit hoher Luftfeuchtigkeit, Viehställe, Bauwerke im Grundwasser
XC 3	Wasserdruck	Wasserdruck $h = 2$–10 m	Wasserbauten und dichte Wasserbauwerke
XC 4		Wasserdruck $\geq$ 10 m	Wasserbauten und dichte Wasserbauwerke, Talsperren
XD 1	Korrosion durch Chloride	mäßige Feuchte	Betonoberflächen bei chloridhaltigem Angriff
XD 2		nass, selten trocken	chloridhaltiger Angriff, Schwimmbäder, Industriebauten
XD 3		wechselfeucht	chloridhaltiges Spritzwasser, anstehendes chloridh. Wasser, Fahrbahndecken, Parkdecks
XF 1	Frost und Taumittel	mäßige Wassersättigung ohne Taumittel	Oberflächen, die Regen und Frost ausgesetzt sind, ohne Staunässe
XF 2		mäßige Wassersättigung mit Taumittel	Oberflächen, die Regen, Frost und Taumittel ausgesetzt sind, ohne Staunässe
XF 3		hohe Wassersättigung ohne Taumittel	Betonoberflächen mit Staunässe, frostbeständige Wasserbauten
XF 4		hohe Wassersättigung mit Taumittel	Strassendecke, Brücken, Verhehrsleitwände, Spritzwasser

Fortsetzung der Tabelle für Expositionsklassen

Bezeichnung	Risiko	Umwelt	Anwendungsbeispiele
XA 1	Chemischer Angriff	chemisch schwach angreifende Umgebung	treibend = XA 1T lösend = XA 1L
XA 2		chemisch mäßig angreifende Umgebung	treibend = XA 2T lösend = XA 2L
XA 3		chemisch stark angreifende Umgebung	treibend = XA 3T lösend = XA 3L
XM 1	Verschleiß	mäßiger Verschleiß	Straßenbeläge von Wohnstraßen
XM 2		schwerer Verschleiß	Straßenbeläge von Hauptverkehrsstraßen, schwerer Gabelstaplerverkehr
XM 3		extremer Verschleiß	Kettenfahrzeugverkehr, Wasserbau–Tosbecken

Tabelle 3.7: Expositionsklassen bei Beton

Mit der Angabe der Expositionsklasse wird die Umweltbelastung auf das Bauteil beschrieben. Normalerweise treten mehrere Expositionsklassen gleichzeitig auf. Auf Grundlage dieser Angaben werden die Betonzusätze im Betonwerk gewählt.

Es ist dabei besonders auf die gegenseitige Verträglichkeit zu achten. Man sollte daher diese Betonzusätze (Zusatzstoffe und Zusatzmittel) mit dem jeweiligen Hersteller absprechen, um hier auch die Gewähr der jeweiligen Eigenschaft zu erhalten.

3.8.3 Konsistenz

Die Konsistenz eines Betons wird entweder mit der Verdichtung in einem Zylinder oder mit dem Ausbreitmaß auf einem speziellen Klapptisch gemessen. Damit wird die Verarbeitbarkeit des Betons geregelt.

Bezeichnung		Beschreibung	Forderung nach	
ÖNORM	DIN			
C0	C0	sehr steif	Verdichtungs maß	$\geq$ 1,45
C1	C1	steif		1,45–1,26
C2	C2	steif plastisch		1,26–1,11
F38	F2	plastisch	Ausbreitmaß	35–41 cm
F45	F3	weich		42–48 cm
F52	F4	sehr weich		49–55 cm
F59	F5	fließfähig		56–62 cm
F66	F6	sehr fließfähig		63–69 cm
F73	SVB	extrem fließfähig		70–76 cm

Tabelle 3.8: Konsistenzen von Beton

3.8.4 Kurzbezeichnungen

Es wurden zur Vereinfachung der Betonbezeichnungen zusätzlich Kurzbezeichnungen eingeführt, mit denen auf viele Umwelteinflüsse bereits eingegangen wird und somit die Betonbezeichnung wieder etwas einfacher ist.

Die Unterteilung der Kurzbezeichnungen erfolgt nach rein praktischen Gesichtspunkten und ist sowohl für den Planer als auch für den Anwender gedacht. Die Auswahlkriterien sind folgende:

- Betone für Unterlagen und Füllungen
- Betone für rein statische Zwecke
- Betone mit Bewehrung und statischen Zwecken
- wasserundurchlüssige Betone mit Bewehrung und statischen Zwecken
- umweltbelastete Betone mit Bewehrung und statischen Zwecken

Eine praxisgerechte Zusammenstellung führte zu den 7 Betonklassen, die sicherlich in Zukunft noch um die eine oder andere Kurzbezeichnung ergänzt werden. Insgesamt gesehen ist dies aber eine für die Praxis wünschenswerte Zusammenfassung von detaillierten Eigenschaften.

Kurzbezeichnung	abgedeckte Umweltklasse	W/B-Wert	Luftgehalt [%]
B1	XC3(A)	0,60	-
B2	XC3/XD2/XF1/XA1L/SB(A)	0,55	-
B3	XC3/XD2/XF3/XA1L/SB(A)	0,55	2,5
B4	XC4/XD2/XF1/XA1L/SB(A)	0,50	-
B5	XC4/XD2/XF2/XA1L/SB(A)	0,50	2,5
B6 C3A-frei	XC4/XD2/XF3/XA2L/XA2T/SB(A)	0,45	2,5
B7	XC4/XD3/XF4/XA1L/SB(A)	0,45	4,0

Tabelle 3.9: Kurzbezeichnungen für Beton

3.8.5 Schwinden

Unter Schwinden wird beim Beton jener Vorgang verstanden, der bei der Wasserabgabe des Frischbetons entsteht, da nicht alles Wasser chemisch gebunden wird. Diese Wasserabgabe tritt am Rand mehr und schneller ein als in der Mitte eines Bauteils. Daher ist eine Nachbehandlung der Betonoberfläche erforderlich, um so einen zu schnellen Wasserentzug zu vermeiden.

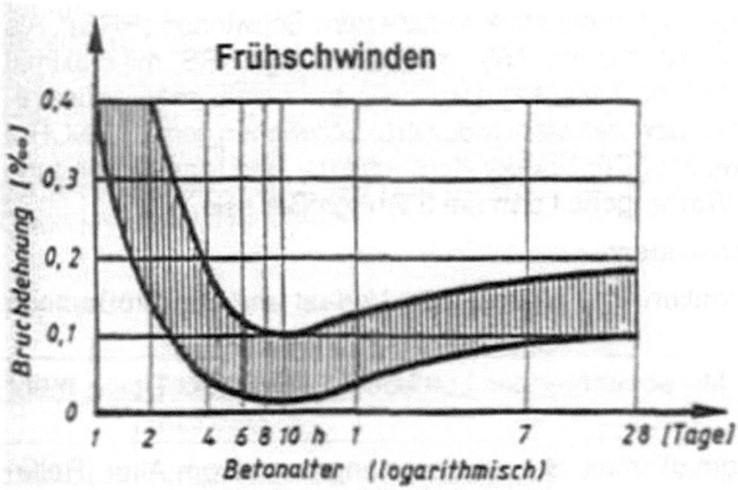

Abbildung 3.7: Frühschwinden beim jungen Beton (aus Zement + Beton 2008)

Der Vorgang des Schwinden setzt sofort nach dem Ansteifen des Betons ein. Dabei wird der erste Abschnitt des Schwindvorganges, der noch in der Abbindezeit der ersten Stunde bis zu einem Tag als Frühschwinden bezeichnet. Wie man aus der Abb. 3.2 ersehen kann, entsteht hier eine Dehnung in der Größenordnung von ca. 0,4 . In weiterer Folge schwindet der Beton immer langsamer und wird auch immer gemessen. Eine typische Messreihe ist in der folgenden Abbildung aufgezeigt.

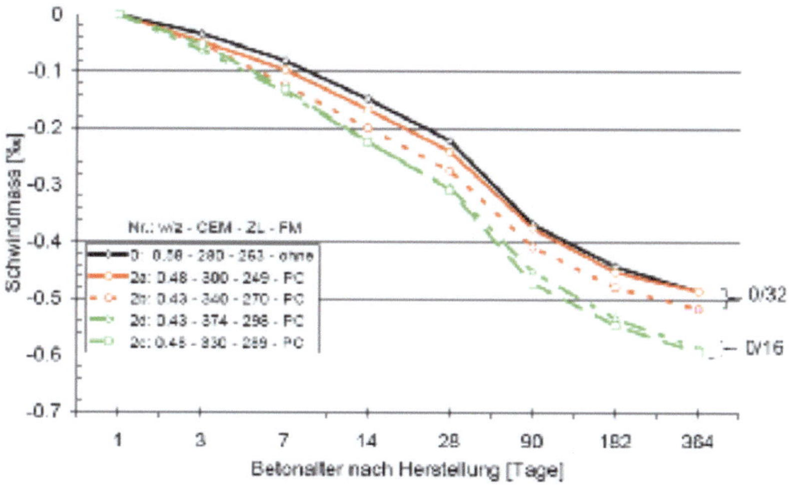

Abbildung 3.8: Schwinden beim Beton im ersten Jahr (aus der Bauingenieur 3/2008)

Man sieht in der Graphik, dass in den ersten 28 Tagen vom Tag 1 an die Deformation beim Schwinden ca. 0,2 – 0,3 ‰ ist und erst nach einem Jahr die Größenordnung von ca. 0,5 – 0,6 ‰ annimmt.

Beim Abbinden und Erhärten des Betons muss noch zusätzlich ein wichtiger Effekt in Betracht gezogen werden. Es findet eine chemische Reaktion statt, die man Hydratation nennt. Dabei entstehen ausgehend von den Zementteilen Minerale, die einen Verbund mit dem Zement und den Gesteinskörpern entstehen lassen und somit dem Beton seine Festigkeitseigenschaften verleihen. Es ist ein sehr komplexer Vorgang, auf den hier im Detail nicht eingegangen wird, da er von chemischen Prozessen beherrscht wird und hier nur die mechanischen Auswirkungen von Interesse sind.

Beim Wachsen dieser Minerale nimmt der Festkörperanteil in Form von Zementstein zu. Zuerst hat dies zur Folge, dass der flüssige Beton etwas zäher wird, dies wird dann Ansteifen genannt. Der flüssige Zustand geht somit in einen plastischen Zustand über, der sich immer mehr verhärtet, bis er letztendlich zum Festkörper wird. Dieses Ansteifen und Erhärten ist für die Aufnahme von Druck- und Zugkräften im Beton entscheidend.

Betrachtet man die Entwicklung der Minerale im Detail, so erkennt man, dass nach einer ersten Mineralienbildung schon zarte gegenseitige Kontakte entstehen, die auch wesentlich für die spätere Kraftübertragung sind. Werden diese ersten Kontakte durch Schwindrisse gestört, so kann nur eine verminderte Kraftübertragung im Beton entstehen. Daher ist es besonders wichtig, dass in der Phase der ersten Kristallbildung bis zur guten Verbindung der wachsenden Kristalle der Beton nicht bewegt wird. Nur damit ist gewährleistet, dass der Beton seine Tragfähigkeit erhält.

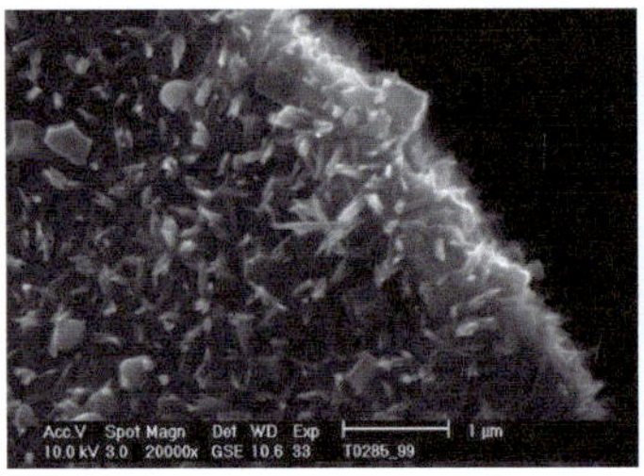

Abbildung 3.9: erste Kristalle

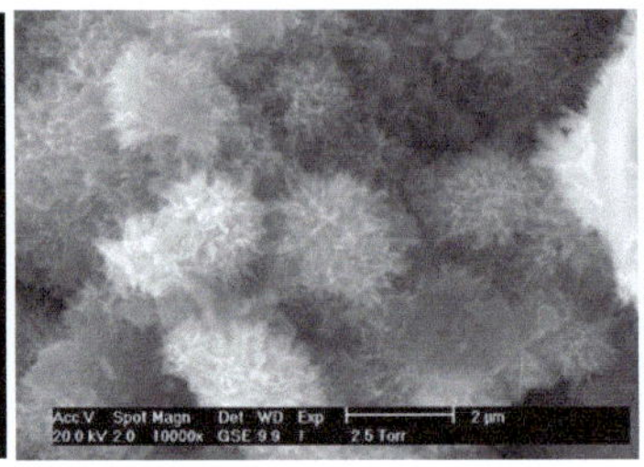

Abbildung 3.10: Kristallwachsen

Abbildung 3.11: fertige Kristalle

Sieht man sich die Stoffzusammensetzung des Betons in den ersten Tagen beim Aushärten an, so kann man einerseits das Schwinden durch Verringerung des Wassergehaltes und auch die zeitlich etwas versetzte Zunahme des Zementes in Form von Zementstein erkennen.

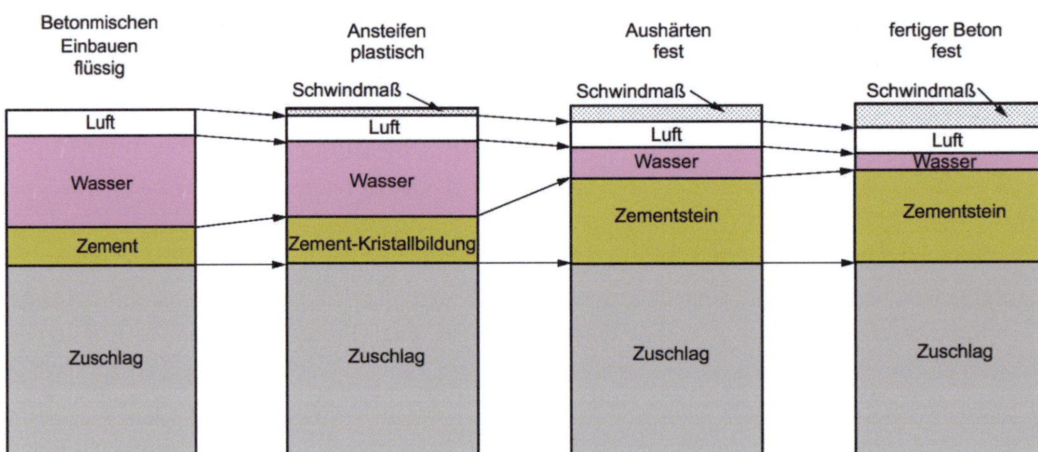

Abbildung 3.12: Materialverteilung beim Beton schematisch

Über die erste Zeit betrachtet findet eine Volumenabnahme statt, die aus dem Verdunsten von oberflächennahem Wasser und der chemischen Reaktion des Wassers mit dem Zement entsteht.

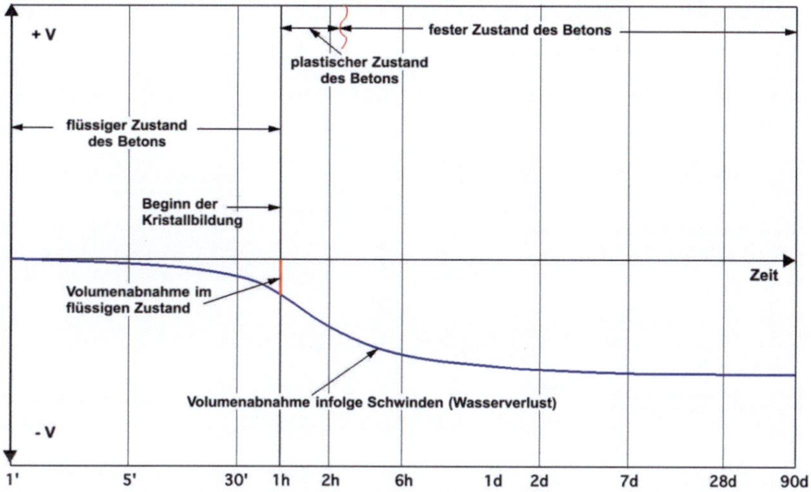

Abbildung 3.13: Volumenverhalten beim Schwinden von Beton

Es entsteht jedoch ab der Bildung von Kristallen bei der chemischen Reaktion des Wassers mit den Zementteilen ein Zementstein, der eigentlich aus Kristallen besteht, die sich ständig mit zunehmender Reaktion vergrößern. Dies führt zu einer Volumenzunahme des Festkörpers.

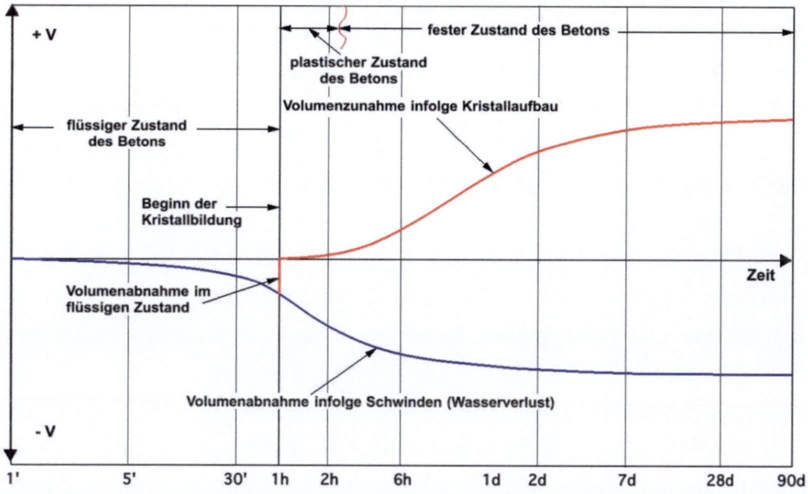

Abbildung 3.14: Volumenzunahme infolge Kristallbildung beim Abbindevorgang

Diese beiden Effekte sind für die Festigkeitsentstehung des Betons entscheidend. Dabei entstehen die Feststoffbrücken zwischen den Einzelteilen des Zuschlages, die die Kraftübertragung besonders für die Zugkräfte ermöglichen.

Trägt man über die Zeit (logarithmisch) diese beiden Effekte der Volumensänderung auf, so kann man folgenden Zusammenhang erkennen.

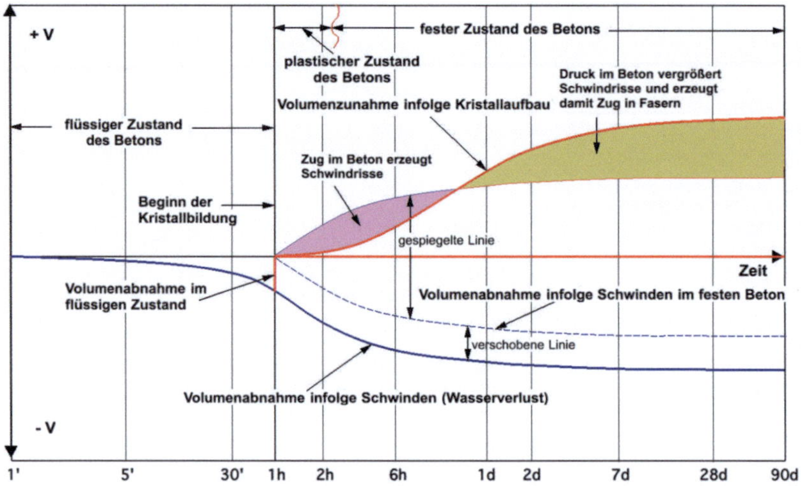

Abbildung 3.15: Volumenänderungen beim Abbindevorgang

Durch den Verlust an Wasser wegen der Verdunstung entsteht die untere Kurve. Diese beginnt bereits beim Einbau des Betons in die Schalung. Erst nach etwa 1-2 Stunden (der Zeitraum lässt sich durch Zusatzmittel steuern) entsteht die Kristallbildung (in der Graphik bei 1 Stunde). Der Volumenverlust bis zu diesem Zeitpunkt erfolgt im flüssigen Zustand des Frischbetons, es können dabei keine Risse entstehen. Daher kann die Kurve der Volumenabnahme beim Beginn der Kristallbildung auf 0 verschoben werden. Der vor diesem Zeitpunkt erfolgte Volumenverlust hat keine Auswirkung auf die Festigkeitsentwicklung des Betons.

Ab dem Zeitpunkt der ersten Kristallbildung entsteht eine Volumensvergrößerung des Feststoffes, der die Poren langsam schließt. Diese Kurve geht im Diagramm nach oben. Spiegelt man nun die Kurve für das Schwinden (untere Kurve) nach oben. so entstehen als Differenz der beiden Effekte zwei Bereiche (Flächen), die näher zu betrachten sind.

Im ersten (blauen) Bereich verringert sich das Volumen durch das Schwinden, da dieses stärker als durch Kristallwachstum zunimmt. Dies führt zu den Schwindrissen, da der plastische Beton noch zu geringe Zugspannungen aufnehmen kann. Erst mit zunehmendem Mineralwachstum können die Zugspannungen aufgenommen werden, wobei hier jedoch die Fehlstellen durch bereits existierende Schwindrisse nicht mehr bzw. nur mangelhaft geschlossen werden. Diese Risse sind im ersten Moment zwar sehr klein, durch die weiteren Volumenänderungen der Abbindephase werden diese größer und auch sichtbar. Es ist also nach dem ersten Ansteifen des Betons eine Zugspannung wegen der Volumensverminderung vorhanden, die die erst wachsenden Minerale in ihrem Verbund nicht aufnehmen können. Dies ist im blauen Teil des ersten Bereiches deutlich zu erkennen.

In weiterer Folge des Abbindevorganges durch das Mineralwachstum entsteht ein Zementstein, dessen Volumen stärker zunimmt als die Abnahme durch das Schwinden ist. Dabei entsteht im Beton ein Druckzustand, der die durch das Schwinden entstandenen Risse nur weiter öffnet. Daher nehmen die Schwindrisse im Beton besonders in den ersten Tagen zu.

Mit dieser volumetrischen Betrachtung ist der Sinn der Nachbehandlung des Frischbetons klar erkennbar. Gibt man beim Ansteifen bis zum erhärteten Zustand dem Beton ausreichend Wasser zu, so entsteht nur wenig Volumensentzug und die Mineralien können sich annähernd ungestört entwickeln. Nach der Erhärtungsphase ist der Mineralienverband so fest, dass die Zugspannungen infolge Austrocknung leicht übernommen werden können, ohne dass im Beton Risse entstehen.

Es ist also ganz entscheidend, dass in der ersten Ansteifungs- und Erhärtungsphase des Betons die durch die Volumenabnahme entstehenden Zugspannungen entweder nicht entstehen oder vom Baustoffsystem aufgenommen werden.

Durch die Zugabe von Wasser kann an der Oberfläche ein Bereich so unterstützt werden, dass kaum Risse entstehen. Je tiefer man jedoch in das Bauteil sieht, wird dieser Effekt geringer, da das Wasser von der Oberfläche nicht so tief eindringen kann. Im Bereich unterhalb der Oberfläche ist die Wasserzugabe ab 25-30 cm kaum mehr zu spüren. Somit ist dieser Effekt nur oberflächennah wirksam.

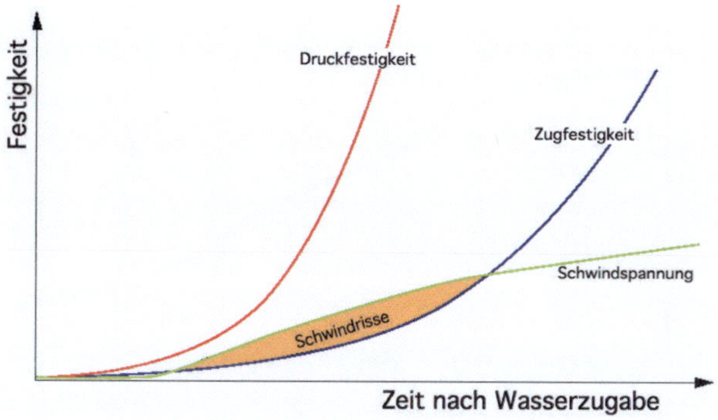

Abbildung 3.16: Beton in der Abbindephase

Dies hat auch bei der Betrachtung des Betons für Stahlbeton dazu geführt, dass die aufnehmbaren Biegezugspannungen von der Bauteildicke abhängen (siehe Abbildung 3.4).

Bei Verwendung von Fasern kann diese anfängliche Zugspannung durch die Fasern aufgenommen werden, so sass keine Risse im Beton entstehen. Dies wird im Kapitel 6 FB-Eigenschaften etwas genauer erläutert.

3.9 Umweltverträglichkeit

Beton ist ein natürlicher, umweltfreundlicher Baustoff, der aus natürlich vorkommenden Stoffen geschaffen wird. Er besteht aus Sanden und Kiesen mit einem definierten Mischungsverhältnis und einem Bindemittel aus gebranntem Ton und

Das Erstarren und Erhärten des Bindemittels beruht auf der Bildung wasserhaltiger Verbindungen, die bei der Reaktion zwischen den Zementbestandteilen und dem Anmachwasser entstehen. Im Allgemeinen reagiert der Zement in einem verhältnismäßig wasserarmen, plastischen Gemisch mit Wasserzementwerten zwischen etwa 0,3 und 0,6.

Der Abbindevorgang ist ein sehr komplexer chemischer Vorgang, in dessen Verlauf der pH-Wert der Porenlösung vergleichsweise hohe Werte annimmt. Dieser hohe pH-Wert in Beton (etwa 13–14) ist in erster Linie bedingt durch das $Ca(OH)_2$, das während des Abbindeprozesses gebildet wird.

An der frischen Betonoberfläche wird fließendes Grundwasser dadurch beeinflusst. Es wird daher in vielen Fällen verlangt, das Grundwasser wieder zu einem etwa neutralem pH-Wert zurückzuführen.

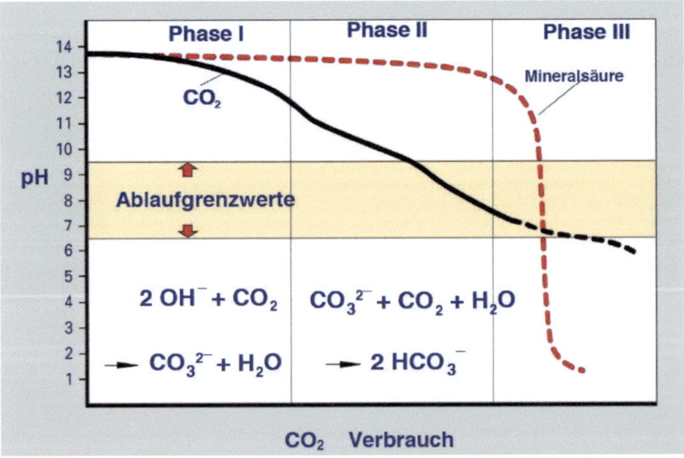

Abbildung 3.17: Neutralisierung von basischem Wasser infolge Betonabbindevorgang

Dies wird üblicherweise mit einer Neutralisierungsanlage durchgeführt, bei der in das basische Wasser CO_2 eingeblasen wird, bis sich ein etwa neutraler Zustand einstellt.

Da Beton ein poröses Material ist, diffundiert gasförmiges CO_2 unter normalen Umweltbedingungen in sein Inneres, wo es mit vorhandenem $Ca(OH)_2$ reagiert und dabei $CaCO_3$ (und H_2O) bildet. Dieser Carbonatisierungsprozess stellt keine akute Bedrohung für den abgebundenen Zement dar, senkt aber den pH-Wert im Beton.

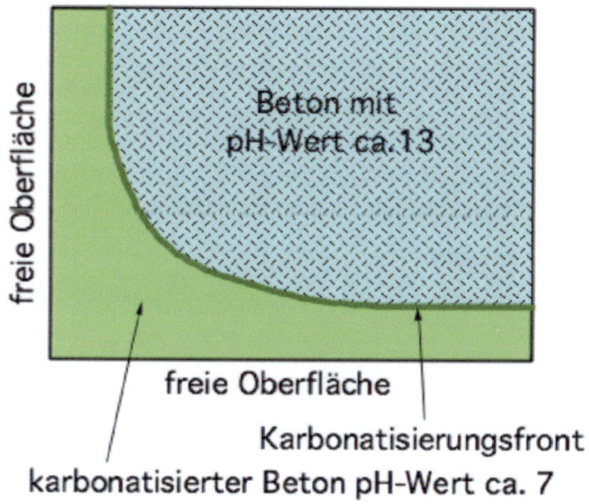

Abbildung 3.18: Carbonatisierung von Beton

Der nun an der Oberfläche entstandene carbonatisierte Beton hat einen pH-Wert von ca. 7 und ist somit vollkommen neutral gegenüber der Umwelt. Nachteilig dabei ist, dass in diesem Bereich der Schutz von Stahleinlagen (Stahlfasern) nicht mehr gegeben ist. Es können die Stahlfasern in diesem Bereich korrodieren. Andere Fasern haben dieses Problem nicht.

Im abgebundenen und somit erhärteten Zustand ist der Beton vollkommen umweltfreundlich und unterliegt keinen Veränderungen mehr. Lediglich die Belastung kann sich bei überschreiten von gegebenen Grenzwerten nachteilig auswirken. Daher sind auch alle Bauteile zu bemessen, um eine Überbelastung zu vermeiden.

Nach dem Gebrauch des Betonteiles besteht die Möglichkeit, den Beton zu zerkleinern und dann wieder zu verwenden. Durch diese Recyclingmaßnahme ist ein mannigfaltiger neuer Einsatz möglich, und es gibt somit auch mit alten ausrangierten Betonteilen keine Umweltschädigung.

4 Fasern

Es werden hier nur Fasern aufgezeigt, die mit Verarbeitung von Beton angewendet werden. Ausgehend von künstlichen Fasern wie Kunststoff-, Stahl und Glasfasern werden auch die heute jedoch seltener angewendeten Naturfasern wie Pflanzen- und Tierfasern aufgezeigt.

4.1 Allgemeines

Generell muss hier erwähnt werden, dass der Faserbeton für eine baupraktische Anwendung nur im ungerissenen Zustand zur Anwendung kommen sollte. Sobald im Faserbeton ein Riss sich einstellt, verliert der Faserbeton seine tragende Wirkung für die Ableitung der Biegemomente oder auch Schubkräfte. Weiters verliert der Faserbeton im gerissenen Zustand seine Wasserdichtheit, auf die in der Praxis viel Wert gelegt wird (Kellerwand). Er verringert somit seine Festigkeits- und Dichteeigenschaften ab dem Auftreten eines Risses. Daher ist der Faserbeton nur im ungerissenen Zustand auch fähig die auf ihn wirkenden Einwirkungen zu übernehmen.

In der Richtlinie für Faserbeton wird hauptsächlich von gerissenen Betonquerschnitten (ähnlich dem Stahlbeton) ausgegangen. Daher sind die Aussagen der Richtlinie für Faserbeton für den ungerissenen Faserbeton nicht anzuwenden. Der hier im Buch aufgezeigte und behandelte Faserbeton ist bei seiner Anwendung immer im ungerissenen Zustand so wie die meisten anderen Baustoffe (Holz, Stahl, Glas, Beton etc.).

Bei allen Fasern tritt ein Problem auf, das nur sehr schwierig in den Griff zu bekommen ist. Die Fasern werden werkseitig vom Produzenten mit einem Oberflächenschutz (meist eine dünne Beschichtung) versehen, der in Kombination mit dem Frischbeton große Auswirkungen auf die Eigenschaften haben kann. So wurde mehrfach beobachtet, dass Fasern aus gleichem Grundmaterial unterschiedliche Eigenschaften in Verbindung mit Frischbeton haben. So kann eine Faserbeschichtung folgende Eigenschaften beeinträchtigen:

- Wasserbindung an der Faser (unterschiedliche Ausbreitmaße)
- Luftporenbindung an der Faser (unterschiedlicher Porengehalt)

Dies beeinflusst die Druckfestigkeit und auch die Wasserdurchlässigkeit des Faserbetons entscheidend.

B. Wietek, *Faserbeton*, https://doi.org/10.1007/978-3-658-44750-2_4

Man kann daher alleine vom Aussehen der Faser diese Eigenschaften nicht beurteilen, es muss mittels nachvollziehbaren Untersuchungen jeweils die Wasser- und Luftporenbindung an die jeweilige Faser nachweisen. Erst mit den Ergebnissen dieser Untersuchungen können die Fasern eingesetzt werden und für eine Anwendung in der Praxis freigegeben werden.

Es steht hier noch eine entsprechende Zertifizierung aus, um auch über diese Eigenschaften der jeweiligen oberflächenbeschichteten Fasern Klarheit zu bekommen.

Die hier im Buch verwendeten Fasern haben nur sehr geringen Einfluss auf den Frischbeton, sodass auf diese Eigenschaftsveränderung nicht weiter eingegangen wird, jedoch bei anderen Fasern ist hier besondere Vorsicht in ihrer Anwendung zu walten.

4.2 Kunststofffasern

Diese bestehen zum Großteil aus Poypropylen (PP). PP ist ein teilkristalliner Thermoplast und wird seit 1954 im großen Maßstab industriell hergestellt. PP ist geruchlos und hautverträglich, für Anwendungen im Lebensmittelbereich und der Pharmazie ist es geeignet, es ist physiologisch unbedenklich. Aus technischer Sicht hat diese Faser folgende Eigenschaften:

- Dichte von PP liegt zwischen 0,895 und 0,920 g/cm^3
- E-Modul von PP liegt zwischen 5.000 N/mm^2 und 7.000 N/mm^2
- PP hat eine Glasübergangstemperatur von 0 bis -10 °C und wird somit bei Kälte spröde
- die obere Gebrauchstemperatur von PP liegt bei 100 bis 110 °C
- der Schmelzbereich liegt bei 160 bis 165 °C

Mit diesem Werkstoff werden zwei unterschiedliche Faserarten hergestellt:

4.2.1 Mikrofasern

Gerade Fasern mit einer Länge von 5 – 20 mm und einem Durchmesser von 0,02 – 0,20 mm. Ihr Einsatz ist hauptsächlich in Hallenböden, Auf- und Unterbetonen, in Estrichen und Wänden.

Sie werden vornehmlich beim Frischbeton eingesetzt, um die Abbindeeigenschaften zu beeinflussen. Es kann einerseits die Konsistenz (Fliesseigenschaft von Frischbeton) und/oder auch die Schrumpfeigenschaft beim Abbindevorgang beeinflusst werden. Auch die Wasserdichtheit von Beton kann positiv beeinflusst werden.

Darüber hinaus verbessern sie die Eigenschaften des Betons durch die Erhöhung der Brandbeständigkeit, eine verbesserte Stoß- und Schlagfestigkeit sowie eine Verringerung des Abriebs.

Der Beton erhält ein wesentlich besseres Frost- und Tauverhalten und zeigt generell eine bessere Widerstandsfähigkeit. Die Dosierung erfolgt in der Regel mit 1 – 2 Sack (0,9kg) je Kubikmeter Beton.

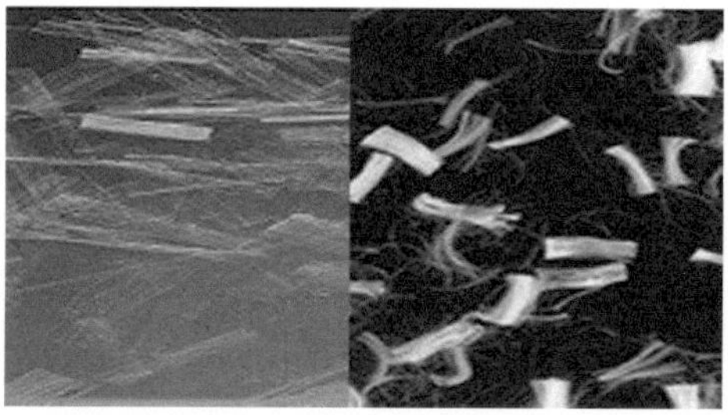

Abbildung 4.1: Mikrofasern in verschiedener Anwendungsform

4.2.2 Makrofasern

Diese werden mit einer Länge von 30 – 65 mm hergestellt und haben normalerweise einen Durchmesser von 0,4 – 1,2 mm. Durch ihren Einsatz sollen die Mechanischen Eigenschaften von Beton positiv beeinflusst werden.

Zusätzlich werden diese Fasern mit gerader oder gewellter und auch speziell geformter Oberfläche angeboten. Die Oberflächenform soll die Kraftübertragung zwischen Beton und Faser verbessern und somit kürzere Fasern ermöglichen.

Abbildung 4.2: Makrofasern in verschiedener Anwendungsform

Mit den verbesserten mechanischen Eigenschaften lässt sich der Faserbeton mit diesen Fasern auch bei tragenden Bauteilen einsetzen. Er ersetzt bei einigen Bauteilen den Stahlbeton zur Gänze. Besonders bei wasserdichten Konstruktionen und bei aggressiver Umgebung ist dieser Faserbeton besser als Stahlbeton, da die Wasserdichtheit auf den vollen Querschnitt wirkt und eine Korrosion nicht vorkommt, da der Kunststoff nicht korrodiert.

4.3 Stahlfasern

Stahlfasern werden dem Beton beim Mischvorgang beigegeben. Sie werden mit dem Beton in die Schalung eingebracht und verdichtet. Es kommen die unterschiedlichsten Stahlfasern zur Anwendung. Es gibt derzeit keine Beschränkung für Form und Abmessung der Stahlfasern, so hat jeder Stahlfasererzeuger seine eigenen Stahlfasern, die nur schwer miteinander vergleichbar sind.

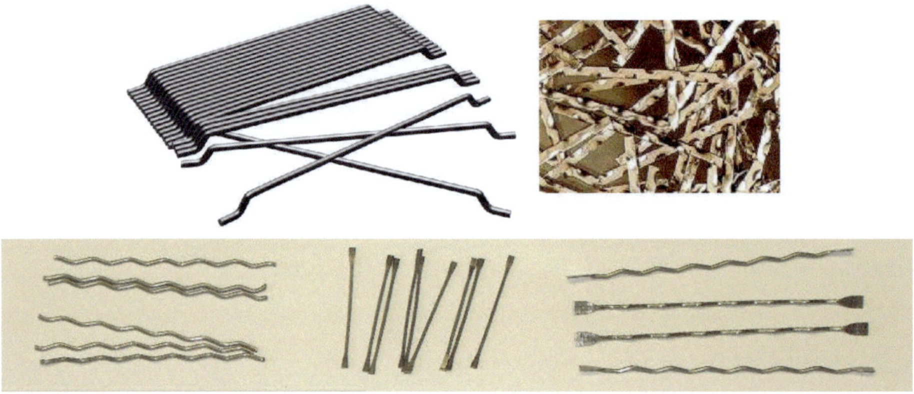

Abbildung 4.3: Stahlfasern in häufiger Anwendungsform

Der Verbundbaustoff Stahlfaserbeton sieht im Querschnitt nach der Herstellung relativ gleichmäßig aus, dies zeigt das nachfolgende Bild. Es kann somit angenommen werden, dass sich die Raumaufteilung der Stahlfasern statistisch einstellt, wenn nicht durch irgendwelche Maßnahmen wie etwa Rechen oder Magnete die Richtung der einzelnen Fasern im Beton beeinflusst wird.

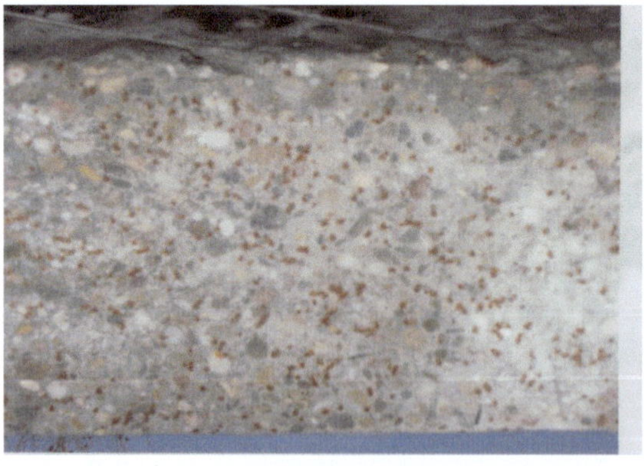

Abbildung 4.4: Stahlfaserbeton im Querschnitt; Bild ArcelorMittal

Bei Bauteilen aus Stahlfaserbeton, die der Witterung ausgesetzt sind, ist mit der Bildung von **Rostflecken** auf der Oberfläche zu rechnen, wenn diese nicht imprägniert oder beschichtet wurde oder wenn keine Fasern aus nicht rostendem Stahl verwendet worden sind. Eine Schwächung der Stahlfasern durch **Korrosion** und damit eine Beeinträchtigung ihrer günstigen Wirkung ist dagegen allenfalls in der karbonatisierten Zone, in Bereichen mit unzulässig hohem Chloridgehalt oder im Bereich von breiten Rissen zu befürchten, wenn gleichzeitig auch noch die für eine Korrosion erforderliche Feuchtigkeit vorhanden ist. In der Literatur finden sich keine Hinweise auf schwerwiegende, durch Korrosion der Stahlfasern verursachte Schäden.

Wird Belastung aufgebracht, so reißt der Stahlfaserbeton bei einer gewissen Belastung. Dies ist jedoch nicht der Versagenszustand, sondern es tragen die Stahlfasern weiterhin. Somit kann dieser Baustoff über seine Rissbelastung hinaus Kräfte aufnehmen. Die Größe der Verformung hängt nun von der Belastung und auch von der Dichte der Stahlfasern ab.

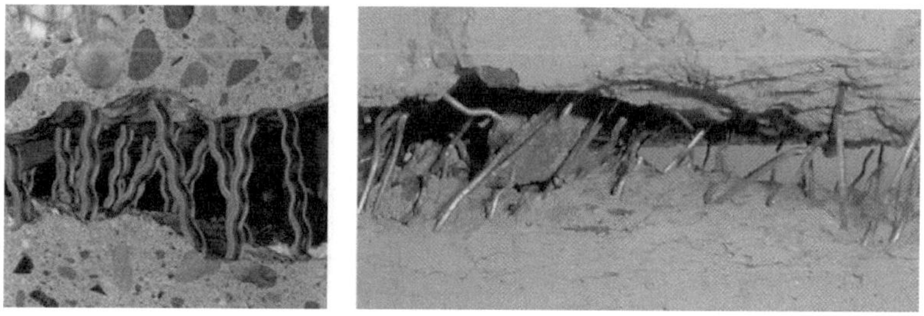

Abbildung 4.5: Stahlfaserbeton gerissen, aber kraftübertragend; Bild ArcelorMittal

Die **Zugfestigkeit** wird vom jeweiligen Erzeuger der Stahlfasern angegeben. Es sind hier in der Praxis Werte von 800 bis 2.000 N/mm^2 gebräuchlich. In den meisten Füllen wird eine Zugfestigkeit der Stahlfasern mit 1.000 N/mm^2 angegeben.

Die jeweilige Kraft, die von jeder Stahlfaser maximal übertragen werden kann, hängt von dem Querschnitt der Stahlfaser und der Kraftübertragung zum Beton hin ab.

An Stelle von Bewehrungseisen werden dem Stahlfaserbeton eine mehr oder weniger genau definierte Menge von Stahlfasern zugegeben. üblicherweise wird die Dosierung der Fasern in kg/m^3 Beton angegeben. Diese Stahlfasern haben im Gegensatz zum Bewehrungseisen im Stahlbeton folgende unterschiedliche Eigenschaften:

- Faserdurchmesser ist sehr klein (üblicherweise 1 mm oder darunter)
- Faserlänge meist klein gegen Bauteilabmessung (3–6 cm)
- Fasern sind über das gesamte Bauteil verteilt
- Fasern sind nicht gerichtet, sondern liegen beliebig im Bauteil

- nicht alle Fasern tragen zur Kraftableitung bei
- im gerissenen Zustand tragen die Stahlfasern immer noch

Gerade diese Unterschiede machen eine Bemessung eines Bauteiles schwierig. Man muss sich daher die Fasern doch etwas genauer ansehen.

Die Stahlfasern sind nicht alle gleich. Es sind nicht nur die Lünge und der Durchmesser (Querschnittsform), die sehr unterschiedlich sind, es kommen auch noch unterschiedliche Formen vor. Dies unterscheidet die Stahlfasern generell von Bewehrungseisen, die normalerweise gerade sind.

Es lohnt sich auf die derzeit unterschiedlichen Formen einzugehen, da dies u. U. bei der Berechnung doch eine Rolle spielt, bzw. man muss sicherlich diese Unterschiede erkennen, um deren Auswirkung auf die Berechnungen abschätzen zu können.

4.3.1 Hakenform

Diese Form ist wohl die bekannteste Stahlfaserform, die bei allen Gegebenheiten eingesetzt wird.

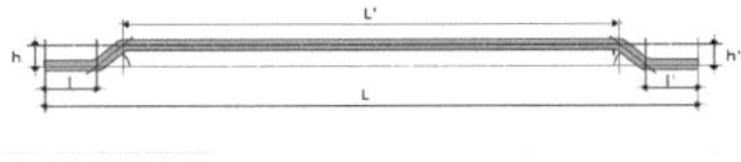

Abbildung 4.6: Stahlfaser in Hakenform

Der Durchmesser dieser Stahlfasern liegt zwischen 0,3 mm und 1,5 mm, die Länge bei 3 bis 6 cm.

Die Zugfestigkeiten dieser Fasern schwanken entsprechend der Stahlgüte des Ausgangswerkstoffes. Die Folge daraus lassen die Hersteller jedoch nicht klar erkennen.

Der Unterschied wird in den Firmenprospekten wenig erklärt, er scheint jedoch einerseits produktionsabhängig und andererseits von der Verarbeitbarkeit abhängig zu sein.

4.3.2 Wellenform

Eine ebenso gebräuchliche Form ist die Wellenform, die als runder Draht oder auch als gewelltes Blech im Handel ist.

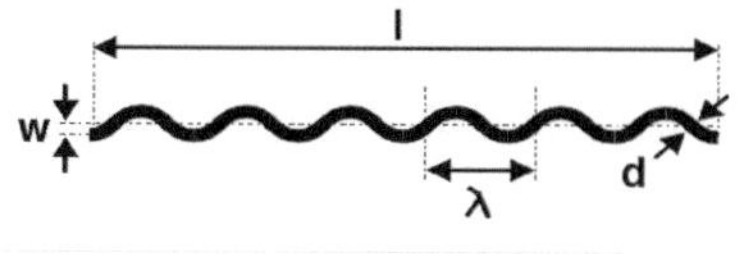

Abbildung 4.7: Stahlfaser in Wellenform

Auch hier sind die Abmessungen klein. Ihr Durchmesser liegt bei 0,5 bis 1,3 mm, die Länge bei ungefähr 4 bis 6 cm. Es gibt etliche Formunterschiede, besonders da einzelne Hersteller auch noch zusätzliche geometrische Dellen eingebaut haben, um einen besseren Verbund mit dem Beton zu erzeugen.

4.3.3 Gestauchte Form

Um eine bessere Verträglichkeit bei der Verarbeitung des Faserbetons zu erhalten, wurde ein gerades Drahtstück an beiden Enden angestaucht. Damit ist ein leichteres Pumpen der Frischbetonmasse mit eingebetteten Stahlfasern möglich, wobei der Verschleiß bei der Pumpe und der Schläuche verringert wird. Der Verbund zum Beton wird durch die verbreiterten Enden des Drahtes erzeugt. Dies kommt einer Verkeilung im Beton gleich.

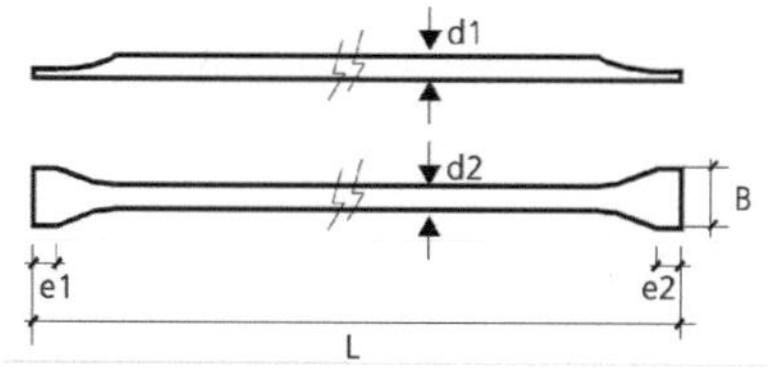

Abbildung 4.8: Stahlfaser in gestauchter Form

Es werden in Zukunft noch weitere geometrische Variationen der Formgebung am Markt erscheinen. Es wird wohl immer eine versuchsmäßige Anstrengung geben müssen, um weitere Optimierungen bei der Form der Stahlfasern zu erreichen.

4.4 Glasfasern

Glas zeigt sowohl Merkmale eines Festkörpers als auch einer Flüssigkeit, es ist ein amorpher Stoff. Es gehorcht bis zum Sprödbruch, also ein spontaner, unangekündigter Bruch, nach dem Hook'schen Gesetz und zeigt vollkommen elastisches Verhalten ohne einen Fließbereich. Somit gleicht sein mechanisches Verhalten dem eines Festkörpers. Betrachtet man die Anordnung der Atome, so ist Glas eine Flüssigkeit. Es erreicht jedoch während der Abkühlung eine so hohe Viskosität, dass das physikalische Verhalten als Feststoff beschrieben werden kann.

Die Festigkeit schwankt stark, je nach dem wie die Faser während der Verarbeitung vorgeschädigt wird. Sie beginnt bei 3.500 N/mm^2, für die einzelne Faser, und kann in extremen Fällen unter 500 N/mm^2, z. B. bei Webprodukten, liegen. Glasfasern besitzen ein vollkommen elastisches Dehnungsverhalten, es kommt zu keinen bleibenden Verformungen. Der spröde Bruch tritt zwischen 2 - 5 Prozent Dehnung auf. Glas und Glasfasern besitzen einen Elastizitätsmodul von 72.000 N/mm^2 und einen Schubmodul von 15 – 36 kN/mm^2, bei einer Querkontraktion zwischen 0,13 und 0,32. Die Werte sind unabhängig von der Temperatur.

Bei den Glasfasern gibt es ein Problem mit zementgebundenen Bindemitteln. Es ist die Verträglichkeit mit dem Zementstein, der stark alkalisch ist. Die herkömmlichen Silikatgläser, Natron-Kalk-Glas (A-Glas) bzw. Borosilikatglas (E-Glas), sind gegenüber alkalischen Lösungen, wie sie in feuchtem Zementstein bzw. Beton vorliegen können, unbeständig. Dabei entstehen an der Glasoberfläche lochfraßähnliche Korrosionen, die durch Kerbwirkung zu starken Festigkeitseinbußen und zu einer Versprödung führen. E-Glas oder C-Glas ist daher nur für wenige Zwecke bei Betonfasern einsetzbar.

Aus diesem Grunde gibt es bei den Glasfasern generell zwei Arten, die sich wegen der chemischen Resistenz wegen den alkalischen Beton unterscheiden [26].

4.4.1 alkaliresistente Fasern

Die Glasfasern werden aus der Glasschmelze durch Düsenziehverfahren bzw. Düsenblasverfahren hergestellt und die Föden werden anschließend mit einer sogenannten Schlichte (überzug) versehen. Mit dieser Nachbehandlung, dem sogenannten Finish, soll das weitere Verarbeiten der Fasern ermöglicht bzw. erleichtert werden. Gleichzeitig stellt diese Oberflächenbeschichtung einen notwendigen Schutz gegen den Angriff des Zementsteines her.

Abbildung 4.9: Glasfasern im Bündel aufgewickelt (nach Zorn)

Die so hergestellten Fasern werden als Faserbündel (Strands) anschließend auf Spulen (Trommeln) aufgewickelt, bevor sie dann zur sogenannten Kurzfaser geschnitten werden. Dabei gibt es zwei Arten, die sich in ihren Eigenschaften und auch Einsatzgebieten unterscheiden:

Integrale Glasfasern

Abbildung 4.10: integrale Kurzfaser (nach Zorn)

Die Faserbündel werden auf Löngen von 6 bis 24 mm geschnitten und lose verpackt.

Wasserdispersible Glasfasern

Abbildung 4.11: wasserdispersible Kurzfaser (nach Zorn)

Die Faserbündel, die sich im Kontakt mit Wasser lösen und somit als Einzelfasern im Beton wirksam sind, werden auf Längen von 6 bis 24 mm geschnitten und verpackt. Dadurch liegen, im Gegensatz zu den integralen Fasern keine Faserbündel mehr vor, sondern es befinden sich die einzelne Fasern in der Betonmatrix. Hierdurch wird eine wesentlich feinere Verteilung der, gegenüber den integralen Nadeln auch erheblich dünneren, Einzelfasern gewährleistet.

Alkaliresistente Glasfasern in geringen Dosierungsmengen verändern und verbessern die Verarbeitungseigenschaften des frischen Betons und die Gebrauchseigenschaften des erstarrenden und ausgehärteten Betons. Um sich von den üblichen Faserbetonen abzugrenzen, spricht man bei derart geringen Dosierungsmengen von einem fasermodifizerten Beton (FMB). Im frischen Beton bewirken die Glasfasern einen größeren Zusammenhalt der Matrix und im erstarrenden Beton verhindern Glasfasern die Mikrorissbildung im Gefüge. Das Vermeiden von Rissen im jungen Beton infolge vielfältiger Zwangsbeanspruchungen wird damit erreicht. Durch diese Eigenschaften erhält das für die spätere Beanspruchung ausschlaggebende Betongefüge seine entscheidende und ausschlaggebende Qualität.

Die Mindestdicke eines Bauteiles mit Glasfaserbeton kann so bis auf wenige Millimeter reduziert werden. Damit können äußerst filigrane Formen hergestellt werden.

4.4.2 Nicht alkaliresistente Fasern

Diese Fasern werden zwar gelegentlich noch angeboten, sie lösen sich jedoch bei Kontakt mit dem Frischbeton auf und verlieren ihre Festigkeit. Dies hat zur Folge, dass diese Fasern eigentlich als Verstärkung im Beton nicht oder nur sehr kurzzeitig wirksam sind. Mechanisch positive Einflüsse dieser Produkte auf das Bauteil sind fraglich, da sie im Frischbeton keine ausreichende Resistenz zeigen. Es wird daher in diesem Buch nicht weiter auf diese Fasern eingegangen.

4.5 Naturfasern

Diese werden heute eher selten in Verbindung mit Beton verwendet. Ihre technischen Eigenschaften variieren stark und eine Gleichmäßigkeit in der Faserverteilung und somit Faserwirkung ist eher schwierig zu erzielen.

4.5.1 Pflanzenfasern

Von der Vielzahl an pflanzlichen Fasern kommen im Bauwesen für die Zumischung in Beton, Mörtel und Putze nur die so genannten Hartfasern in Frage. Es handelt sich dabei um:

- Blattfasern wie Flachs und Sisal
- Kokosfaser

Die mechanischen Eigenschaften der Pflanzenfasern sind nicht gleichmäßig, und schwer technisch bezüglich der Festigkeitseigenschaften einzuordnen, daher ist die technische Anwendung heute nicht mehr gegeben, sondern eher von historischem Interesse. Dies insbesondere bei der Renovierung von älteren Bauwerken.

4.5.2 Tierfasern

Diese Fasern wurden früher in Beton und häufiger noch in Mörtel verwendet, da sie billig und auch jederzeit verfügbar sind. Es werden hier hauptsächlich grobe Tierhaare verwendet, die lokal zur Verfügung stehen.

- Pferdehaar, wurde besonders in Mörtel und Wandputzen bis 1950 verwendet.
- Rinderhaare, insbesondere die Haare der Yaks (in Asien)
- Ziegenhaar, für Putze (auch Feinputz)

Da die mechanischen Eigenschaften der Tierhaare doch einer großen Schwankung unterliegen, ist die technische Anwendung heute nicht mehr gegeben, sondern eher von historischem Interesse. Dies insbesondere bei der Renovierung von älteren Bauwerken.

5 FB-Verarbeitung

Wie bei jedem Verbundbaustoff sind beim Faserbeton einige Grundregeln zu beachten, um eine gute Verarbeitung zu erreichen. Das Endergebnis sollte ein gleichmäßiger Baustoff sein, der in allen seinen Komponenten den Erwartungen des planenden Ingenieurs entspricht.

5.1 anzuwendende Betonsorten

Für den Faserbeton können prinzipiell alle Betonsorten verwendet werden. Es ist jedoch nicht bei allen Sorten eine optimale Ausnutzung der Eigenschaften der Fasern gegeben. Es hat sich in der Praxis erwiesen, dass die beste Ausnutzung der jeweilig eingesetzten Faser ab einer Betongüte von C16 bis zu einer Betonfestigkeitsklasse von C50 gegeben ist.

Wichtig erscheint bei den Betonzusammensetzungen , dass die Gesteinskörnungen im Sieblinienbereich günstig, also zwischen den Sieblinien A und B liegen. Zusätzlich ist der Feinkornanteil etwas großzügig zu bemessen, denn hier entscheidet sich die Einbettung der Fasern in den Beton.

5.2 Zusatzstoffe für den Pumpbeton

Zu den üblich guten Siebkurven sollten Zusatzstoffe in Form von Gesteinsmehl zugegeben werden. Dieser kann bis zu max. 400 kg/m^3 (darüber siehe Zulassung für Mehlkorn) zugegeben werden. Damit verbessert sich die Umhüllung der Faser im Beton. Das anzuwendende Gesteinsmehl setzt sich zusammen aus:

Zement
Gesteinsmehl 0 / 0,0125 mm und
Betonzusatzstoff.

Mit dem für die Betonfestigkeitsklasse vorgeschriebenen W/B-Faktor sollte die Konsistenz des Frischbetons bei einem Ausbreitmaß von 35 bis 48 cm liegen, also plastisch bis weich sein. Es besteht jedoch die Möglichkeit, dass sich das Ausbreitmaß bei Zugabe von Fasern verändert. Dabei wurden je nach Dosierung Veränderungen von 5 bis 12 cm gemessen. Dies ist bei der

B. Wietek, *Faserbeton*, https://doi.org/10.1007/978-3-658-44750-2_5

Verwendung von Fasern jeweils zu prüfen und zur Regulierung des Ausbreitmaßes entsprechende Zusatzmittel anzuwenden.

5.3 gebräuchliche Dosierungen

Es kommen je nach den Fasermaterialien und den statischen Erfordernissen unterschiedliche Dosierungen zur Anwendung. Auch der Mindestgehalt an Fasern ist vom Material abhängig.

Fasermaterial	Mindestdosierung [kg/m³]	übliche Dosierung von [kg/m³]	bis [kg/m³]
Kunststoff PP	2,5	3	7
Stahl	30	30	70
Glas	1	1,5	3

Abbildung 5.1: Dosierung bei Faserbeton

Mit den Bemessungen des Faserbetons in den nachfolgenden Kapiteln wird als jeweiliges Ergebnis diese notwendige Dosierung der eingesetzten Fasern für ein beanspruchtes Bauteil ermittelt.

5.4 Zugabe der Fasern

Die Zugabe von Fasern kann nun mit verschiedenen Methoden vorgenommen werden:

- **manuelle Zugabe:** Dabei werden dei Fasern von einer Person händisch in den Mischer eingegeben, wobei darauf zu achten ist, dass diese nicht konzentriert auf einmal hineingeworfen, sondern gleichmäßig verteilt eingebracht werden. Von dieser Art der Fasereinbringung muss abgeraten werden, denn damit ist keine gleichmäßige Verteilung der Fasern im Frischbeton gewährleistet.

- **Zugabe mit Dosiergerät:** Die im Gerät lagernden Fasern werden gleichmäßig über einen Dosiermechanismus dem Mischgut zugegeben.

Abbildung 5.2: Dosiergerät für Fasern der Fa. Incite

Der Behälter wird mit Fasern aus Kartons, Säcken oder Big-Bags befüllt. Die Beimischmenge bzw. Charge wird in kg eingestellt. Die Dosierung erfolgt normalerweise direkt in den Mischer auf die Zuschlagstoffe oder in die Kieswaage bzw. auf ein Förderband, wo es dem Mischer zugeführt wird.

- **Einblasgerät:** Aus einem Vorratsbehälter werden die Fasern mittels Druckluft in das trockene Mischgut eingeblasen. Mit dieser Technologie werden die Fasern vom Boden her eingeblasen und somit untergemischt. Dieses Verfahren erzeugt eine sehr gute Durchmischung des Mischgutes.

Abbildung 5.3: Einblasgerät für Fasern der Fa. La Matassina

Diese Maschinen können mit jeder Art von Fasern bestückt werden. Es werden die Fasern aus der Verpackung eingefüllt und so getrennt, dass sie keinen gegenseitigen Zusammenhalt mehr haben. Anschließend werden sie mittels Druckluft in den Mischer geblasen. Dabei kann die Dosierung über die Zeit in kg/min) eingestellt werden.

- **Förderband:** Besonders in Betonwerken muss die Faser oft über einen längeren Weg transportiert werden. Dies kann mit Hilfe eines Förderbandes erfolgen, wobei hier auch eine Wiegestation integriert werden kann, um so die gewünschte Dosierung genau einzuhalten.

5.5 Igelbildung

Gerade bei der Verarbeitung von Faserbeton, insbesondere mit endgebogenen Stahlfasern, kommt es immer wieder zu der sogenannten Igelbildung. Hierbei handelt es sich um ca. faustgroße Kugeln, die beim Mischvorgang entstehen. Besonders bei höherer Dosierung tendiert das im Fahrmischer befindliche Material dazu, sich zu Klumpen (Igeln) zusammenzuschließen.Es scheint, dass diese Igelbildung von der gegenseitigen Verhakung der Fasern abhängt, da bei geraden Fasern dieser Zustand nicht beobachtet wurde.

Es wird neuerdings auch an dreidimensional geknickten bzw. gebogenen Fasern geforscht, die eine wesentlich bessere Tragwirkung ermöglichen. Diese Fasern sind als Stahlfasern und Kunststofffasern derzeit in Erprobung. Es ist dabei besonders auf eine gegenseitige Verhakung zu achten, denn diese Fasern verhaken sich bereits im losen Zustand, also ist eine starke Igelbildung zu erwarten.

Abbildung 5.4: Typische Igelbildung bei der Entnahme vom Fahrzeugmischer

Es ist offensichtlich, dass diese Igelbildung nicht beim Einbau von Fasern vorkommen darf, da ansonsten die Gleichmäßigkeit der Faserverteilung im Beton nicht mehr gegeben ist. Dies würde die statische Tragfähigkeit des Faserbetons entscheidend schwächen. Es muß also unbedingt vermieden werden, dass Igel in den frischen Faserbeton vorkommen.

Vielerorts behilft sich die verarbeitende Mannschaft damit, diese Igel nach dem Fahrmischer vor der Zuführung zur Betonpumpe mit einem händischen Werkzeug zu zertrümmern. Dies ist zwar die richtige Methode, es ist nur in der heutigen Zeit nicht sinnvoll diese Arbeit händisch zu erledigen.

Abbildung 5.5: Zerstörung der Igel mit Hammer vor dem Zulauf zur Pumpe

In der vorstehenden Abbildung wird diese Zertrümmerung mit dem Hammer gezeigt. Diese Arbeit sollte aber in Zukunft eine Maschine übernehmen, die das Material aus dem Fahrmischer durch ein Sieb presst oder schlägt, um die Igel zu zerkleinern. Damit würe das Problem der Igelbildung gelöst.

Das lose Mischgut kann nun über eine Betonpumpe zum Einbauort transportiert werden, wo es genau so wie Frischbeton eingebaut werden kann.

5.6 Einbau von Faserbeton

Beim Einbau von Faserbeton unterscheidet man zwischen dem normalen Faserbeton, der wie jeder normale Beton zu behandeln ist und dem im Spezialtiefbau verwendeten Faserspritzbeton, der besondere Einbaueigenschaften besitzen muss und daher auch gesondert zu betrachten ist.

5.6.1 im Hoch- und Tiefbau

Der Faserbeton ist gleichmäßig und zügig einzubauen. Darauf ist insbesondere bei der Anlieferung und auch beim Baustellentransport, ob mit Pumpe oder mit Kübel, zu achten. Das Einbaupersonal ist daraufhin eigens einzuweisen. Da der Transport zur Einbaustelle meist mit Fahrmischern erfolgt, ist darauf zu achten, dass während des Transportes keine Igelbildung entsteht und dann beim Ablassen zur Betonpumpe die richtige Konsistenz mittels Zugabewasser bzw. Zugabemittel erreicht wird.

Abbildung 5.6: Zulauf vom Fahrtmischer zu Betonpumpe (Bild von Fa. Rindler GmbH)

Im obigen Bild ist ein frischer Faserbeton, wie er aus dem Fahrtmischer kommt gezeigt, der mit gleichmäßiger Konsistenz ohne Igelbildung weitergepumpt werden kann.

Die Verdichtung des frisch eingebauten Faserbetons ist wie beim üblichen Frischbeton, sie ist abhängig vom jeweils eingesetzten Rüttler. Bei Anwendung von selbstverdichtetem Beton als Faserbeton erübrigt sich dieser Arbeitsschritt.

Abbildung 5.7: Betonieren mit Faserbeton (Bild von Fa. Krampe Harex Fibrin GmbH)

Die Einbringung kann nicht nur händisch, wie hier im Bild gezeigt, sondern auch besonders bei großen Platten mittels geeigneter Maschinen erfolgen, die den Faserbeton rütteln und die Oberfläche zusätzlich glatt abziehen damit eine ebene Oberfläche entsteht. Es ist auf eine gleichmäßige Nachbehandlung des eingebauten Faserbetons zu achten, damit keine zu schnelle Austrocknung die Oberfläche des frischen Faserbetons schädigt und auch die Farbgebung der Oberfläche gleichmäßig bleibt.

Bei konstruktiven Elementen wie Säulen, Balken und Wänden vereinfacht sich der Herstellungsprozess des betreffenden Bauteiles, da die Schalung in einem Arbeitsgang aufgestellt und dann sofort mit dem Einbringen des frischen Faserbetons begonnen werden kann. Somit ist hier eine erhebliche Kosten- und Zeiteinsparung gegeben.

Kellerwände sind hier eine eigene Betrachtung wert. Für die Dichtheit von Kellerwänden wird normalerweise 30 cm Stahlbeton vorgesehen. Dieses Maß ergibt sich daraus, dass der Stahlbeton im gerissenen Zustand (nur so funktioniert Stahlbeton) max. 80% des Querschnittes gerissen sein kann. Dies sind bei einer 30 cm dicken Wand 24 cm Risstiefe. Somit verbleiben für die Dichtheit gegen Wasser nur mehr 6 cm. Die Wasserdurchlässigkeit bei Beton wird erst ab 5 cm garantiert. Beim Versuch darf das Wasser nicht mehr als 5 cm in den Beton eindringen damit er als wasserundurchlässig eingestuft werden kann. Somit muss eine aus Stahlbeton bestehende Kellerwand mindestens 30 cm dick sein um als wasserdicht angewendet werden zu können,

Im Gegensatz dazu wird bei Verwendung von Faserbeton die Bemessung der Kellerwand im nicht gerissenen Zustand durchgeführt. Damit ist das Risskriterium von Stahlbeton hier nicht anzuwenden und die Kellerwand kann dünner als 30 cm frei gewählt werden. In einer praktischen Anwendung wurde die Kellerwand mit 20 cm Faserbeton (C25 mit Faser HE 55/35 und Dosierung 30 kg/m^3) angewendet.

Abbildung 5.8: Kellerwand d = 20 cm aus Faserbeton auf Bodenplatte aus Faserbeton

Durch den Einsatz von Faserbeton konnte die Wandstärke un 1/3 verringert werden, wobei dies natürlich bei den entsprechenden Baukosten erkennbar war. Es zeigt sich somit, dass bei Einsatz der Fasertechnik auch erhebliche Einsparungen im Wohnhausbau möglich sind.

Ein weiteres Beispiel für die Anwendung von Faserbeton ist die Herstellung von Fertigteilplatten zur Geländestützung mit zusätzlicher Verankerung. Es werden dabei die Fertigteilplatten direkt beim Aushub in den Freiraum gestellt und sofort mittels selbstbohrenden Kleinankern (Bodennägel) im Untergrund eingebaut und vermörtelt. Es ist mit diesem System möglich, eine weitere temporäre Baugrubensicherung einzusparen. Somit kann auch bei dieser Anwendung dieses Systems mit Fertigteilen aus Faserbeton eine erhebliche Bauzeitverminderung und Kosteneinsparung erreicht werden.

Abbildung 5.9: Fertigteilwand als Stützwand aus Faserbeton

Diese Fertigteilwand ist nach einer positiven Erstprüfung nun schon bei Hochgebirgsstrassen und auch bei Bahnstrecken im Einsatz, wobei eine Konstruktionsstärke von 15 cm ausreicht. Es wird zusätzlich daran gearbeitet, diese Wand für größere Höhen einzusetzen und auch mehrfach zu verankern. Auch Fertigteilkonstruktionen mit Bermen sind in Ausarbeitung. Es wird dabei wohl ein breites Feld an Einsatzmöglichkeiten eröffnet.

Ein besonderer Fall der Einbringung des Faserbetons war bei einem Fundament einer, in eine senkrechte Wand zu befestigenden Seilbahnstütze beim Neubau der Karlesjochbahn im Kaunertaler Gletschergebiet in einer Höhe von ca. 3.300 m gegeben. Hier durfte aus geologischen Gründen die Felsoberfläche nicht begradigt werden. Aus der Felswand standen Felsanker heraus und aus der Schalung die Stabanker für die Stützeneinbindung. Es war also nicht möglich hier noch zusätzlich einen Bewehrungskorb so einzubinden, dass er kraftschlüssig das gesamte Betonvolumen erfasste. Man entschied sich daher bei diesem Bauteil erstmalig zur Anwendung von Faserbeton für das an der Wand hängende Stützenfundament. Die österreichische Seilbahnbehörde (Bundesministerium für Innovation und Technologie) hat diesem Schritt positiv zugestimmt, obwohl es keinerlei normmäßige Grundlage für dieses Bauverfahren gab.

Abbildung 5.10: Fundament Bergstation Karlesjochbahn 3.300m a) Felswand mit Ankern b) Betoniervorgang mit Faserbeton

Der gesamte Beton wurde mit dem Hubschrauber antransportiert und von dort aus in das Fundament eingebracht. Es wurde in diesem Fundament die Stahlfaser FE 65/35 mit einer Dosierung von 60 kg/m^3 eingebaut. Als Beton wurde die Festigkeitsklasse C30 verwendet, wobei entsprechend der Notwendigkeit der Höhenlage und des Beanspruchungsgrades noch entsprechende Zusatzmittel ihren Einsatz fanden.

5.6.2 bei Faserspritzbeton

Gerade für Spritzbeton eignet sich der Faserbeton, da er gegenüber dem normalen Spritzbeton erhebliche Vorteile bietet:

- in unzugänglichem Gelände vom Korb aus herstellbar, kein Arbeitsgerüst notwendig
- direkt nach Aushub anwendbar
- kein Ausmessen von Bewehrungsfeldern
- sofort die gesamte Spritzbetonstärke auftragbar
- nach dem Spritzen kann sofort die Ankerung durchgeführt werden

Eine diesbezügliche Anwendung in unwegsamen Gelände zeigt das nächste Bild, wo eine sehr brüchige Felswand vom Korb aus mit Faserbeton und Bodennägel gesichert wurde.

Abbildung 5.11: Aufbringen des Faserspritzbetons (Gerlosberg Zillertal-Tirol)

Da es nicht mehr notwendig ist die Bewehrung zuzuschneiden und an die Bodenoberfläche einzeln zu montieren, ist auch ein Arbeitsgerüst nicht mehr notwendig und man kann hier die Sicherungsarbeiten vollkommen vom Korb aus durchführen. Dies ist insbesondere in unsicherem Gelände und auch bei Baugruben ein sehr großer Fortschritt, wobei die Sicherheit speziell für die Arbeitsmannschaft erheblich gesteigert wird.

Durch die meist langen Antransportzeiten im Fahrmischer (bei der gezeigten Baustelle ca. 70 min.) ist die Gefahr der Igelbildung sehr groß. Man muss hier Maßnahmen setzen, damit diese Igel nicht entstehen bzw. anschließend einwandfrei verarbeitet werden können.

Die Oberfläche von Faserspritzbeton zeigt immer wieder herausragende Fasern. Dies kommt von der unregelmäßigen räumlichen Verteilung der Fasern. Eine Ausrichtung der Fasern quer zur Spritzrichtung wäre zwar vorteilhaft, konnte aber bei keiner Anwendung erkannt werden.Somit kann man auch hier von einer räumlichen Verteilung der Fasern ausgehen.

Abbildung 5.12: Oberfläche des Faserspritzbetons

Falls die vorstehenden Fasern (Stahlfasern) stören, sollte die Oberfläche direkt nach dem Spritzvorgang nachgearbeitet werden oder eine zusätzliche Lage Spritzbeton ohne Fasern aufgebracht werden. Dies betrifft nur Stahlfaserspritzbeton, bei allen anderen Fasern ist dies nicht notwendig.

Abbildung 5.13: Hangsicherung bei der A-13 Brennerautobahn neben der Lueggbrücke

Bei Baugrubenverbauungen ist ein Anschluss an bestehende Spritzbetonwände direkt möglich, es sollte vorher nur die Kontaktstelle mit Wasser (Hochdruckreiniger) vom Zementstaub befreit werden. Die aus dem Spritzbeton vorstehenden Fasern und die Rauhigkeit der Spritzbetonoberfläche ergeben einen guten Verbund, so dass in den meisten Fällen keine Übergangskonstruktion wie etwa eine Stossbewehrung notwendig ist.

Abbildung 5.14: Baugrubensicherung für ein Schidepot in Fiss-Tirol

Bei der Sicherung für eine Baugrube in Fiss mussten wegen des wechselhaften Untergrundes relativ kleine Arbeitsfelder freigelegt und sofort wieder geschlossen werden. Es zeigte sich dabei der Vorteil von Faserbeton, da keine Zeit auf die Montage von Stahlbewehrung verwendet werden musste. Die einzelnen geöffneten Felder waren in einem Zeitraum von 3 bis 5 Minuten freigelegt und wieder geschlossen. Somit konnte sowohl der Nachbruch des anstehenden Bodens verhindert werden, als auch erheblich Zeit für die Herstellung der Baugrubensicherung eingespart werden.

5.7 unterschiedliche Fasermaterialien

In den nachfolgenden Kapiteln soll dem Leser die Anwendung der einzelnen unterschiedlichen Fasern nahe gebracht werden, wobei hier einerseits auf die unterschiedlichsten Fasern und andererseits auf die zahlreich möglichen Anwendungen eingegangen wird, ohne hier die statischen Berechnungen aufzuzeigen, sondern die betriebswirtschaftlichen und Verarbeitungstechnischen Lösungen zu beleuchten.

Der Faserbeton hat nicht nur statische Aufgaben sowie baubiologische Eigenschaften, sondern erfüllt zusätzlich noch im thermisch breiten Spektrum seine Aufgaben, die bei den einzelnen Anwendungen zu berücksichtigen sind.

Aus all diesen Sichtwinkeln ergeben sich recht unterschiedliche Anwendungsstärken der jeweiligen unterschiedlichen Fasern. Dies bezeugt auch die sehr große Variation von Fasern in Material und Form, die derzeit am Markt angeboten werden.

5.7.1 Kunststofffaserbeton

Die Anwendung von Faserbeton mit Kunststofffasern zeigt in den letzten Jahren eine stark zunehmende Tendenz. Immer mehr Anwendungsbereiche werden mit dem Faserbeton ausgenutzt, da die Herstellung sehr einfach ist und auch durch ständige versuchstechnische überwachung die jeweils geforderte Materialqualität gut eingehalten werden kann.

5.7.1.1 konstruktive Anwendungen

Auf Grund der unterschiedlichen Fasertypen wie Mikrofaser und Makrofaser ergeben sich auch generell zwei unterschiedliche Anwendungen:

Mikrofaser:

diese werden einerseits hauptsächlich gegen das Schwinden des Betons (z. B. Estriche, Bodenplatten etc.), und andererseits bei thermisch hoch belasteten Konstruktionen (Tübbinge und Tunnelwandungen) im Tunnelbau eingesetzt.

Makrofaser:
diese werden als Bewehrung vorwiegend in Bauteilen wie Kellerwänden und Betonplatten und in befahrbaren Außenflächen sowie zunehmend auch mit Spritzbeton zur Geländesicherung eingesetzt. Bauteile wie Decken, Wände, Säulen und Träger können im Zustand 1 (ungewissen) ebenso bemessen werden.

5.7.1.2 Statisch wirksame Anwendungen

Mit der Möglichkeit, eine statische Bemessung der Baustoffes Faserbeton vorzunehmen, ist die Anwendung bei konstruktiven Bauteilen stark gestiegen.

In diesem Buch sind zahlreiche Einsatzbereiche aufgezeigt und einerseits rechnerisch durchgerechnet sowie auch als ausgeführte Beispiele in der Praxis aufgezeigt.

5.7.1.3 Thermisch wirksame Anwendungen

Baustoffe werden normalerweise nur Temperaturen zwischen -30 und +50 °C ausgeliefert. Eine große Ausnahme ist der Brandfall. Hier sind Temperaturen von bis zu 1.000 °C nichts ungewöhnliches und dies hat auch dazu geführt, dass bei vielen Bauteilen und auch Räumen zusätzliche Auflagen an die verwendeten Baukonstruktionen und Baustoffe eingeführt wurden.

Eine typische Bauordnung gibt bezüglich des Brandschutzes folgende Forderungen:

Die in Fluchtwegen verwendeten Baustoffe, wie Fußbodenbeläge, Wandverkleidungen, Deckenverkleidungen und dergleichen, müssen so ausgeführt sein, dass im Brandfall das rasche und sichere Verlassen der baulichen Anlage nicht durch Feuer, Rauch oder brennendes Abtropfen beeinträchtigt wird. Wenn dies insbesondere aufgrund der Größe oder des Verwendungszweckes der baulichen Anlage erforderlich ist, müssen zusätzliche Maßnahmen, wie technische Brandschutzeinrichtungen, Fluchtweg-Orientierungsbeleuchtungen, Sicherheitsbeleuchtungen und dergleichen, vorgesehen werden.

Nachfolgend sind Bauteile aufgelistet, die brandschutztechnisch relevant sind und bei denen sich eine neue Bewertung auf Grundlage der Materialeigenschaften von Kunststofffaserbeton ergeben sollte:

Fluchtgänge, Treppenhäuser, Gasträume, Tunnel, Stadien, Schulen, Versammlungsräume, öffentliche Räume.

Es stellt sich bei einer brandschutztechnischen Neubewertung eines Bauwerkes die Frage, ob beispielsweise ein Treppenhaus mit Treppenläufen aus Kunststofffaserbeton nicht sicherer ist als die derzeit üblichen Treppenläufe, da durch die im Brandfall entstehenden geringen Abplatzungen die Tragfestigkeit der Treppe kaum bzw. nur gering verringert wird. Somit sind diese Treppen jederzeit auch nach einem Brand voll statisch funktionsfähig.

5.7.1.4 Baubiologisch interessante Auswirkungen

Seit Jahren wird besonders bei Wohn- und Beherbergungsbauten auf naturnahe Baustoffe geachtet und es hat sich eine Gruppe gebildet, die die natürliche Bauweise bevorzugt. So werden die Baustoffe Stein, Holz, Ziegel und Lehm vorwiegend für den Rohbau verwendet und dies soll ein besseres Lebensgefühl geben als die technischen Baustoffe wie Stahlbeton und Stahl und auch Verbundbaustoffe.

Gerade bei Stahlbetonbauteilen wird immer wieder von Gruppen wie Radiästäten und auch Feng Shui-Anhängern behauptet, dass von dem Metallnetz Veränderungen im natürlichen Strahlenbereich ausgehen, die der Gesundheit nicht förderlich sind. Wie immer dies auch sei, die Physik kann darüber keine gesicherten Aussagen machen, aber es kann durchaus diese Möglichkeit bestehen. Unterstützt kann diese Einstellung durch die Erkenntnisse der Physik bezüglich der dunklen Masse im Weltraum werden, die ja bis heute auch nicht messbar ist, sondern nur rechnerisch als Regulativ zur bestehenden Physik verwendet wird, um die Effekte des Weltraumes erklären zu können. Es gibt demnach noch physikalische Effekte, die bis heute nicht nachweisbar sind, jedoch existieren. Auf dieser Gedankenebene beruhen auch die Effekte der Radiästeten und Feng Shui-Befürworter.

Will man nun die Strahlenbeeinflussung in seinem Bauwerk nicht haben, so erfüllt gerade ein Faserbeton mit Kunststofffasern oder auch Glasfasern die Erfordernisse an den Baustoff, da der Faserbeton einem natürlichen Fels (Konglomerat) gleichgesetzt werden kann. Mit der nun möglichen statischen Bemessung der Faserbetons lassen sich auch Decken berechnen, die auch Spannweiten bis über 6,0 m im Wohnhausbau überspannen können. Somit kann einer möglichen Strahlenbeeinträchtigung beim Wohnhausbau durch den Einsatz von Faserbeton mit entsprechenden Fasern entgegengewirkt werden.

5.7.2 Stahlfaserbeton

Dieser wird heute als Ersatz für Stahlbeton oder auch, jedoch immer seltener, als Ergänzung zum Stahlbeton eingesetzt. Es sind meist tragende Bauteile, die auf Grund ihrer Beanspruchung eine bessere Materialqualität als reiner Beton haben müssen.

5.7.2.1 Konstruktive Anwendungen

Hier wird hauptsächlich der Einsatz von zwei Eigenschaften genutzt, die beim Faserbeton auf Grund des Fasereinsatzes entstehen:

Frostbeständigkeit:
beim Frost treten auf Grund der Eisbildung des Porenwassers Zugspannungen im Beton auf, die von den Fasern übernommen werden und somit keine Materialabplatzungen mehr vorkommen.

Vermeidung von Schwindrissen:
durch das Schwinden entstehen interne Zugspannungen im Frischbeton, die von den Fasern übernommen werden und dadurch keine Schwindrisse entstehen können.

5.7.2.2 Statisch wirksame Anwendungen

Mit der Möglichkeit, eine statische Bemessung der Baustoffes Faserbeton vorzunehmen, ist die Anwendung bei konstruktiven Bauteilen stark gestiegen.

In diesem Buch sind zahlreiche Einsatzbereiche aufgezeigt und einerseits rechnerisch durchgerechnet sowie auch als ausgeführte Beispiele in der Praxis aufgezeigt.

5.7.3 Glasfaserbeton

Bauteile aus Glasfaserbeton sind meist dünnwandige montierbare Bauteile. Die Fertigung erfolgt normalerweise im Gieß- oder Spritzverfahren. In beiden Fällen werden die Bauteile in Formen (Schalungen) hergestellt. Nach der Aushärtungszeit werden diese Teile aus der Schalung genommen und zur Montage freigegeben. Einbauart und Befestigungsmittel werden entsprechend den Möglichkeiten des Einbauortes gewählt.

Als Befestigungsmittel werden üblicherweise Stahlformteile verwendet.

Glasfaserbetonteile sind normalerweise keine Verschleißteile sondern für eine lange Nutzungsdauer ausgelegt. Die Lebensdauer bedingt dann auch die Art und Ausbildung der Befestigungsmittel, die zum jeweiligen Einsatz kommen.

5.7.3.1 Konstruktive Anwendungen

Als dünnwandige Bauteile ist eine vielfältige Anwendung möglich, die in sehr weiten Grenzen verläuft.

5.7.3.2 Statisch wirksame Anwendungen

Durch die Möglichkeit der statischen Bemessung von Bauteilen steigert sich der Anwendungsbereich auch auf viele Bauteilsformen.

5.7.4 Carbonfaserbeton

Die Carbonfaser wird nicht nur als Gewebe, sondern auch als Einzelfaser eingesetzt. Dabei sind die geometrischen Größen mit den Microfasern vergleichbar. Als Besonderheit muss der hohe E-Modul angesehen werden, der einen sehr zugfesten Faserbeton entstehen lässt. Zur Zeit ist die Wirtschaftlichkeit auf Grund des Faserpreises noch nicht überall gegeben, jedoch bei anhaltendem größeren Einsatzmengen wird sich dieses Problem auch von selbst lösen.

5.7.4.1 Konstruktive Anwendungen

Hoch belastete und dünne Bauteile sind mit Carbonfasern sehr sicher herzustellen und haben zusätzlich den Vorteil der Korrosionsfreiheit.

5.7.4.2 Statisch wirksame Anwendungen

Besonders gerundete dünne Bauteile sind wirtschaftlich vorteilhaft, wobei die Ermittlung der inneren Kräfte auf hochwertige Berechnungsprogramme angewiesen ist.

6 FB-Eigenschaften

Der Baustoff Faserbeton besteht aus zwei unterschiedlichen Materialien, dem Beton und der Faser. Zusammen sind sie ein Verbundbaustoff, dessen Eigenschaften sich aus den beiden Grundmaterialien zusammensetzt.

Ausgehend von den Bemessungen für Verbundbaustoffe, wie sie im Stahlbetonbau üblich sind [35] [47], wird hier eine Aufteilung der Einflüsse des Betons und der Fasern vorgenommen. Es wird also abweichend von anderen Autoren, die ein geschlossenes Materialgesetz von Stahlfaserbeton ermitteln [17], [6], gearbeitet.

Wie bereits erwähnt, werden dabei übliche Materialkennwerte verwendet. Deren Ermittlung ist den bereits bekannten Untersuchungen bzw. auch vorhandenen Tabellen zu entnehmen.

6.1 Betoneigenschaften

Beton ist durch die einschlägigen Normen in Europa sehr genau definiert. Selbst die Herstellung der einzelnen Betonsorten ist genauestens vorgeschrieben. Diese angegebenen Werte werden laufend durch Werkskontrollen und auch auf der Baustelle überprüft.

Die Bezeichnung der Festigkeitsklasse von Beton z. B. C25 besteht aus

C ..... für Beton (engl. **Concrete**)
25 ... für **charakteristische Druckfestigkeit** f_{ck} [N/mm^2] (Prismenversuch)
auf die Würfeldruckfestigkeit wird hier bewusst verzichtet, da diese Art der Betonprüfung nicht mehr durchgeführt wird.

Es wird die mittlere **Betonzugfestigkeit** errechnet, wobei dies für den Lastfall des allgemeinen Zuges gilt:

$$f_{ctm} = 0,3.f_{ck}^{2/3} \quad [N/mm^2] \tag{6.1}$$

Die für die Bemessung von Querschnitten notwendige Biegezugfestigkeit kann nach den Formeln (3.7) und (3.8) ermittelt werden. Damit ergibt sich die Biegezugfestigkeit in Abhängigkeit des Rissanteiles infolge des Schwindvorganges.

B. Wietek, *Faserbeton*, https://doi.org/10.1007/978-3-658-44750-2_6

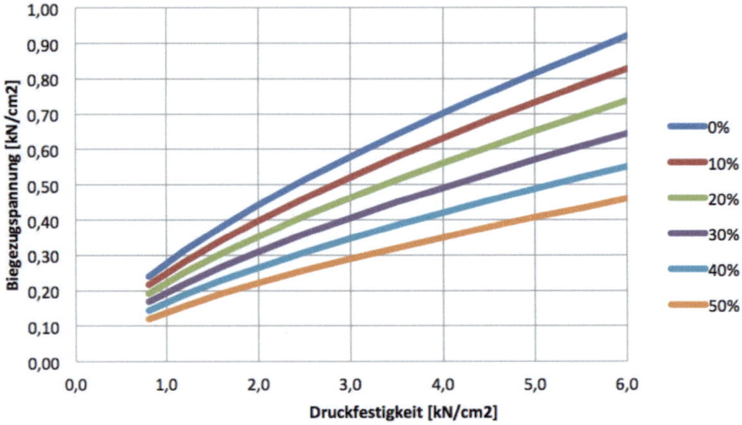

Abbildung 6.1: Biegezugfestigkeiten bei möglichen Rissanteilen

Die Frage ist nun: Wie können diese Rissanteile möglichst auf ein Minimum reduziert werden um eine möglichst hohe Biegezugfestigkeit für einen Baukörper zu erreichen?

Die Antwort war bis heute, man muß mit einer richtigen Nachbehandlung dem Beton genügend Feuchtigkeit zugeben, damit die Schwindrisse nicht zu groß werden und sich nur im minimalen Bereich einstellen. Dies führte auch zu der Unterscheidung der Bauteildicken, für die die Nachbehandlung wirksam ist. So entstand auch der Zusammenhang in Formel (3.6).

Es gibt jedoch auch eine zweite Art der Rissvermeidung in Beton. Dies ist mit Zugabe von Fasern möglich. Bereits im Altertum wurde dies sehr erfolgreich ausgeführt. Neuerdings werden zahlreiche Fasern am Markt angeboten, die Risse beim Abbinden des Betons vermeiden sollen.

Mit einer Mindestdosierung von den unterschiedlichsten Fasern ist eine Entstehung von Schwindrissen fast bei allen Fasern erreichbar. Es wird jedenfalls bis auf geringe Risse der Beton in einem sehr guten Zustand erhalten, sodass die Biegezugfestigkeit heute normalerweise mit einem Rissanteil von 10% als ausreichend angesehen werden kann. Dies ergibt nun im Falle von Faserbeton folgenden Zusammenhang:

$$f_{ctm} = 1,8 * 0,3 * f_{ck}^{2/3} = 0,54 * f_{ck}^{2/3} \tag{6.2}$$

Die Biegezugfestigkeit hängt somit von der Verwendung des Betons ab.

Beton	Druck f_{ck} [kN/cm^2]	Zug f_{ctm} [kN/cm^2]	Biegung $f_{ctm,fl}$ [kN|cm^2]
C 8	0,8	0,12	0,22
C 12	1,2	0,16	0,28
C 16	1,6	0,19	0,34
C 20	2,0	0,22	0,40
C 25	2,5	0,26	0,46
C 30	3,0	0,29	0,52
C 35	3,5	0,32	0,58
C 40	4,0	0,35	0,63
C 45	4,5	0,38	0,68
C 50	5,0	0,41	0,73

Tabelle 6.1: Betonkennwertebei 10% Rissanteil

Bei den Berechnungen der einzelnen zu bemessenen Querschnitte werden nun diese Werte auch verwendet.

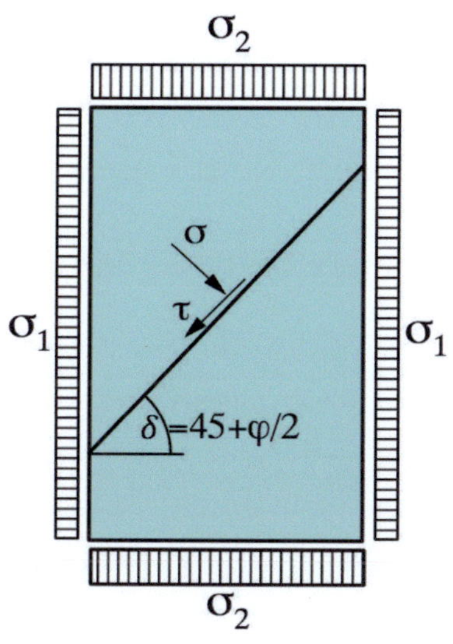

Abbildung 6.2: Probe im Bruchzustand

Die angegebenen Materialwerte lassen eine Angabe über die Scherfähigkeit des Betons vermissen. Daher wird hier auf die Materialzusammenhänge von Mohr zurückgegriffen, dessen Grundlagen hier nochmals wiederholt werden.

Bei diesem Probekörper wird die Belastung σ_2 so lange gesteigert, bis der Bruch des Probekörpers eintritt. Dabei tritt eine Bruchfuge unter dem Winkel δ auf. In der Bruchfuge treten die Grenzspannungen σ und τ auf. Den Zusammenhang zwischen den Größen σ_1, σ_2, σ und τ hat Mohr mit seinem Spannungskreis und der damit zu ermittelnden Mohr'schen Hüllkurve (Schergerade) unter dem Winkel φ nachgewiesen.

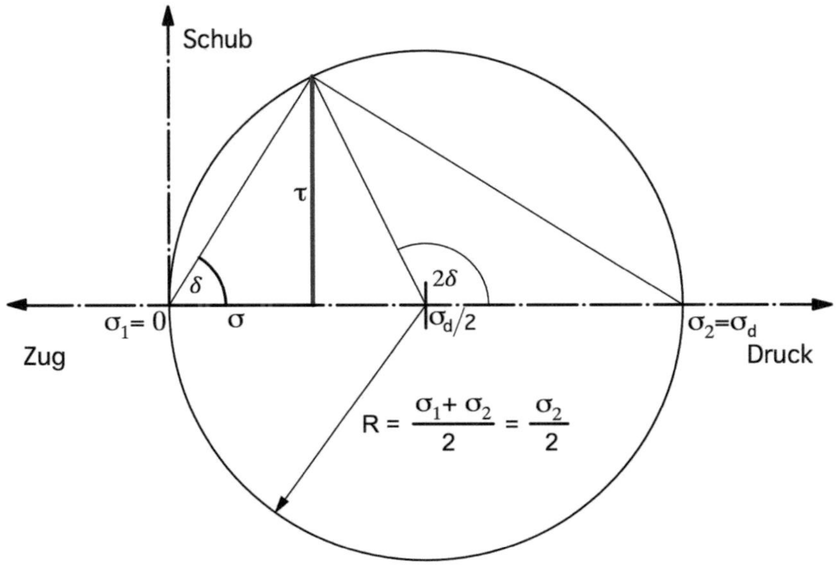

Abbildung 6.3: Mohr'scher Spannungskreis

Es wird nachgewiesen, dass der Bruchwinkel δ mit dem Scherwinkel φ in direktem Zusammenhang steht:

$$\delta = 45 + \frac{\varphi}{2} \tag{6.3}$$

Wie in der Abbildung des Mohr'schen Spannungskreises erkennbar, schneidet die Mohr'sche Hüllgerade (Schergerade) die Achse im Zugbereich unter dem Winkel φ. Der Durchstoßpunkt ist der Zustand im Beton, bei dem die maximale Zugspannung σ_z aufgenommen werden kann. Diese maximal aufnehmbare Zugspannung wurde bereits als $f_{ctm,fl}$ ermittelt und für jede Betonfestigkeitsklasse errechnet.

Sieht man sich diese Zusammenhänge nun wieder im $\tau - \sigma$-Diagramm an, so erhält man die folgende Abbildung.

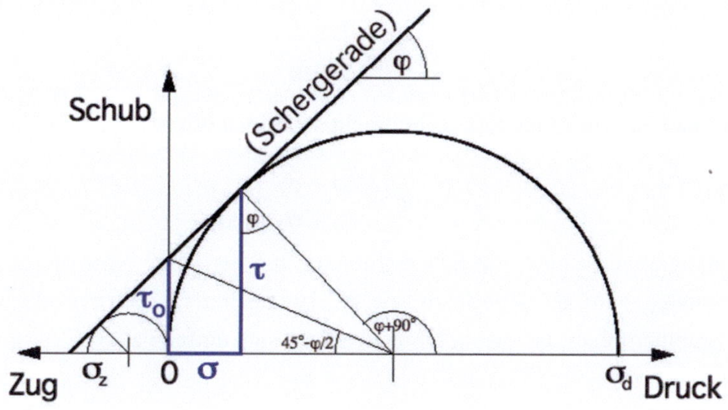

Abbildung 6.4: Mohr'scher Spannungskreis, Zusammenhänge beim Bruch

Die Schergerade ist eine Tangente an zwei Mohr'schen Spannungskreisen. Zuerst dem Zugfall, bei dem der Kreis durch die Zugspannung σ_z und die Nullspannung O gegeben ist. Dann dem Druckfall, bei dem der zweite Kreis mit der Nullspannung O und der Druckspannung σ_d begrenzt ist

Mit den Spannungen σ_d und σ_z lassen sich aus dem Mohr'schen Zusammenhang der Winkel der Schergeraden φ sowie die Scherspannung τ_o (Scherfestigkeit) errechnen. Der Zusammenhang für den Scherwinkel φ kann aus nachfolgender Abbildung entnommen werden.

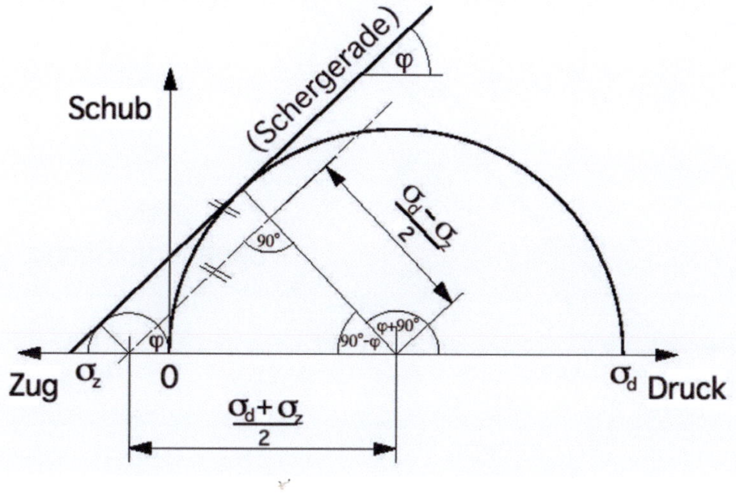

Abbildung 6.5: Grafik für Ermittlung des Scherwinkels φ

Es kann der folgende Zusammenhang erkannt werden:

$$\sin\varphi = \frac{\frac{\sigma_d - \sigma_z}{2}}{\frac{\sigma_d + \sigma_z}{2}} \tag{6.4}$$

Daraus kann man nun die Gleichung vereinfacht schreiben mit:

$$\sin\varphi = \frac{\sigma_d - \sigma_z}{\sigma_d + \sigma_z} \tag{6.5}$$

Zusätzlich interessant ist noch die Scherspannung, bei der keine Normalspannung herrscht. Diese Scherspannung wird als Scherfestigkeit τ_o bzw. auch als Kohäsion oder auch Verbundspannung (im Stahlbetonbau) bezeichnet. Sie errechnet sich einfach zu:

$$\tau_o = \frac{\sigma_d}{2}\tan(45 - \frac{\varphi}{2}) \tag{6.6}$$

Damit sind alle Kenngrößen des Werkstoffes Beton in der Mohr'schen Darstellung bekannt.

Die so errechneten Kennwerte φ und τ_o sind wichtig für die Bestimmung der Frage, welche Spannungen überhaupt von dem Baustoff Beton aufnehmbar sind. Mit den beiden Mohr'schen Kreisen für den Zugfall und den Druckfall und zusätzlich dem Bereich unterhalb der Coulomb'schen Schergeraden lassen sich nun die stabilen Spannungszustände definieren. Es kann mit dieser Definition der Bereich angegeben werden, der die möglichen stabilen Spannungszustände eingrenzt.

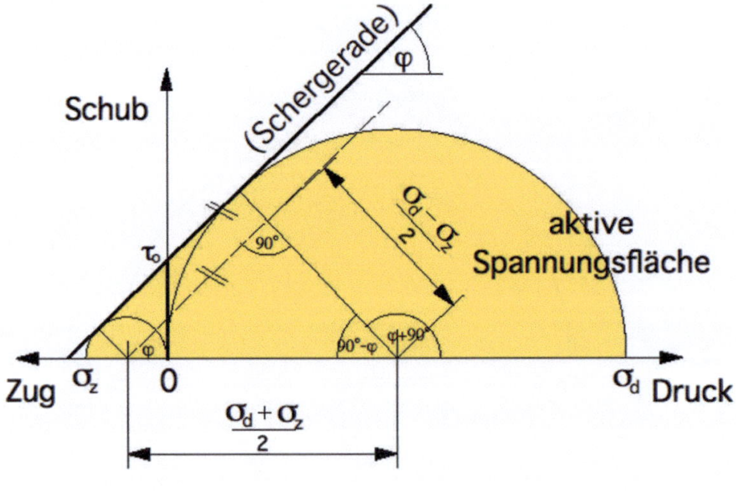

Abbildung 6.6: aktive Spannungsfläche in der Mohr'schen Darstellung

Diese markierte Spannungsfläche ist somit der Bereich, in dem Spannungen möglich sind. Spannungen außerhalb dieses Bereiches können von dem Werkstoff nicht aufgenommen werden

– es kommt zum Bruch. Die Kohäsion lässt sich auch aus der Beziehung von Coulomb errechnen. Hierbei ist als Spannung die auf die Gleitfläche aufgebrachte Normalspannung eingesetzt.

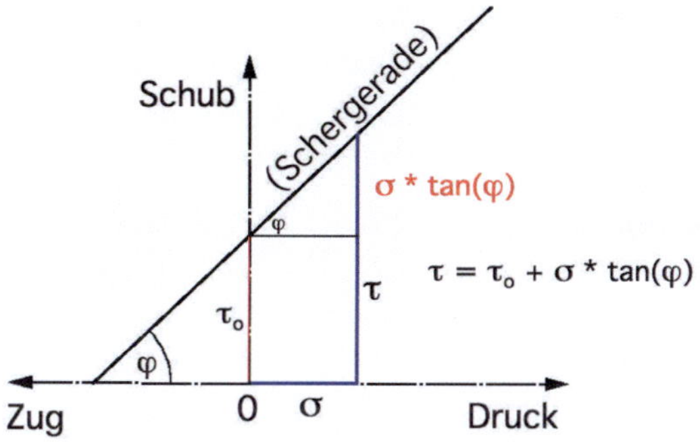

Abbildung 6.7: Bruchkriterium nach Coulomb

Die Beziehung kann mit folgendem Zusammenhang geschrieben werden.

$$\tau = c + \sigma_z \tan\varphi \tag{6.7}$$

Wobei c als Kohäsion bezeichnet wird und in der Mohr'schen Darstellung dem Wert τ_o entspricht.

In nachfolgender Tabelle sind all diese Werte für die einzelnen Betonfestigkeitsklassen mit einem Rissanteil von 10 % durch Schwinden ausgerechnet worden.

Betonsorte	$f_{ck} = \sigma_d$	$\sigma_z = f_{ctm,fl}$	φ	τ_o	σ_d/σ_z	E_{cm}
C	$[kN/cm^2]$	$[kN/cm^2]$	$[Grad]$	$[kN/cm^2]$	$[-]$	$[kN/mm^2]$
8	0,8	0,22	34,7	0,21	3,64	2.530
12	1,2	0,28	38,4	0,29	4,29	2.700
16	1,6	0,34	40,5	0,37	4,71	2.860
20	2,0	0,40	41,8	0,45	5,00	2.990
25	2,5	0,46	43,6	0,54	5,43	3.140
30	3,0	0,52	44,8	0,62	5,77	3.280
35	3,5	0,58	45,7	0,71	6,03	3.400
40	4,0	0,63	46,7	0,79	6,35	3.520
45	4,5	0,68	47,5	0,87	6,62	3.620
50	5,0	0,73	48,2	0,96	6,85	3.720

Tabelle 6.2: Betonkennwerte nach der Mohr'schen Ableitung

6.2 Fasereigenschaften

Die derzeit am Markt befindlichen Fasern werden einerseits nach ihren mechanischen und andererseits nach ihren thermischen Eigenschaften beurteilt. Da der Unterschied in diesen Eigenschaften sehr groß ist, müssen die einzelnen Faserarten eigens behandelt werden.

6.2.1 Kunststofffasern

Diese Fasern haben einen wesentlich geringeren E-Modul als Beton, somit sind sie weicher als der erhärtete Beton. Auch als relativ weiche Faser haben sie im Zeitraum des Abbindens des Betons eine wesentliche Rolle zu erfüllen. Es können dabei sowohl Druckkräfte als auch Zugkräfte übernommen werden. Diese stellen sich entsprechend der Verformung des jungen Betons ein. Im festen Beton haben die Kunststofffasern einen relativ geringen Anteil an der Lastübertragung, da sie wesentlich weicher sind als Beton. Daher übertragen sie nur einen kleinen Lastanteil, der jedoch gut berechenbar ist.

Polypropylenfasern zeigen eine positive Wirkung bei Brandbeaufschlagung. Eine wirksame Reduzierung von explosiven Abplatzenden bei Beton kann durch ein Porensystem erreicht werden, das zu einem ausreichendem Abbau des Dampfdruckes fährt, der sich bei Verdampfung von Wasser im Brandfall bildet. Dies ist durch Zugabe von Fasern aus Kunststoff, die einerseits bei Brand ab ca. 160 °C schmelzen und durchgängige Mikroporen entstehen lassen, und andererseits eine poröse Übergangszone bilden, durch die der bei Brand entstehende Dampfdruck abgeleitet werden kann.

Beim Frischbeton haben Kunststofffasern die Eigenschaft, das Ausbreitmaß des Frischbetons stark zu beeinflussen. So wird bei einer Veränderung der Dosierung um 1 kg/m^3 PP-Faser eine Reduktion des Ausbreitmaßes von 5-7 cm gemessen. Dies bedeutet, dass die Betonkonsistenz (Ausbreitmaß) der Faserdosierung anzugleichen ist.

6.2.1.1 Mikrofasern

Mikrofasern haben gerechnet auf den Einheittswürfel von 1 cm^3 eine spezifische Oberfläche von 50 – 200 mm^2/cm^3, je nach Dimension und Dosierung der Faser. Schon diese spezifische Oberfläche zeigt, dass ein erheblicher Einfluss an der Kontaktfläche der Faser mit dem Beton zu erwarten ist. Dies ist besonders in der Abbindephase des Frischbetons zu erwarten, da hier die verbindenden Kristalle wachsen und den Verbund zwischen Zuschlagstoffen, Zementstein und den Fasern herstellen.

Dieser Oberflächeneffekt zeigt sich besonders beim Abbinden des Frischbetons und daher wird die Mikrofaser auch besonders gerne zur Vermeidung von Schwindrissen im Frischbeton eingesetzt.

Brandverhalten bei Anwendung von Mikrofasern

Was bei einem Tunnelbrand mit der Tunnelhülle passieren kann, das machen Unglücksfälle aus der Vergangenheit deutlich. Bei der Brandkatastrophe im Gotthardtunnel im Oktober 2001, oder beim Tauerntunnelbrand im Mai 1999 kam es aufgrund plötzlicher Einwirkung extremer Hitze auf die Betonbauteile zu explosionsartigen Abplatzungen. Diese gefährdeten Leib und Leben und machten überdies eine spätere Sanierung des Tunnelabschnittes schwierig und sehr teuer. Die Ursache für diese explosionsartigen Abplatzungen lagen seinerzeit darin, dass die im Beton enthaltene Restflüssigkeit (Kappillarwasser) durch die plötzliche Hitze zu kochen begann und der daraus resultierende Dampf nicht aus dem Beton entweichen konnte. Dieser Dampfdruck führte im Resultat zur Zerberstung des Bauteils mit den bekannten, schwerwiegenden Folgen.

Gotthardtunnelkatastrophe 2001: 11 Tote und folgend zweimonatige Tunnelsperre wegen Sanierung.

Tauerntunnelkatastrophe 1999: 12 Tote, es folgte die zweite Tunnelröhre und Sanierung der ersten Röhre.

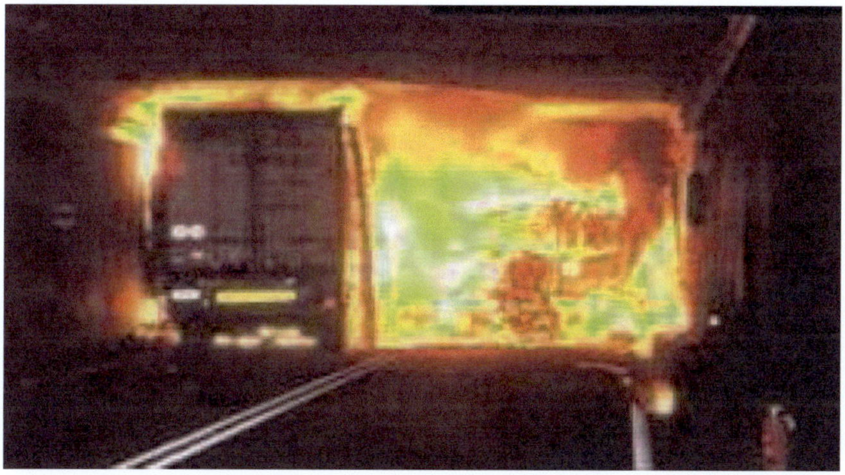

Abbildung 6.8: Tunnelbrand - explosionsartige Hitzeentwicklung (Bild: Propex)

Im Falle eines Brandes verdampft physikalisch und chemisch gebundenes Wasser aufgrund des rapiden Temperaturanstiegs in kürzester Zeit und drängt Richtung erhitzter Oberfläche. Dieser Übergang in die Gasförmigkeit verursacht einen tausendfachen Anstieg des Wasservolumens und je dichter die Betonmatrix und je höher der Wassergehalt des Betons, desto größer der sich entwickelnde Dampfdruck. Wenn der Wasserdampf nicht (oder nicht schnell genug) austreten kann, steigt der Dampfdruck derart hoch an, dass es zu explosionsartigem Abplatzen des Betons kommt. Dies passiert bereits nach wenigen Minuten und verursacht sofort beträchtliche und tiefreichende Schäden in der Baustruktur. Wenn anschließend die Bewehrung freigelegt wird, ist sie nicht mehr vor der hohen Temperatur geschützt und verliert schnell ihre konstruktive Funktion.

Abbildung 6.9: Tunnelabschnitt Vomp-Terfens der Brenner Eisenbahn (Faser Fibermesh 150)

Die Zugabe von Polypropylenfasern kann diese explosionsartigen Betonabplatzungen jedoch wesentlich reduzieren bzw. sogar gänzlich vermeiden. Zum einen beginnen die Fasern fast sofort nach dem Ausbruch des Brandes stufenweise zu schmelzen und bilden somit ein Kapillarsystem, durch das das verdampfende Wasser entweichen kann, ohne dass sich ein wesentlicher destruktiver Druckaufbau bildet. Andererseits wird allein durch die Zugabe der Fasern die intrinsische Permeabilität des Betons erhöht, so dass der Wasserdampf auch entlang der Fasern entweichen kann. All das führt dazu, dass Abplatzungen wirksam verhindert werden.

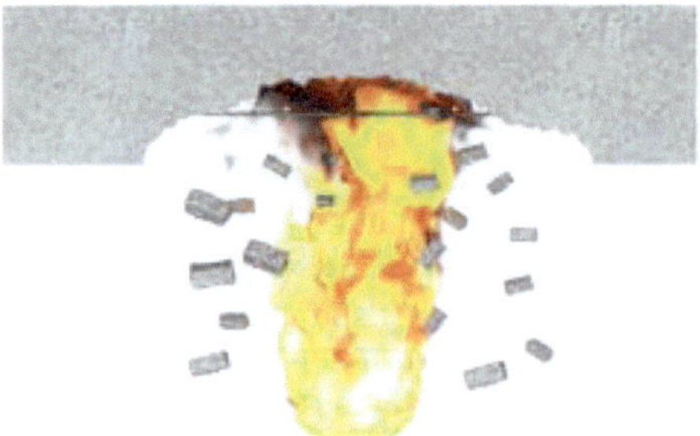

Abbildung 6.10: Brand bei Beton

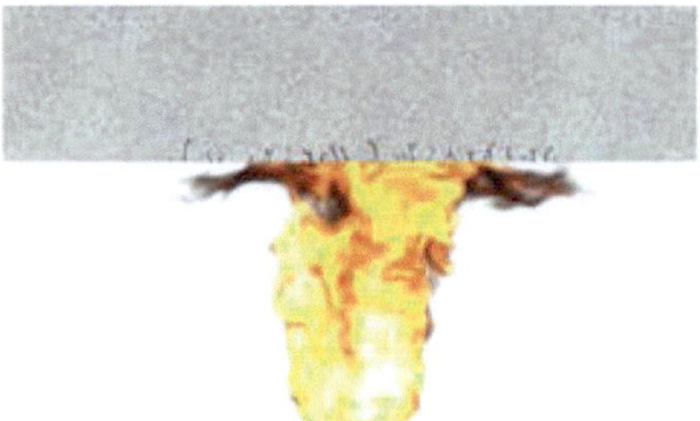

Abbildung 6.11: Brand bei Faserbeton

Dem Beton beigemengte Kunststoff-Mikrofasern führen üblicherweise ab einer Mindestdosierung von 2 kg/m^2 Beton zu einer erheblichen Verbesserung des Brandverhaltens. Dies geschieht einerseits durch die homogene millionenfache Verteilung der Einzelfasern und andererseits durch deren Eigenschaft, dass Kunststoff-Mikrofasern bei Hitzeeinwirkung schmelzen. Durch das sofortige Schmelzen der Faser bei explosionsartiger Hitze entstehen vernetzte Mikrorisse im Beton, die es dem Wasserdampf ermöglichen, aus dem Beton zu entweichen. Die hierbei entstehenden Schaden durch Abplatzungen stellen für Leib und Leben ein untergeordnetes Gefahrenpotential dar, die Tragkonstruktion des Tunnels ist besser geschätzt und der betroffene Tunnelabschnitt kann daher später gut saniert werden.

Diese im Tunnelbau erforschten Eigenschaften sollten nun auch im Hochbau angewendet werden. Besonders bei Treppenhäusern kann der Einsatz von Faserbeton einen großen Vorteil bringen, ad die Konstruktion im Brandfall nicht mehr einsturzgefährdet ist und somit der Fluchtweg über das Treppenhaus auch ermöglicht wird. Es ist aus dieser Sicht nun eine genauere Untersuchung für diesen Fall notwendig um so in Zukunft eine Brandbeherrschung besser zu gewährleisten.

6.2.1.2 Makrofasern

Die spezifische Oberfläche der Makrofasern liegt bei 5 - 30 mm^2/cm^3, je nach Dimension und Dosierung der Faser. Dies zeigt schon im Vergleich zur Mikrofaser, dass in der Abbindephase der Einfluss auf eine Konsistenz nicht so groß ist. Jedoch ist die Mitwirkung bei der Kraft umso besser, da durch die Formgebung eine bessere Kraftübertragung vom Zementstein zur Faser ermöglicht wird.

Auch bei einer großen Temperaturbelastung infolge Brand entstehen große Porenräume durch das Abschmelzen der Fasern und somit kann der im Beton entstehende Dampfdruck problemlos abgeleitet werden, sodass kaum Abplatzenden die Folge sind.

6.2.2 Stahlfasern

Die Stetigkeit der Stahlfasern ist etwa zehnmal so hoch wie die des Betons. Daher ist die Wirkung der Stahlfasern für die Lastübertragung sehr wirksam. Dies bedeutet, dass die einzelnen Stahlfasern sehr gut zur Lastübernahme herangezogen werden können.

Bezüglich des Brandeinflusses ist die Stahlfaser nicht optimal, da der Stahl eine bessere Wärmeleitfähigkeit wie Beton hat, wird die Temperatur von der Oberfläche schneller in die Tiefe übertragen. Somit erhitzt sich im Brandfall beim Stahlfaserbeton eine größere Tiefe als beim Beton alleine. Da auch keine Poren zusätzlich geschaffen werden, ist die Abplatzung in größere

Tiefen als beim Normalbeton gegeben. Vorteil des Stahlfaserbetons zum Normalbeton ist jedoch, dass die Fasern den abgeplatzten Teil meist noch zurückhalten und somit die Abplatzenden noch am Beton hängen und nicht unkontrolliert herunterfallen.

Beim Frischbeton zeigen Stahlfasern kaum einen Einfluss auf die Verarbeitbarkeit, insbesondere die Konsistenz wird nur unwesentlich verändert. Ein unangenehme Nebeneigenschaft ist die Bildung von Igeln beim Transportbeton, wobei sich Fasern verklumpen und somit nicht gleichmäßig im Beton vermischen.

Korrosion von Stahlfasern

Generell schätzt der Beton durch seinen basischen Zustand die Bewehrung vor Korrosion. Nur im Bereich der Carbonatisierung ist der pH-Wert unter 9, und es kann dabei eine Korrosion der eingebauten Stahlteile vorkommen. Es sind drei Bedingungen, die zusammentreffen müssen, damit Stahl im Beton korrodiert.

- der pH-Wert des Betons muss niedriger als 9 sein
- es muss Sauerstoff zur Verfügung stehen
- es muss Wasser vorhanden sein

Ist eine der drei Bedingungen nicht gegeben, kann Stahl nicht korrodieren. Dies ist die Grundlage der Korrosionsvermeidung. Somit ergeben sich folgende Methoden der Korrosionsvermeidung:

- Oberfläche verschließen, damit kein Wasser an den Stahl kommt (Lacke etc.)
- Beton unter Wasser setzen, damit kein Sauerstoff an den Stahl kommt (z. B. Grundwasser ist sauerstoffarm etc.)
- elektr. Polarisation festsetzen (Kathodischer Korrosionsschutz) - bei Faserbeton nicht möglich, da die Fasern nicht zusammenhängen und somit Strom nicht fließen kann.

Falls diese Methoden nicht möglich sind, kann es zu Korrosion der Stahlteile im karbonatisierten Bereich kommen. Mit dieser Korrosion speziell bei Stahlfasern hat sich Schadde [41] ausführlich beschäftigt und kommt zu folgenden Erkenntnissen:

In ungerissenem Stahlfaserbeton konnten bisher maximal bis zu einer Tiefe von etwa 4 mm leicht korrodierte Fasern festgestellt werden. Der große Vorteil liegt darin, dass die Korrosion nur derart geringe Kräfte auslöst, dass keinerlei Abplatzungen an der Betonoberfläche hervorgerufen werden können. In der Praxis ist nicht mit schädigender Korrosion von Stahlfasern in ungerissenem Beton zu rechnen. Dies gilt selbst bei hohen Chloridgehalten im Beton bei entsprechender

Exposition. Zur Vermeidung der Korrosion innerhalb eines Bauteiles ist zusätzlich zu der exakten Einhaltung der normgemäßen Herstellung sehr viel Wert auf eine gute Nachbehandlung des Frischbetons zu legen, damit eine Steigerung des Carbonatisierungswiderstandes und eine Reduzierung der Chloriddiffusion erreicht wird.

6.2.3 Glasfasern

Glas zeigt sowohl Merkmale eines Festkörpers als auch einer Flüssigkeit, es ist ein amorpher Stoff. Es gehorcht bis zum Sprödbruch, also ein spontaner, unangekändigter Bruch, nach dem Hook'schen Gesetz und zeigt vollkommen elastisches Verhalten ohne einen Fließbereich. Somit gleicht sein mechanisches Verhalten dem eines Festkörpers. Betrachtet man die Anordnung der Atome, so ist Glas eine Flüssigkeit. Es erreicht jedoch während der Abkühlung eine so hohe Viskosität, dass das physikalische Verhalten als Feststoff beschrieben werden kann.

Die Festigkeit schwankt stark, je nach dem wie die Faser während der Verarbeitung vorgeschädigt wird. Sie beginnend bei 3.500 N/mm^2, für die einzelne Faser, und kann in extremen Fällen unter 500 N/mm^2, z. B. bei Webprodukten, liegen. Glasfasern besitzen ein vollkommen elastisches Dehnungsverhalten, es kommt zu keinen bleibenden Verformungen. Der spröde Bruch tritt zwischen 2 - 5 Prozent Dehnung auf. Glas und Glasfasern besitzen einen Elastizitätsmodul von 72.000 N/mm^2 und einen Schubmodul von 15 - 36 kN/mm^2, bei einer Querkontraktion zwischen 0,13 und 0,32. Die Werte sind unabhängig von der Temperatur.

6.3 Abbindevorgang

Beton – ein Gemisch aus Gestein, Zement und Wasser unter Zugabe von weiteren Mitteln – fängt erst nach der Wasserzugabe an zu reagieren. Nach der Verarbeitungszeit erhärtet der Beton und kann langsam Druck- und Zugspannungen aufnehmen. In dieser Zeit treten Veränderungen im Beton auf, die sehr entscheidend für die Tragfähigkeit sind.

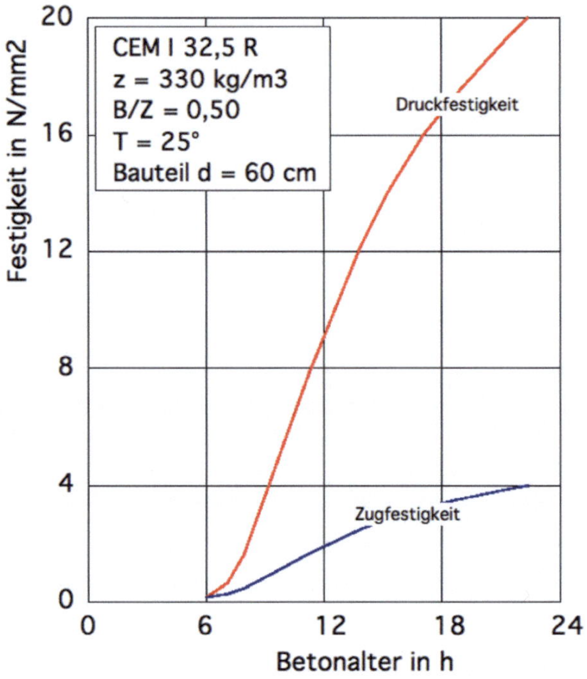

Abbildung 6.12: Beton Festigkeitsentwicklung

Aus der hier üblichen Art der Darstellung der Festigkeitsentwicklung ist nur erkennbar, dass in den ersten Stunden die Druck- und Zugfestigkeit entsteht und hier mag es entscheidend sein, wie das Ganze abläuft, um auch ein Verständnis der Teilentwicklung zu erhalten.

Sieht man sich insbesondere die erste Phase des Abbindevorganges an, so kann man sich mit den nachfolgenden Bildern eine Vorstellung von den mikroskopischen Vorgängen machen. Der im Beton vorhandene Zement reagiert mit dem Wasser und bildet neue Kristalle, die mit der Zeit gegenseitig zusammenwachsen und so einen Verbund entstehen lassen. Dazu werden chemisch der Zement (das Zementkorn) und das Wasser als Ausgangsmaterial verwendet, und es entsteht ein neues Mineral, in dem beide Komponenten eingebunden sind. Durch diesen Prozess wird das Stoffvolumen geringfügig verändert (Kristalle haben eine andere Dichte als Zement und Wasser zusammen). Gleichzeitig verdunstet Wasser von der Oberfläche her und lässt zusätzlich Poren entstehen.

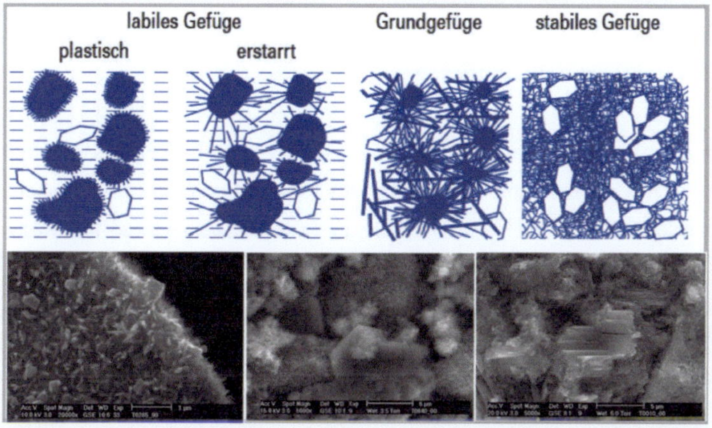

Abbildung 6.13: Entwicklung des Zementgefüges beim Abbindevorgang (Darstellungen entnommen aus VDZ Lehrbehelf: 4. Hydratation des Zementes und Gefüge des Zementsteins)

Dies fährt während des Abbindevorgangs zu einer Volumsverringerung, die man Schwinden nennt. Bei dem Zusammenziehen der einzelnen Feststoffteile entstehen Zugspannungen, die als Schwindspannungen bezeichnet werden.

In der Abbindephase nehmen die verschiedenen Spannungen zu, wobei es zu einer Überschreitung der momentanen Zugfestigkeit im Frischbeton kommt, in deren Folge dann Risse auftreten, die Schwindrisse genannt werden.

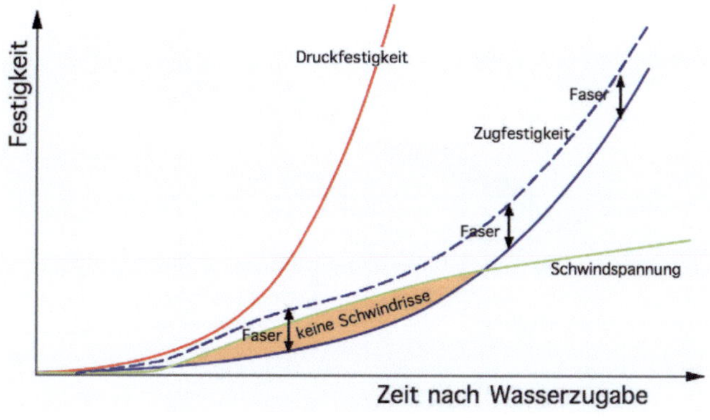

Abbildung 6.14: Beton in der Abbindephase

Beton zeichnet sich allgemein dadurch aus, dass er sehr hohe Druckspannungen aufnehmen kann, dabei jedoch nur geringe Zugspannungen zulässt. Generell sind die maximalen Zugspannungen nur ca. 1/5 der maximalen Druckspannungen. Dies variiert jedoch bei den unterschiedlichen Betonsorten. Die Entwicklung der Spannungen in der Abbindephase zeigt, dass sich die aufnehmbare Zugspannung nur sehr langsam entwickelt, wohingegen die Schwindspannung am Beginn der Abbindephase sich wesentlich schneller entwickelt. Dies fährt im erhärtenden Beton zu den allseits gefürchteten Schwindrissen.

Wie aus der nachfolgenden Graphik erkennbar, ist der kritische Zeitbereich, indem die Schwindspannung größer als die aufnehmbare Zugspannung ist, zeitlich begrenzt. Danach entstehen keine neuen Schwindrisse mehr.

Es gibt nun mehrere Methoden, diesem Schwindvorgang entgegenzuwirken:

- Betonnachbehandlung durch konstantes Befeuchten der Oberfläche
- Chemisch die Zugfestigkeit beim Abbindevorgang zu erhöhen – Ansteifen
- Zugabe von Fasern, die am Beginn der Kristallisationsphase bereits Zugspannungen übernehmen können

Betrachtet man nun den Abbindevorgang mit Fasern im Beton, so ergibt sich folgender Zusammenhang, der sich aus der Darstellung des Abbindevorganges in Kapitel 3 ableiten lässt:

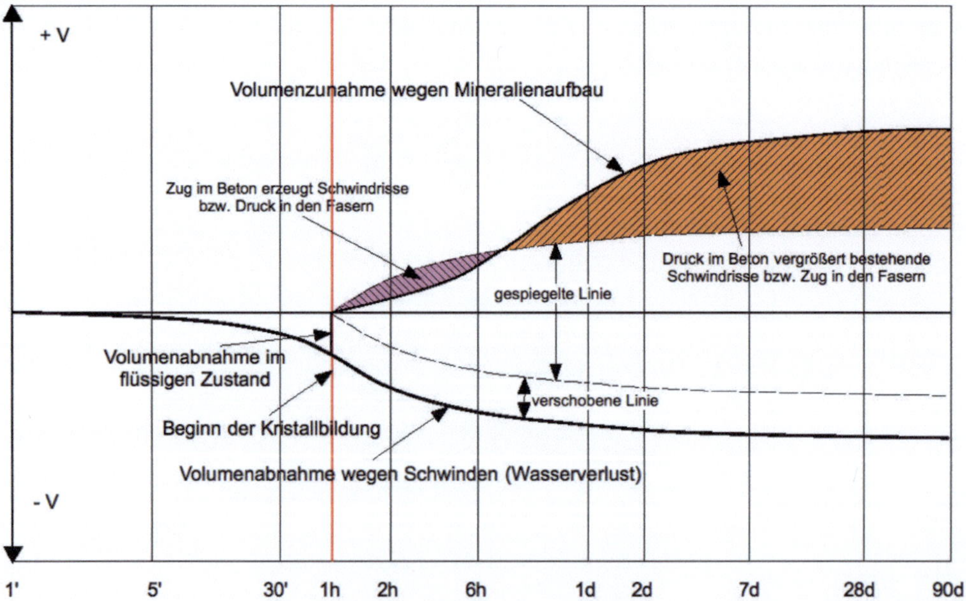

Abbildung 6.15: Faserbeton in der Abbindephase

In der ersten Abbindephase des Betons verändert sich der flüssige Zustand mit dem Beginn der Kristallbildung. Es entsteht eine plastische Masse, die zunehmend an Festigkeit gewinnt. In dieser Phase ist die Volumensabnahme durch Wasserentzug größer als die Zunahme durch die Mineralienbildung, wodurch im Frischbeton Zug entsteht, der zur Folge hat, dass der Beton reißt und es entstehen somit Schwindrisse. Sind Fasern im Beton eingelagert, so verhindern diese Fasern ein Aufreißen des Betons, da sie den im Beton auftretenden Zug kurzfristig mit Druck in der Faser ausgleichen. Die Fasern sind wie ein Stützensystem, an das sich der Frischbeton örtlich anhängen kann und somit keine Risse erzeugt. Die dabei auftretenden Zug- und Druckspannungen sind so gering, dass diese durchaus von den einzelnen Fasern aufgenommen werden können und somit der plastische Beton nicht reißt. Unter diesen Verhältnissen kann die Mineralbildung ungehindert fortschreiten und der Beton kann ungerissen seine volle Zugfestigkeit durch das Zusammenwachsen der einzelnen Minerale entwickeln.

Nach dieser ersten Phase übersteigt die Volumenzunahme durch die Mineralienbildung die Volumenabnahme durch Wasserverlust. Es entsteht dadurch ein interner Druck im Frischbeton, der ohne Fasern zu einer weiteren Öffnung der bereits entstandenen Schwindrisse führt. Falls nun aber Fasern im Beton eingebetet sind, übernehmen diese Fasern den internen Mineraliendruck als Faserzugkraft und verhindern somit ein Aufreißen des Frischbetons. Somit haben die Fasern auch in dieser zweiten Abbindephase eine entscheidende Aufgabe zur Rissvermeidung im Frischbeton.

Die Fasern im Frischbeton haben durch ihre relativ große Oberfläche (langer Körper mit kleinem Durchmesser) einerseits ein großes Wasserbindevermögen und andererseits haben sie direkten Kontakt zu vielen Zementkörnern. Bei der Entstehung von neuen Mineralen an der Oberfläche der Zementkörner sind die Fasern sofort in Kontakt, und es können Kräfte übertragen werden. Damit können zu jeder Zeit des Abbindevorganges Zug- bzw. Druckkräfte übertragen werden.

Durch diese Übernahme von Kräften während des gesamten Abbindevorganges des Betons ist gewährleistet, dass keine internen Risse die Zugübertragung im inneren des Betons hindern. Es kann sich der Beton in seinen Festigkeitseigenschaften ungestört entwickeln, was bedeutet, dass die Betrachtungsweise mit Hilfe des Morschen Spannungskreises mitsamt der Bruchkriterien voll wirksam ist. Die genaue Wirkung der Fasern im Frischbeton während der Abbindephase ist nun von der Faserart, der Dosierung und der Zugfestigkeit der Fasern abhängig. Es scheint logisch, dass viele kleine Fasern im Abbindevorgang durchaus einen Vorteil bieten sollten. Eine Detailuntersuchung wird in nächsten Kapitel vorgenommen.

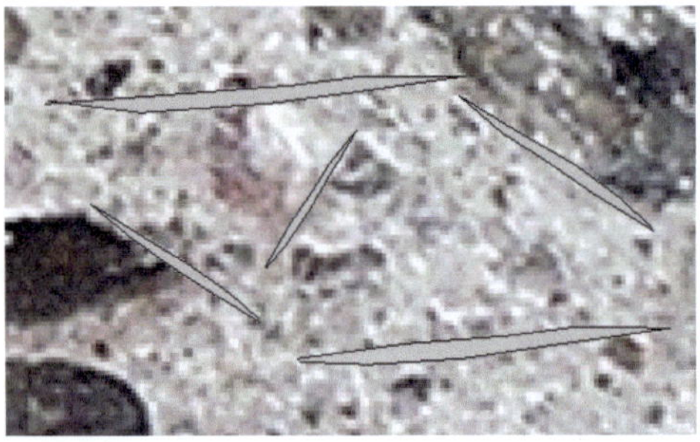

Abbildung 6.16: Schwindrisse beim Beton

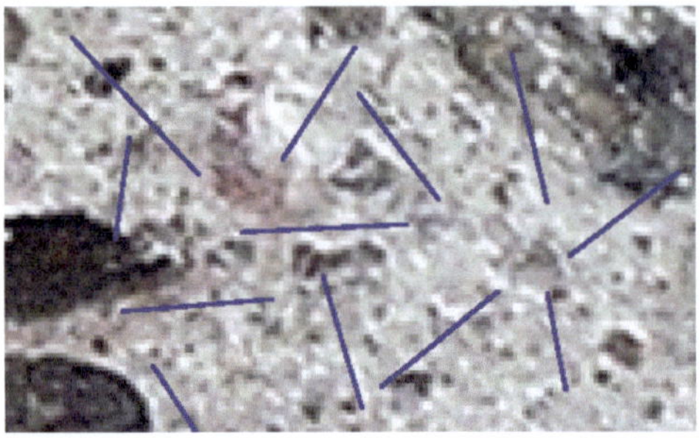

Abbildung 6.17: Vermeidung durch Fasern

Es wird im Bezug auf Faserbeton immer wieder gefragt, welche Faser für die Vermeidung von Schwindrissen besser geeignet ist. Da es sich bei der Vermeidung von Schwindrissen nur um sehr geringe Zugkräfte handelt, muss die einzelne Faser nicht unbedingt große Zugkräfte übernehmen können. Wichtiger dabei ist, dass die Faser gegenseitig einen sehr geringen Abstand hat und sofort entlang ihrer Oberfläche eine geringe Scherspannung übertragen kann. Dies ist aber eine Frage der Geometrie der Faser und nicht des Materials.

Der Unterschied zwischen Stahlfaser und Kunststofffaser ist dabei folgender:

Stahlfasern haben noch von der Produktion her einen Öl- bzw. Fettfilm an der Oberfläche, der die Schubübertragung verhindert und erst nach einer Bewegung Scherkräfte übertragen läßt. Im Detail ist der dazugehörige Verformungsweg mit Kraftübertragung noch nicht im Detail erforscht, jedoch ist das Phänomen sehr wohl bekannt. Bei einer Kunststofffaser ist die Oberfläche nicht mit einer Schmierschicht belegt, wodurch sofort Scherkräfte übertragen werden können. Daher eignet sich die Kunststofffaser im vorliegenden Praxisfall wesentlich besser für die Anwendung als eine Stahlfaser.

Das Schwinden des Frischbetons kann nicht verhindert werden, es treten aber infolge der vorhandenen Fasern keine bzw. nur unwesentlich geringe Risse mehr auf, es kann somit der Beton seine Zugeigenschaften voll übernehmen.

6.4 Fasern zur Vermeidung von Schwindrissen

Wie bereits im vorherigen Kapitel angedeutet, ist für die Vermeidung von Schwindrissen im Frischbeton nicht das Material der verwendeten Faser entscheidend, sondern deren Oberfläche und gegenseitiger Abstand. Es ist also eine Frage der Oberfläche und Dosierung der Fasern, die zur Vermeidung der Risse eingebracht wird.

Es findet eine Reaktion der Oberfläche des Korngemisches des Frischbetons mit der Oberfläche der Fasern statt. Dabei hat sich in der Praxis gezeigt, dass ab einem Anteil der Faseroberfläche zur Kornoberfläche von 5-6 % die Schwindrisse vollkommen verschwinden. Geht man nun von diesem Verhältnis aus, so kann der Faseranteil für eine Vermeidung der Schwindrisse aus der Zusammensetzung des Betons ermittelt werden.

Grundlage für eine solche Betrachtung ist der Zusammenhang bei einer Mischungsberechnung für Normalbeton. Damit können die einzelnen Anteile der im Beton enthaltenen Teile berechnet werden.

6.4.1 Mischungsberechnung für Beton

Diese wird entsprechend der Angaben des Zement-Merkblattes Bautechnik B20 2.2017 ; Zusammensetzung von Normalbeton - Mischungsberechnung durchgeführt.

Mischungsberechnung für Beton					
Mindestdruckfestigkeit:		35	[kN/cm²]	lt. Statik	
Umweltbedingungen;					
aktivieren	Klasse	Zeile	Einwirkung	Beanspruchung	
0	X0	1			
1	XC	3	Karbonatisierung	mäßig feucht	
1	XD/XS	1	Chlorid	mäßig feucht	
1	XF	2	Frost bzw. Frost+Taumittel	massige Wassersattigung mit Taumittel	
1	XA	1	chemischer Angriff	schwach angreifend	
0	XM	1	Verschleiß		
Zementsorte:		Z 42,5	2		
Vorhaltemaß:		6	[N/mm²]		
	max W/Z	min Z	min $f_{ck,cyl}$		
notwendig:	0,45	300	35	7	
Konsistenz:		plastisch	2		
Zuschlag Kornbereich		GK	Korn-Kurve	Wasseranspruch	
		32	B	170	[kg/m³]
	Zeile	6	2		
Zementmenge:		375	[kg/m³]		
Luftporen:		1	[%]		
Korndichte Zuschlag:		2,65	Zuschlaggewicht:	1.842	[kg/m³]
Wassergehalt Zuschläge:		3,00 %	Eigenwasser:	55,3	[kg/m³]
Einwaage:	Zement	375	[kg/m³]		
	Wasser	115	[kg/m³]		
	Zuschläge	1.897	[kg/m³]		
Gesamteinwaage		2.387	[kg/m³]		

Abbildung 6.18: Mischungsberechnung für Normalbeton

6.4.2 Bestimmung der Kornoberfläche

Es wird hier am Beispiel der in der Mischungsberechnung verwendeten Kornverteilung mit dem Größtkorn von 32 mm die mittlere Kurve B die Oberfläche der Körnungen ermittelt.

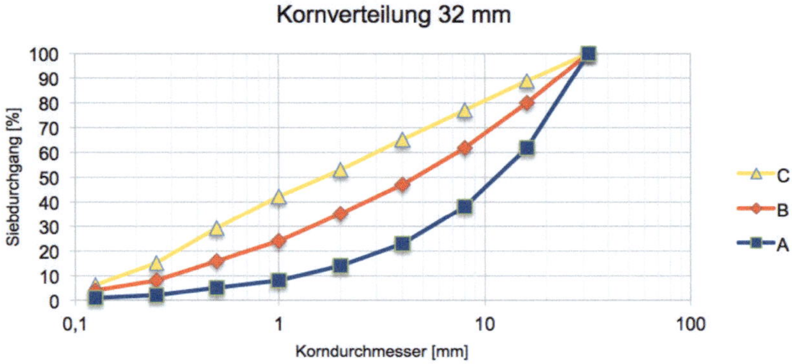

Abbildung 6.19: Kornverteilungen für GK32 mm

Die Darstellung der Kornkurve sind im logarithmischen Maßstab, sodass dieser auch bei der weiteren Berechnung einen Einfluß hat. Es werden bei der Kornkurve folgende Werte angegeben:

Körnung			Oberfläche	Volumen
von	bis	Mittel		
mm	mm	mm	mm²	mm³
0,064	0,125	0,09	2,51E-02	3,75E-04
0,125	0,25	0,18	9,82E-02	2,89E-03
0,25	0,5	0,35	3,93E-01	2,31E-02
0,5	1	0,71	1,57E+00	1,85E-01
1	2	1,41	6,28E+00	1,48E+00
2	4	2,83	2,51E+01	1,18E+01
4	8	5,66	1,01E+02	9,48E+01
8	16	11,31	4,02E+02	7,58E+02
16	32	22,63	1,61E+03	6,07E+03
32	64	45,25	6,43E+03	4,85E+04

Abbildung 6.20: Geometrie der Körnungen

Die mittlere Körnung errechnet sich aus der dem logarithmischen Mittel der Unter- und Obergrenze einer Korngruppe:

$$d_m = 10^{(log(d_{min})+log(d_{max}))/2} \tag{6.8}$$

In obiger Tabelle z.B.

$d_{min} = 0,25$
$d_{max} = 0,5$
$d_m = 10^{(log(0,25)+log(0,5))/2} = 0,35$

Mit dieser mittleren Korngröße als gedachte Kugel werden die weiteren Werte der jeweiligen Korngruppe ermittelt, wobei von einem Gesamtgewicht der Körnungen von 1.842 kg/m^3 wie in Abbildung 6.18 angegeben wurde.

Körnung		Sieb-durchgang	Δ Sieb-durchgang	Gewicht Siebdg.	Kornzahl Siebdg.	Oberfläche Siebdg.
von	bis					
mm	mm	Gew-%	Gew-%	kg	Stück	m²
0,064	0,125	4	4	73,7	196638996	494
0,125	0,25	8	4	73,7	25470038	250
0,25	0,5	16	8	147,3	6367510	250
0,5	1	24	8	147,3	795939	125
1	2	35	11	202,6	136802	86
2	4	47	12	221,0	18655	47
4	8	62	15	276,3	2915	29
8	16	80	18	331,5	437	18
16	32	100	20	368,4	61	10
32	64	0				
		Summe:	100	1.842	-	1.309

Abbildung 6.21: Kornoberfläche der Kornverteilung

6.4.3 Bestimmung der Faseroberfläche

Als Faser für die Verhinderung von Schrumpfrissen werden hauptsächlich Microfasern aus Kunststoff eingesetzt. Diese haben bei einer relativ geringen Dosierung eine große Oberfläche, die im Zementleim eine dichte Verteilung erwirken. Somit sind die gegenseitigen Abstände der einzelnen Fasern gering und es können die kleinen Zugspannungen während der Abbindephase leicht aufgenommen werden.

Im vorliegenden Beispiel wird für die Verhinderung von Schwindrissen die Kunststofffaser Fibumesh 150 eingesetzt. Die folgende Abbildung zeigt die einzelnen Daten der Faser.

Faser		Fibermesh 150
ø	[mm]	0,032
Länge	[mm]	12
ρ	[g/cm³]	0,91
O-einzeln	[mm²]	1,21
V-einzeln	[mm³]	0,010
G-einzeln	[g]	8,78239E-06
Anzahl	[Stk/kg]	113.864
Dosierung	[kg/m³]	0,8
O-gesamt	[m²]	109,9

Abbildung 6.22: Oberfläche der Fasern bei gegebener Dosierung

Bei einer Dosierung von 0,8 kg/m^3 Frischbeton entsteht mit dieser Faser eine Oberfläche von ca. 110 m^2.

6.4.4 Vermeidung von Schwindrissen

Gibt man nun dem Frischbeton die gewählte Dosierung der Fasern hinzu, so vergrößert sich die Oberfläche der Stoffe, die durch den Zementleim zusammengehalten werden. Wie bereits erwähnt sind die eingebrachten Fasern erst ein Schutz gegen Schwindrisse, wenn der Anteil der Fasern einen Faktor von 5-6 % übersteigt.

Verwendung von Fasern zur Vermeidung von Schwindrissen im Frischbeton			
Beton:	GK	Korn-Kurve	Oberfläche [m²]
8	32	B	1.309
Fasern (Schwindrisse)	Faser	Dosierung [kg/m³]	Oberfläche [m²]
12	Fibermesh 150	0,8	110
Flächenanteil der Fasern:	8,40 %	Faser verhindert Schwindrisse im Beton	
Zugabe beim Beton wegen der Vergrößerung der Oberfläche durch die Fasern:			
Wasser:	14,3	[kg/m³]	
Zement:	31,5	[kg/m³]	

Abbildung 6.23: Einsatz von Microfasern zur Vermeidung von Schwindrissen

Im aufgezeigten Beispiel vergrößert sich die Oberfläche für den Zementleim um 8,4 %, dies bedeutet, dass auch der Zementleim um dieses Maß zu vergrößern ist. Damit kann dann die Stabilität des Frischbetons in seiner Güte gewährleistet werden. Im vorliegenden Beispiel muß dem Frischbeton neben den Fasern noch 14,3 Liter Wasser und 31,5 kg Zement zugegeben werden.

Diese Zugabe von den Fasern sind nicht nur zur Vermeidung der Schwindrisse da, sondern sie helfen auch bei der Ableitung von Zugspannungen beim Festbeton. Daher können diese Fasern auch bei der Bemessung die einzelnen Querschnitte mit Faserbeton zusätzlich zu den für die Kraftableitung eingesetuten Fasern berücksichtigt werden.

6.5 Verbundwirkung von Fasern

Nun kommen wir zu den interessanten Punkten. Wie soll die Verbundwirkung zwischen Beton und den Fasern eingestuft werden? Geht man den Weg, der im Stahlbetonbau vorgezeichnet ist und sich mit der Wirkung eines jeden Stahlteiles beschäftigt, oder sollte man eher versuchen, durch eine vollkommen neue Betrachtungsweise zum Ziel zu kommen? Es gibt hier also zwei Möglichkeiten bei der weiteren Bearbeitung:

- tatsächliche Verbundberechnung wie bei Pfyl (Literatur)
- statistische Bewertung der Verbundwirkung auf Grundlage der räumlichen Verteilung der Fasern in der Matrix des Betons

Es haben etliche Autoren schon versucht, wie Pfyl die Wirkungsweise der Einzelfaser zu ermitteln und von dieser dann auf die räumliche Verteilung der Fasern umzurechnen. Dies mag für eine gerade Faser gelungen sein, doch die Mehrheit der Fasern sind nicht gerade und haben auch keine konstante Form des Querschnittes. Wesentliches Ergebnis all dieser Untersuchungen ist, dass die Schubverbindung an der Faseroberfläche wesentlich zur Spannungsübertragung beiträgt.

Die Ausziehversuche von unterschiedlichen Fasern wurden auch mit unterschiedlichen Versuchen durchgeführt:

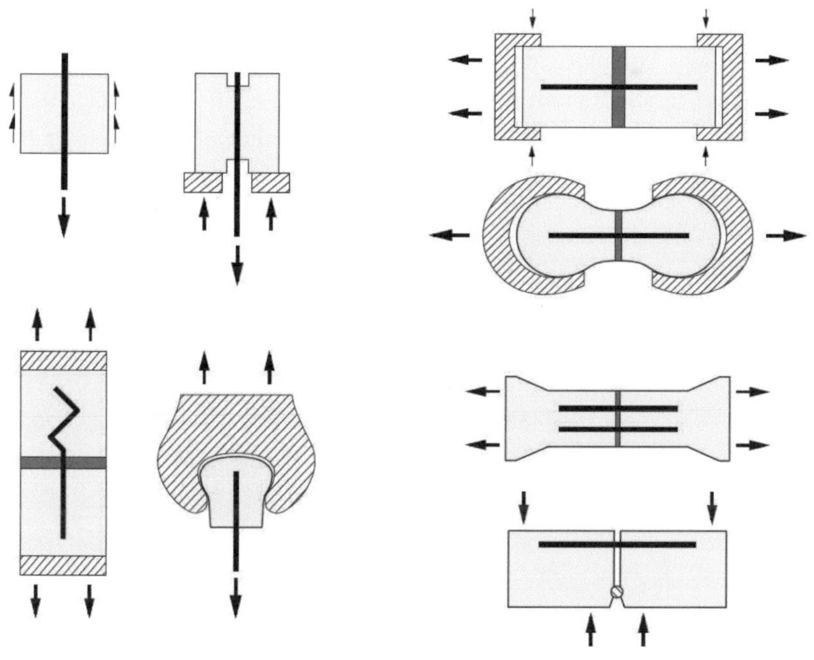

Abbildung 6.24: Faserauszugversuche nach Pfyl

All diese Versuche zeigten, dass der Schubbruch beim Ausziehen der jeweiligen Faser im Beton stattfand. Dies hat zur Folge, dass die Kraftübertragung der Faserkraft vom Beton dominiert wird. Es lässt sich die Faser in allen Fällen aus dem Beton herausziehen und somit versagt zuerst der Beton, bevor eine Fasser reißt.

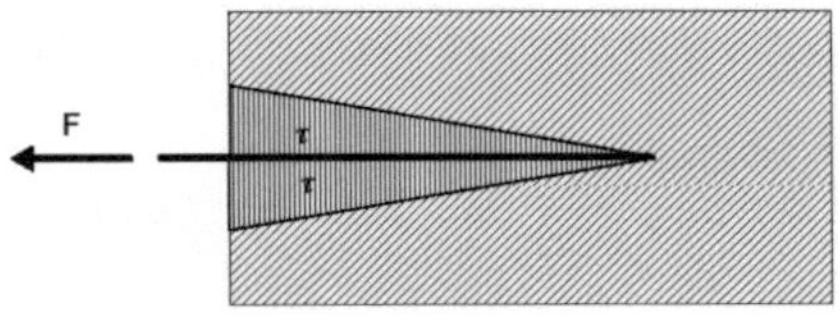

Abbildung 6.25: Faserauszug glatte Faser

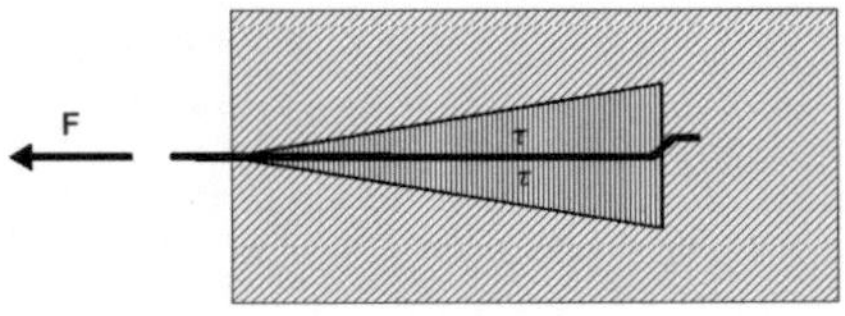

Abbildung 6.26: Auszug endgestauchte Faser

Bei einer einerseits glatten oder andererseits gestauchten Faser ist die Kraftverteilung der Schubkräfte entlang der Faseroberfläche beim Auszug der Faser unterschiedlich, wie es in den vorstehenden Abbildungen gezeigt wird. Somit hat die Form der Faser sowie auch das Verhältnis der Materialsteiffigkeiten einen entscheidenden Einfluss auf die Schubspannungsverteilung entlang der Faseroberfläche. Dies wurde in zahlreichen Untersuchungen mehrerer Versuchsanstalten gemessen und somit auch nachgewiesen.

Geht man von mechanischen Voraussetzungen aus, so ist die Verbundwirkung der Faser mit dem Beton eine sehr komplexe Angelegenheit. Dabei wird vorausgesetzt, dass der Beton als homogener Körper in alle Raumrichtungen gleiche Eigenschaften hat, was üblicherweise auch bei den meisten Anwendungen der Fall ist. Auf die möglichen Sondereigenschaften des Betons soll und wird hier nicht eingegangen.

Abbildung 6.27: Betonbruchstelle mit räumlich verteilten Fasern

Für den Verbund der Faser im Beton können die einzelnen möglichen Einflüsse aufgeteilt werden, die den Kraft- bzw. Spannungsverlauf innerhalb des Bauteils beeinflussen:

- Materialkennwerte der Faser
- Geometrische Größen der Faser
- Geometrische Form der Faser
- Dosierung der Fasern im Beton
- Räumliche Verteilung der Fasern im Beton
- Einfluss der Faserform auf die Kraftübertragung

All diese Punkte werden nun anschließend einzeln bearbeitet und im Anschluss dann für die Wirkung des Verbundes wieder zusammengesetzt.

6.5.1 Materialkennwerte der Fasern

Die am Markt angebotenen und verwendeten Fasern bestehen aus den unterschiedlichsten Materialien. Bei der Wahl der Materialien ist in erster Linie die chemische Verträglichkeit des Fasermaterials mit dem Beton bzw. Mörtel gefordert.

Einen sehr großen Einfluss hat dabei die Steifigkeit des Materials, die sich in ihrem E-Modul ausdrückt. Bei Fasern, deren E-Modul höher als Beton ist (Stahl und Glas), wird sich die Kraftübertragung der Scherkräfte immer im Beton abspielen und daher ist für diese Fasern die Betrachtung der Scherwerte des Betons ausreichend.

Bei weicheren Fasern wie Kunststoff- oder Naturfasern ist der E-Modul der Faser bei der Kraftübertragung von entscheidender Bedeutung. Geht man vereinfacht davon aus, dass sich die eintragbare Schubspannung entsprechend dem Verhältnis der E-Module verändert, so kann die jeweilige Verbundspannung für die Faser errechnet werden und in die Bemessung der Faserspannung übertragen werden.

Dabei nimmt der Spritzbeton eine besondere Rolle ein. Bei ihm wird die Belastung schon nach sehr kurzer Zeit aufgenommen und die volle Tragfähigkeit ist meist schon nach 3 bis 5 Tagen gegeben. Dies bedeutet, dass sich der E-Modul der entsprechenden Festigkeitsklasse noch nicht entwickelt hat und nur ca. den halben Normwert erreicht. Damit übernimmt die Faser einen höheren Zugwert, da sie auch entsprechend mehr gedehnt wird. Dies ist ganz besonders bei weichem Fasermaterial spürbar.

Fasermaterial	E-Modul [kN/cm²]
Stahl	21.000
Glas	7.000
Kunststoff PP	400 - 700
Naturfaser	200 - 500

Abbildung 6.28: E-Module verschiedener Fasermaterialien

6.5.2 Geometrie der Fasern

Die unterschiedlichsten Materialien sind die Ursache, warum es so viele Variationen der Fasern gibt.

Material	Länge von [mm]	Länge bis [mm]	Durchmesser von [mm]	Durchmesser bis [mm]
Stahl	30	60	0,4	1
Glas	8	20	0,05	0,2
Kunststoff PP	8	60	0,02	1,2
Naturfaser	30	70	0,5	1,5

Abbildung 6.29: Geometrie der Fasern

Jede Faser wird vom Hersteller in ihrer Länge und dem Durchmesser bzw. äquivalenten Durchmesser angegeben. Damit ist es möglich, die Mantelfläche und auch das Volumen einer Faser zu errechnen.

$$M_f = d_f * \pi * l \tag{6.9}$$

$$V_f = d_f^2 * \pi / 4 * l \tag{6.10}$$

Mit der zusätzlichen Angabe der Dichte des Fasermaterials kann das Gewicht der einzelnen Faser errechnet werden.

$$G_f = V_f * \gamma_f \tag{6.11}$$

Das Fasergewicht wird bei der Berechnung der Dosierung der Fasern benötigt.

6.5.3 Geometriefaktor

Da die Faser über die Schubspannung ihre Kraft erhält, ist die Oberfläche ein entscheidender Wert zur Bestimmung der Faserkraft. Ist die Faser gerade, so kann die Oberfläche eines geraden Stabes verwendet werden und die obige Formel der Oberfläche ist korrekt.

Ist die Faser jedoch gewellt oder an den Enden verformt, so muss die Mantelfläche ermittelt werden, die die gewellte oder verformte Faser im Beton an der Fläche der Schubübertragung hat.

Faser	Form	Geometriefaktor
	gerade	1
	endgebogen	1,2
	endgequetscht	1,5
	endgestaucht	2
	gewellt	2,5

Abbildung 6.30: Einfluss der Faserart auf den Geometriefaktor

Der Geometriefaktor ergibt sich aus dem Verhältnis der jeweiligen Mantelfläche, an der die Schubspannung wirkt, zur Mantelfläche einer geraden runden Faser.

6.5.4 Dosierung

Die Dosierung einer Faser wird normalerweise in kg/m^3 Beton angegeben. Mit Hilfe der geometrischen Angaben wie Durchmesser und Länge einer Faser lässt sich das Volumen ermitteln. Mit Hilfe der Wichte des Fasermaterials lässt sich das Eigengewicht einer Faser errechnen. Es ist nun möglich, die Anzahl der Fasern in einem Kubikmeter Beton mit Hilfe des Dosierungswertes zu ermitteln.

Ausgehend von diesem Wert muss man nun für die Berechnung einer Bemessung die Anzahl der Fasern je cm^3 und auch die Faserdichte je cm^2 angeben.

Dividiert man nun diese Faseranzahl von einem m^3 Beton durch 1 Million, so erhält man die Faseranzahl je cm^3. Da jedoch die Faser länger ist als 1 cm, ragt sie über diesen hinaus. Somit können, wie in der graphischen Darstellung gezeigt, je nach Länge mehrere Fasern in der Raumeinheit cm^3 sein. Die Anzahl ist dann die Faseranzahl mal der Länge in cm.

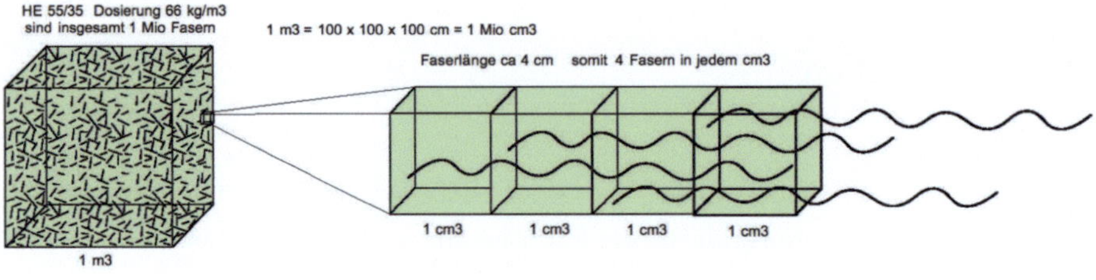

Abbildung 6.31: Erklärung der Faserdichte

$$d_f = (D_f/G_f)/1.000.000 * l[Fasern/cm^3] \tag{6.12}$$

Wären nun alle Fasern in einer Richtung ausgerichtet, ergibt sich die Faserdichte d_f auf die Einheitsfläche cm^2. über die Oberfläche der Fasern im Einheitswürfel des Betons, lässt sich die theoretische Faserspannung errechnen:

$$f_f = \tau_o/2 * M_f * d_f \tag{6.13}$$

Dabei wurde entsprechend der Versuche von Pfyl [55] die halbe Schubspannung τ_o (Verbundspannung) des Betons eingesetzt. Ausgehend von dieser Faserspannung müssen nun die anderen Einflüsse auch noch gebührend berücksichtigt werden.

6.5.5 Räumliche Verteilung der Fasern im Beton

Jede Faser hat offensichtlich eine andere Richtung im Beton. Es muss zuerst geklärt werden, wie die Fasern im Beton räumlich verteilt und lagemäßig ausgerichtet sind.

Die einzelnen Fasern sind offensichtlich beliebig räumlich angeordnet so dass es nicht sinnvoll erscheint die einzelnen Fasern einzulesen, sondern man sollte das Problem aus theoretischer Sicht einer Lösung zuführen und dann sich über eine mögliche Fehlverteilung Gedanken machen. Nachfolgend wird dieser Weg beschritten, wobei zahlreiche in der Praxis angewendete Beispiele diese Art der Verteilungsbetrachtung durchaus unterstützen.

Abbildung 6.32: Betonbruchstelle mit räumlich verteilten Fasern

Geht man von einer gleichmäßigen Verteilung der Fasern im gesamten Raum aus, so läßt sich der räumliche Einfluss gegenüber der Kraftrichtung gut nachvollziehen. Unter der Annahme, dass jede Faser einen anderen Raumwinkel gegenüber der Kraftrichtung einnimmt, kann die Wirkung jeder einzelnen Faser in Kraftrichtung angegeben werden.

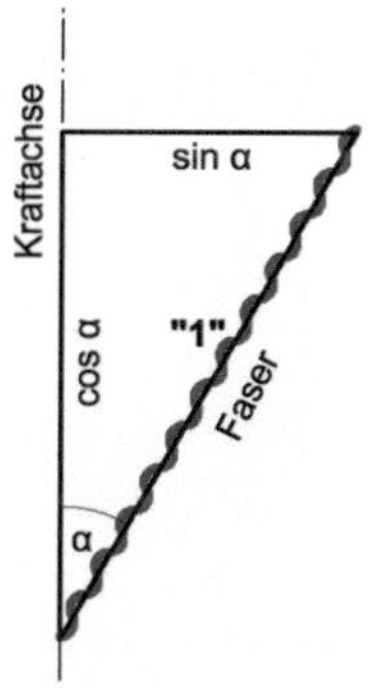

Abbildung 6.33: Krafteck für jede beliebig im Raum verteilte Faser

Wird die Längskraft in der Faser als Kraft 1 angesetzt, so ist die in Kraftachse wirkende Kraftanteil $1 * cos\alpha$.

Die im Beton liegenden Fasern müssen in Relation zur jeweiligen Kraftrichtung gesehen werden. Sieht man sich die Lage der Fasern in Bezug zur Kraftrichtung an, so sind diese im Raum verteilt. Mit dieser Betrachtung kommt man in ersten Moment nicht weiter, ausser man beschäftigt sich mit der Wirkung der Faser bei der Kraftübertragung. Die Fasern haben nur eine Wirkung entlang ihrer Achse.

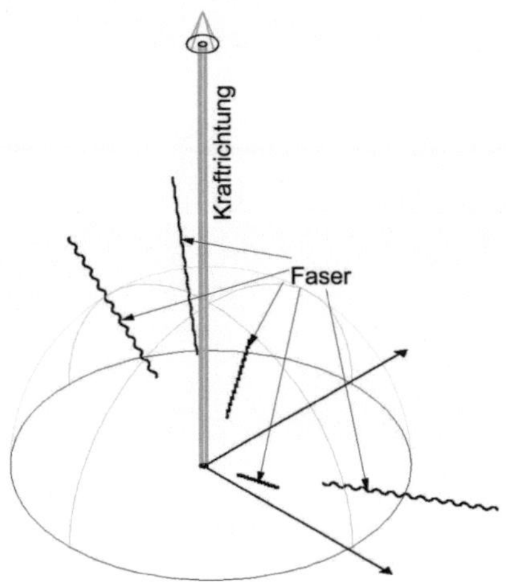

Abbildung 6.34: Faserverteilung verschoben gegenüber der Kraftrichtung

Sieht man sich eine beliebige Konfiguration der Fasern gegenüber der Kraftrichtung an, so kann man hier die einzelnen Fasern auch in den Ursprung des relativen Koordinatensystems verschieben, ohne den räumlichen Einfluss dabei zu ändern. Man erhält dann ein Bild, in dem alle Fasern durch den Ursprung gehen und somit der Winkel α zwischen der Kraftrichtung und der jeweiligen Faser messbar ist.

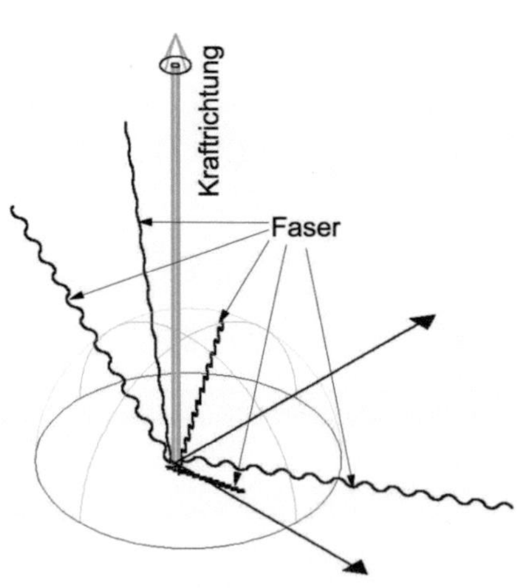

Abbildung 6.35: Faserverteilung gegenüber der Kraftrichtung

Bei einer räumlich regelmäßigen Verteilung der Fasern muss nun jede Faser von der nächsten den selben räumlichen Winkelabstand haben. Dies kann man sicher gut mit einer Halbkugel darstellen, die im gleichen Ursprung wie die Fasern liegt. Der gleichmäßige Winkelabstand der Fasern ergibt auf der Oberfläche der Halbkugel zu jeder Faser eine zugehörige Oberfläche, die immer gleich groß ist. Wenn diese Bedingung eingehalten wird, sind die Fasern regelmäßig im Raum verteilt.

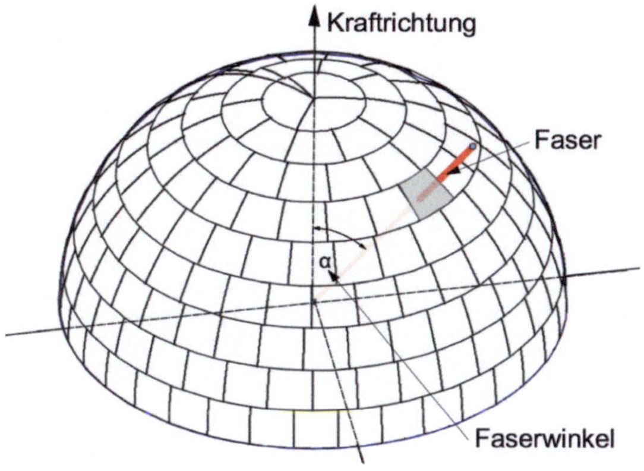

Abbildung 6.36: Faserverteilung auf einer Halbkugel

In der Darstellung ist die für eine Faser zugehörige Oberfläche grau gezeichnet. Die Faser durchdringt diese Fläche im Schwerpunkt. Somit kann man über die Flächenverteilung bei einer Halbkugel die regelmäßige Verteilung der Fasern im Beton simulieren. Für jede dieser Teilflächen ist nun der Winkel α als Abweichung von der Kraftrichtung zu errechnen.

Betrachtet man nun eine Halbkugel und unterteilt diese in Schichten mit jeweils 10° Zentrumswinkel, so erhält man jeweils Scheiben, deren Oberfläche immer die selben Bogenlängen auf der Halbkugel haben.

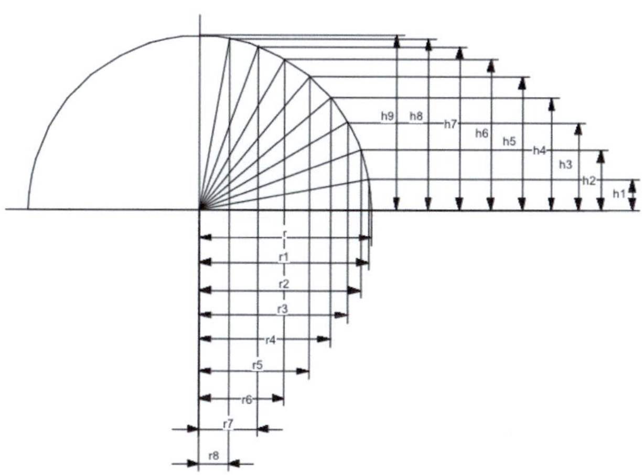

Abbildung 6.37: Schnitt durch Halbkugel mit Schichtaufteilung

Im Schnitt betrachtet kann man nun die gleichen Bogenlängen ermitteln. Im nebenstehenden Beispiel ist die Halbkugen in 10° Scheiben geteilt worden, die jeweils eine Bogenlänge von:

$$b = \pi * r * \beta / 180 \tag{6.14}$$

β .... Zentrumswinkel (hier 10°)

Mit dieser Bogenlänge im Schnitt kann man nun ein Quadrat bilden. In jeder Schicht können nun die Anzahl der gleich großen Quadrate errechnet werden.

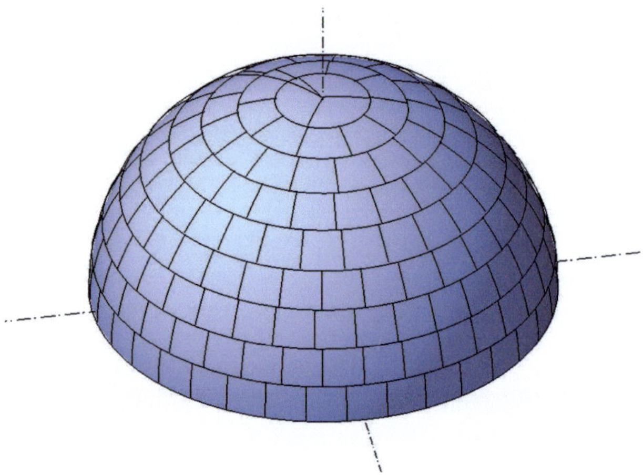

Abbildung 6.38: Halbkugel mit gleichmäßiger Flächenaufteilung

Der Schwerpunkt dieser auf der Halbkugel abgebildeten Quadrate ist dann der Durchstoßpunkt einer Faser. Damit ist der Winkel α der Faser bekannt und auch die Anzahl wie viele Fasern in dieser Schicht sind.

Radius der Halbkugel:		r =	10						
Schichtanzahl:		9		beta =	10	[Grad]	0,1745	[rad]	
Schicht	b	A	β-m	r-m	U	n	α	cos α	Σ cos α
1	1,7453	3,0462	5	9,9619	62,5928	35,86	85,0	0,087	3,13
2	1,7453	3,0462	15	9,6593	60,6909	34,77	75,0	0,259	9,00
3	1,7453	3,0462	25	9,0631	56,9450	32,63	65,0	0,423	13,79
4	1,7453	3,0462	35	8,1915	51,4688	29,49	55,0	0,574	16,91
5	1,7453	3,0462	45	7,0711	44,4288	25,46	45,0	0,707	18,00
6	1,7453	3,0462	55	5,7358	36,0389	20,65	35,0	0,819	16,91
7	1,7453	3,0462	65	4,2262	26,5539	15,21	25,0	0,906	13,79
8	1,7453	3,0462	75	2,5882	16,2621	9,32	15,0	0,966	9,00
9	1,7453	3,0462	85	0,8716	5,4762	3,14	5,0	0,996	3,13
					Summe:	206,53			103,66
	mittlere Faser:		cos α =	0,502		α =	59,9	[Grad]	

Abbildung 6.39: Berechnung des mittleren Faserwinkels

Bildet man nun die Summe durch die Fasern erhaltenen Kosinusse und Teilt diesen Wert durch die Anzahl der Quadrate (Fasern) so erhält man den mittleren Wert des Kosinus des Winkels α

und damit auch den Winkel α selbst. Nach dieser Berechnung kann man von einem mittleren Faserwinkel von $\alpha = 60°$ ausgegangen werden.

Dieser mittlere Faserwinkel von 60° repräsentiert nun die Lage der Faser in Bezug auf die Kraftrichtung. Damit kann der Eifluss der Faser auf den Faserbeton ermittelt werden. Es ist jedoch zusätzlich zu beachten, dass es sich bei der natürlichen Faserverteilung um ein imperfektes System handelt, und somit die Fasern etwas ungeordnet im Raum verteilt sind.

Diese ungleiche Faserverteilung hat je nach Kraftrichtung einen positiven oder auch negativen Einfluss. Für die Bemessung eines Querschnittes ist der negative Einfluss einer ungleichen räumlichen Verteilung der Fasern maßgebend. Die räumliche Auswirkung einer solchen ungleichmäßigen Faserverteilung wird mit der Vergrößerung des Faserwinkels beschrieben. Man kann nun den Fehlwinkel entweder direkt angeben, oder ihn in Prozent abhängig vom mittleren Faserwinkel annehmen.

Fehlfasern in Prozent	0	2	4	6	8	10
res. Faserwinkel a in Grad	60	61,2	62,4	63,6	64,8	66
Faserkraftanteil cos a	0,500	0,482	0,463	0,445	0,426	0,407
Verringerung der Faserwirkung in Prozent	0	3,6	7,3	11,1	14,8	18,7

Abbildung 6.40: Einfluss des Verlustes an Faserkraft durch Fehlfasern

Bei der Auswirkung der ungleichen Faserverteilung von 4% entsteht eine mittlere Faserrichtung von 62,5° Neigung gegen die Kraftrichtung und somit ein Kraftverlust von 7,3% gegenüber einer perfekten räumlichen Faserverteilung.

In Ermangelung von gemessenen Daten wird mit dieser Annahme weitergerechnet. Es bleibt künftigen Messungen vorbehalten, den Wert der Fehlfasern genauer zu ermitteln und dann auch in eine Bemessung einzuführen.

6.5.6 Formwinkel für Kraftübertragung

Wie bereits beschrieben, unterscheiden sich die Fasern nicht nur in der Größe, sondern auch in ihrer Form. Diese Form der jeweiligen Faser hat Auswirkungen auf einerseits die Faserkraft, da die Oberfläche nicht immer den geometrischen Erzeugerangaben entspricht, sondern durch z.B. Wellenform eine wesentlich größere Oberfläche hat, und andererseits infolge der Aufbiegungen oder Volumenveränderungen die Kraftwirkung räumlich wesentlich erweitern kann, Dies gilt es hier zu berücksichtigen.

Für die einzelnen Faserformen können die Kräfte abweichend von der Faserachse unter einem der Form abhängigen Faserwinkel übertragen werden.

Bei der geraden Form ist nur eine achsparallele Kraftübertragung möglich, somit nur Schubkräfte entlang der Faser.

Bei der Faser mit Endhaken (Stahlfaser) ist eine Kraftübertragung bis 10° abweichend von der Faserachse möglich. Die Faser ist zwar nur in einer Ebene gebogen, jedoch der Winkel wird räumlich als Mittel betrachtet.

Bei der endgequetschten Faser (Stahlfaser für Spritzbeton) ist eine Kraftübertragung bis 12° abweichend von der Faserachse möglich. Diese Faser ist auch nur in der Ebene gequetscht, jedoch die Wirkung kann auch als räumlich angesehen werden.

Diese gestauchte Faser (Stahlfaser) hat eine bessere räumliche Wirkung als die gequetschte, daher können hier 15° als Winkel zwischen Kraftübertragung und Faserachse angesetzt werden.

Die gewellte Faser (Stahl- und Kunststofffaser) kann durch die Wellung in einer Ebene einen Winkel von 25° zwischen Kraftübertragung und Faserlängsachse erreichen. Dabei ist die räumliche Situation bereits berücksichtigt.

Faser	Form	Formwinkel
	gerade	0°
	endgebogen	10°
	endgequetscht	12°
	endgestaucht	15°
	gewellt	25°

Abbildung 6.41: Fasern mit Formwinkel

Damit können die Faserwinkel für die verschiedenen Faserformenzusammenfassend angegeben weren, die bei bei einer Bemessung berücksichtigt werden müssen. Dieser Formwinkel der jeweiligen eingesetzten Faser wird zusammen mit dem mittleren Raumwinkel bei der Kraftübertragung berücksichtigt.

6.5.7 Reibungsfaktoren der Fasern

Die einzelnen Fasern haben jeweils einen Verbund mit dem angrenzenden Beton. Je nach Rauhigkeit der Oberfläche der Faser kann der Verbund entsprechend unterschiedlich der Betonscherfähigkeit übernommen werden. Bei den Fasern ist jedoch die Scherkraftübertragung von der Oberflächenbeschaffenheit abhängig. So kann die Scherkraft nur zum Teil übertragen werden. Dies ist mit den entsprechenden Reibungsfaktoren ρ zu berücksichtigen.

Oberfläche	Reibungsfaktor
rauh	1,0
wellig	0,9
glatt	0,8
geölt	0,7

Abbildung 6.42: Reibungsfaktoren je nach Oberflächenbeschaffenheit

Mit diesen Reibungsfaktoren können nun die auf die Faser übertragbaren Kräfte ermittelt werden.

6.5.8 Ermittlung der Faserspannung

Die Berechnung der Faserspannung muss nun von zwei Seiten betrachtet werden:

6.5.8.1 aus der Betondehnung

Der Beton hat eine maximal vorgegebene Zugspannung die er aufnehmen darf. Mit dem der Betongüte entsprechenden E-Modul lässt sich die zugehörige Betondehnung errechnen:

$$\varepsilon_c = max\sigma_{ct}/E_c \tag{6.15}$$

Diese Betondehnung erzeugt auch dieselbe Faserdehnung ε_f. Aus dieser Faserdehnung kann man nun die maximale Faserspannung σ_f mit dem E-Modul der Faser errechnen.

$$max\sigma_f = \varepsilon_f * E_f \tag{6.16}$$

Diese Faserspannung einer Einzelfaser kann maximal erreicht werden. Dies aber nur wenn die Faser genau in Richtung der aufgebrachten Betonspannung ausgerichtet ist.

6.5.8.2 aus den Faserkennwerten

Die Faserspannung im Gesamtquerschnitt kann nun mit folgendem Zusammenhang errechnet werden:

$$\sigma_{ft} = \tau_o/2 * M_f * d_f * c_f * cos(\alpha - \delta) * \rho * c_e \tag{6.17}$$

dabei sind:

σ_{ft} ... Faserzugspannung im Betonquerschnitt $[kN/cm^2]$

τ_o .... Betonschubspannung (Verbundspannung) $[kN/cm^2]$ Abb. 6.6

M_f ... Mantelfläche einer Einzelfaser $[cm^2]$ Formel 6.9

d_f ... flächenbezogene Dosierung $[Stck/cm^2]$ Abb. 6.31

c_f ... Geometriefaktor der Faser $[-]$ Abb. 6.30

α .... Raumwinkel für die Raumverteilung der Fasern $[°]$ Abb. 6.36

δ .... Formwinkel der Faser $[°]$ Abb. 6.41

ρ .... Reibungsfaktor der Faseroberfläche Abb. 6.42

c_e ... Faktor der Steiffigkeiten E_f/E_c

Diese Faserzugspannung kann nun zu der Betonzugspannung dazugezählt werden und man erhält die Zugspannung für den Faserbeton.

$$\sigma_{fct} = \sigma_{ft} + \sigma_{fc} \tag{6.18}$$

Nachdem nun die Zugspannung des Faserbetons ermittelt wurde, ist es notwendig auch die Druckspannung des Faserbetons zu ermitteln. Da sich die Zugspannung des Gesamtkörpers infolge der Faserzugabe erhöht, wirkt sich dies auch auf die Druckspannung aus. Dies kann aus dem Mohr'schen Spannungskreis erkannt werden.

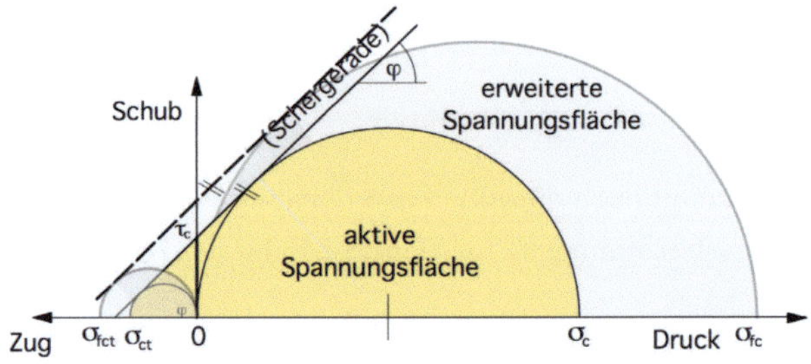

Abbildung 6.43: Mohr'scher Spannungkreis

Wenn nun die Zugspannung sich vergrößert, verschiebt sich die Schergerade parallel und es entsteht dadurch eine neue Druckspannung. Diese errechnet sich zu:

$$\sigma_{fc} = \sigma_{fct} * \sigma_c/\sigma_{ct} \tag{6.19}$$

Nun kann man mit der maximal zulässigen Zug- Und Druckspannung einen homogenen Baustoff, wie es der Faserbeton ist, bemessen.

6.6 Versuche zur Materialprüfung

Wie bei allen Baustoffen ist eine stete Kontrolle der mechanischen Kennwerte erforderlich. Besonders bei zusammengesetzten Baustoffen, wie es auch der Beton als Ausgangsmaterial ist, muss beim Faserbeton die Auswirkung durch die Zugabe von Fasern überprüft werden.

Es obliegt nun der Normung in einzelnen Ländern, die Regelmäßigkeit der Untersuchungen vorzugeben, um eine gleichbleibende Qualität abzusichern.

6.6.1 Versuchsanordnung

Zur Untersuchung der Materialkennwerte von Faserbeton sind mehrere Möglichkeiten gegeben. In diesem Buch werden drei versuchstechnische Möglichkeiten aufgezeigt, die sich in der Geometrie der Versuchskörper und der unterschiedlichen Belastungseinrichtung unterscheiden. Zuerst wird die einfachste Versuchsanordnung beschrieben, die geometrisch und auch versuchstechnisch möglich ist. Anschließend die daraus verbesserte Lösung, die von der Fa. ArcelorMittal gewählt wurde. Danach wird die Möglichkeit, wie sie in den diversen deutschen und auch Österreichischen Richtlinien für den Faserbeton auch vorgegeben ist, aufgezeigt.

Die einfacheren geometrischen Versuchsanordnungen bieten gegenüber der Standardanordnung den Vorteil, dass sich der während des Versuchs entstehende Riss immer an der möglichst gleichen Stelle einstellt und somit besser dokumentiert werden kann.

6.6.1.1 Einfacher Biegebalken

Die erste Möglichkeit, versuchstechnisch die Materialkennwerte zu ermitteln, ist der einfache Biegebalken. Hier wird beim Balken mit den Abmessungen 150/150/600 mm die Belastung über eine Belastungsstelle vorgenommen. Bei den Abmessungen wird sich an den Vorschlag der Untersuchungen für den Faserbeton der Richtlinien für Faserbeton von Deutschland und Österreich gehalten. Die generelle Größenordnung der Prüfkörper ist einerseits von den Zuschlägen des Betons und andererseits von der Länge der Stahlfasern abhängig. Die hier gewählten Dimensionen sind für Größtkorn von 22 mm und mit einer Faserlänge von 60 mm als ausreichend zu betrachten.

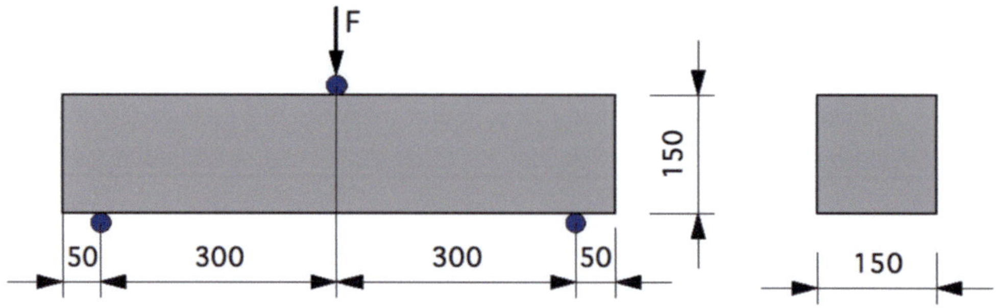

Abbildung 6.44: Einfacher Biegebalken für die Versuchsdurchführung

Bei dieser Konfiguration ist die Belastungseinrichtung einfach und damit weniger fehleranfällig. Der entstehende Riss ist im Bereich der Balkenmitte und somit nicht mehr frei, sondern durch die Belastungsanordnung einigermaßen fixiert.

Mit dieser einfachen Konfiguration ist der Riss nun grob fixiert, und es ergibt sich damit die Möglichkeit, den Riss in seiner Entstehung während des Versuches genau zu verfolgen und auch zu dokumentieren. Es werden die künftigen dokumentierten Versuche über die Rissentstehung und dessen Ausbreitung im Detail Auskunft geben können, wie auch die Situation des Versagens des Biegebalkens genauer nachzuvollziehen ist.

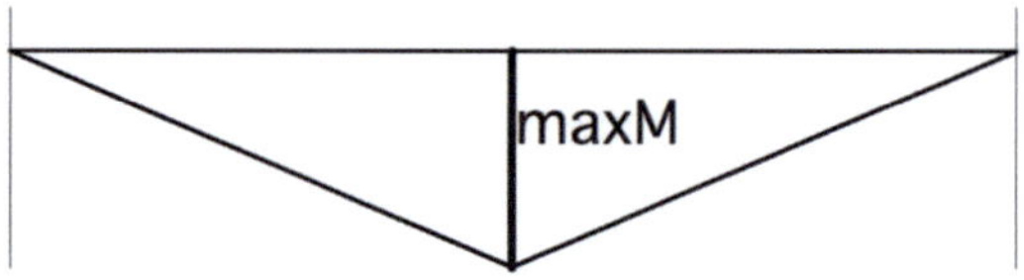

Abbildung 6.45: Momentenlinie infolge einfacher Belastung

Die Momentenlinie zeigt das maximale Moment in Balkenmitte. Dieses errechnet sich bei diesem Balken zu:

$$maxM = 300F/2 \text{ [Nmm]}$$

Der entstehende Riss sollte eigentlich bei kleineren Lasten wie beim Standardbalken entstehen, da das Moment durch den größeren Randabstand beeinflusst wird.

6.6.1.2 Einfacher Biegebalken mit Kerbe

Auf Vorschlag der Fa. ArcelorMittal wurde der einfache Biegebalken etwas variiert, indem man eine Kerbe in den Balken schneidet, damit der Riss exakt an dieser Kerbe beginnen muss. Die geometrische Größe wurde auch etwas verändert, der Balken wurde 300 mm breit ausgeführt. Grund für diese Veränderung war, dass bei der Herstellung der Probekörper die Stahlfasern sich meist am Boden ausgerichtet hatten und dadurch nicht mehr die räumliche Verteilung der Stahlfasern gegeben erschien.

Es war der Wunsch, diese Randeinflüsse unbedingt bei der Ermittlung von Materialkennwerten ausschließen zu können. Die Tiefe der Kerbe mit 30 mm wurde so gewählt, dass die räumliche Verteilung der Fasern unbedingt gegeben war. Auch die Breite der Prüfkörper wurde auf 300 mm vergrößert, um damit auch seitliche Einflüsse der Randabschalung zu unterbinden.

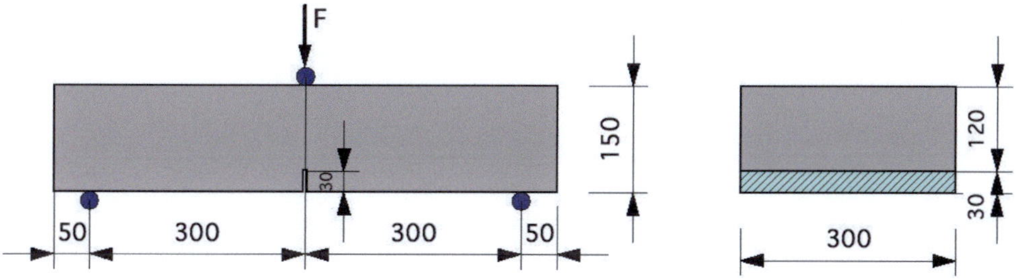

Abbildung 6.46: Einfacher Biegebalken mit Kerbe für die Versuchsdurchführung

Somit sind die Randeinflüsse bei der Stahlfaseranordnung noch geringer, und der Balken zeigt schon einen Übergang zur Platte. Mit dieser verbesserten Konfiguration wird der Riss nun exakt fixiert, und es ergibt sich damit die Möglichkeit, den Riss in seiner Entstehung während des Versuches sehr genau zu verfolgen, zu messen und auch zu dokumentieren. Es werden die künftigen dokumentierten Versuche über die Rissentstehung und dessen Ausbreitung im Detail Auskunft geben können, wie auch die Situation des Versagens des Biegebalkens genauer nachzuvollziehen ist.

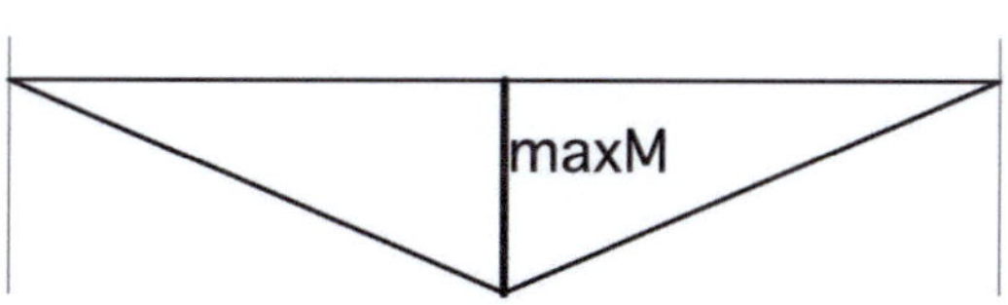

Abbildung 6.47: Momentenlinie infolge einfacher Belastung

Die Momentenlinie gleicht der beim einfachen Balken, es muss nur bei der Berechnung der Randspannungen die um die unten angebrachte Kerbe verminderte Balkenhöhe berücksichtigt werden.

In den nachfolgend gezeigten beiden Bildern ist die Rissentwicklung bei einem Biegeversuch sehr genau zu erkennen. Der Riss geht von der unten liegenden Kerbe zum darüber liegenden Belastungsbalken und kann nun auch genauer untersucht werden. Es lässt sich die Rissentwicklung im Laufe der Belastung mit einer geeigneten Messeinrichtung sehr gut nachvollziehen.

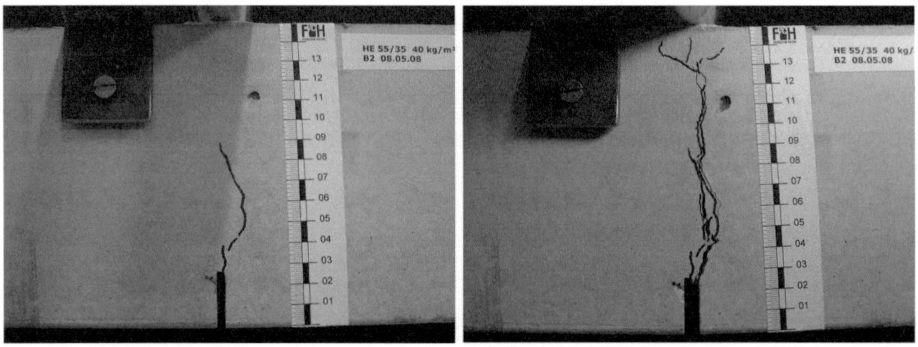

Abbildung 6.48: Biegebalken Rissentwicklung (Bild: FH Aachen)

Damit ist bewiesen, dass es sich hier bei Stahlfaserbeton nicht um einen Sprödbruch handelt, sondern der Einfluss der Stahlfasern verändert entscheidend das Verhalten des Verbundbaustoffes Stahlfaserbeton.

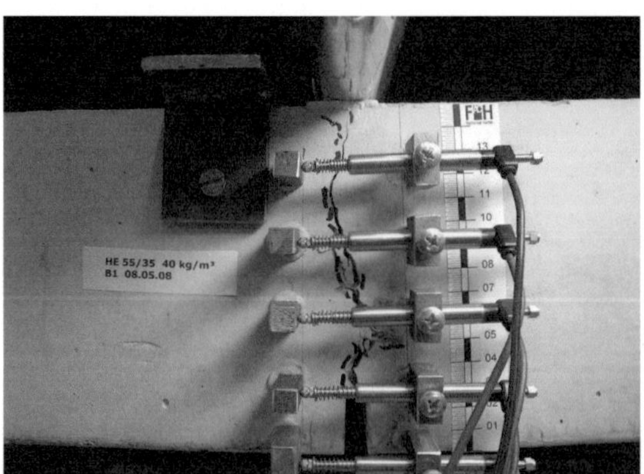

Abbildung 6.49: Biegebalken Rissmessung (Bild: FH Aachen)

Dies zeigt einen entscheidenden Unterschied zu Beton wie auch Stahlbeton im Materialverhalten, der sich besonders in der praktischen Anwendung als vorteilhaft erweist. Dieser Unterschied kommt beim Versagen des Baustoffes Faserbeton zum Tragen. Es gibt hier nicht den befürchteten Sprödbruch, sondern es entwickelt sich erst ein Riss, der sich dann entsprechend der weiteren Belastung fortsetzt. Die Fortsetzung des Risses hängt dann wesentlich von den Fasereigenschaften und der Dosierung der Fasern im Beton ab. Im Grunde kann man hier von einer Nachrisstragfähigkeit sprechen, bei der der Bauteil nach dem Auftreten des Risses langsam seine Tragfähigkeit verliert, wobei dies über die Dosierung auch noch steuerbar ist.

Mit dieser Versuchsart lässt sich somit auch die Deformation entlang des Risses genauer verfolgen. Mit der gezeigten Anordnung der Messgeber lassen sich über den gesamten Versuchsverlauf die Deformationen in den einzelnen Trägerhöhen eigens betrachten und auch auswerten.

Dies gibt eine zusätzliche Information über den Zustand 1–2 und seinen Rissverlauf. Es kann somit die Rissentwicklung mit der Krafteinwirkung und somit dem Momentenverlauf exakt nachvollzogen werden.

Nachfolgend abgebildet sind die beiden aufgeklappten Rissflächen des Stahlfaserbetonbalkens nach dem Biegeversuch.

Abbildung 6.50: Biegebalken Rissflächen (Bild: FH Aachen)

6.6.1.3 Standardbiegebalken

Zur Durchführung der Untersuchungen wird von einem Standardbiegebalken ausgegangen, wie er von der Richtlinie Faserbeton vorgegeben wird, der in nachfolgendem Bild gezeigt ist. Diese Versuchseinrichtung wird von den meisten deutschen und österreichischen Richtlinien empfohlen, ist aber von Seiten der Ermittlung der Materialkennwerte nicht zwingend gegeben.

Abbildung 6.51: Biegebalken für die Versuchsdurchführung (Bild: Fa. KrampeHarex Fibrin GmbH)

Bei dem Biegebalken im Bild sieht man die Rissbildung an einer Seite der doppelten Belastung. Dies ist die maßgebende Stelle, die sich frei einstellt. Es kann sich also bei diesem Versuch der Riss vollkommen frei zwischen den beiden Belastungspunkten einstellen, da die örtliche Beanspruchung zwischen den beiden Belastungspunkten gleich ist.

Die vermaßte zeichnerische Darstellung des Versuches wird in der nächsten Abbildung aufgezeigt.

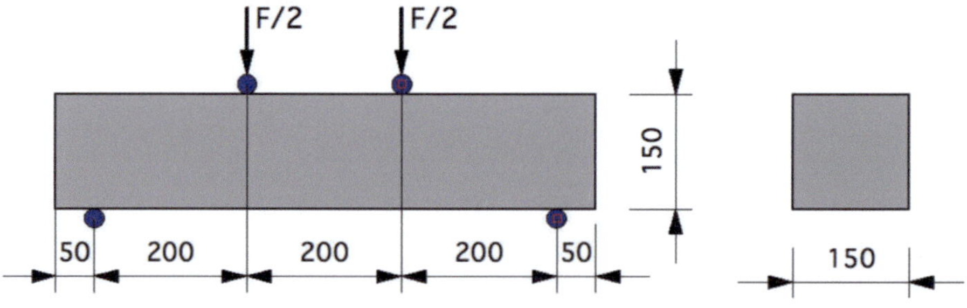

Abbildung 6.52: Biegebalken für die Versuchsdurchführung

Durch die Belastung des Balkens an zwei Stellen wird erreicht, dass das größte im Balken entstehende Moment über ein Drittel der Länge des Balkens wirkt und somit die räumliche Faserverteilung durchaus zum Tragen kommen muss. Es wird sich demnach an der schwächsten Stelle von Seiten der Materialbeschaffenheit der Riss frei zwischen den beiden Belastungen einstellen.

In der nachfolgenden Abbildung wird die Momentenlinie gezeigt, die mit der Belastung entsteht. Das maximale Moment reicht über den mittleren Bereich des Biegebalkens und erreicht den folgenden Wert:

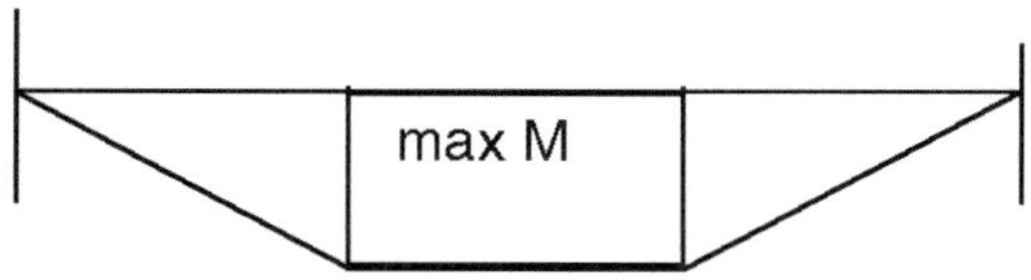

Abbildung 6.53: Momentenlinie infolge Belastung

$$maxM = 200F/2 \text{ [Nmm]}$$

Die einzelnen Versuche sollten weggesteuert durchgeführt werden, damit eine genaue Aufzeichnung der Last und der Verformung des Biegebalkens möglich ist. Als Deformationsweg sollte dabei die gemittelte Deformation der Lastpunkte gegenüber den Auflagern gemessen werden. Dies ist üblicherweise der Weg des Belastungskolbens gegenüber den Auflagern.

Gerade in den letzten Laststufen ist es notwendig, die Risstiefe im Faserbeton zu beobachten. So sollte diese auch protokolliert werden. Wünschenswert wäre dabei, zu wissen, bei welcher Last die Risstiefe von 50 bis 90 Prozent der Balkenhöhe erreicht wird, wobei die Daten in Schritten von 10 Prozent angegeben werden sollten. Es wird dafür vorgeschlagen, diese Balkenhöhen mit Bleistiftstrichen vor dem Versuch zu markieren.

6.6.2 Versuchsablauf

Es wäre wünschenswert, wenn eine Versuchsserie an einem Tag und von einer Versuchsmannschaft durchgeführt wird. Dies deshalb, um eine Reproduzierbarkeit zu erreichen.

Bei der Betonwahl sollte für eine Serie immer die gleiche Betonsorte mit angegebenen Größtkorn verwendet werden. Dabei werden Fertigmischungen empfohlen, denn dann sind die einzelnen Mischungsverhältnisse der Körnungen immer konstant. Es ergeben sich dann daraus keine oder nur untergeordnete Messdifferenzen. Der Trockenmischung ist Wasser zuzugeben, bis ein W/B-Wert von 0,5 erreicht ist. Dabei sollte möglichst ein Ausbreitmaß von 450 mm erreicht werden, um so eine gute Verarbeitbarkeit zu erreichen.

Für die Herstellung der Versuchskörper sind folgende Volumina zu erreichen:

ein Versuchskörper = 15,75 dm^3 bzw. 16 Liter entspricht ca. 38 kg

eine Versuchsreihe = 3 Versuchskörper = 47,25 dm^3 bzw. 48 Liter entspr. ca. 114 kg

eine Versuchsserie = 3 Versuchsreihen = 142 dm^3 bzw. 142 Liter entspricht ca. 342 kg

Die Aufteilung der Fasern sollte bei den einzelnen Versuchsreihen genau angegeben werden.

Der Beton ist mit den beigemengten Fasern in einem Zug in die jeweilige Schalung einzubringen und am Rütteltisch so lange zu rütteln, bis keine Verdichtung mehr stattfindet. Danach ist der frisch betonierte Balken mit feuchtem Tuch abzudecken und vor Sonneneinstrahlung zu schützen. Nach 24 Stunden ist auszuschalen und der Balken in ein Wasserbad zu legen, wo er 48 Stunden verbleibt, bevor er an frischer Luft ohne Sonneneinstrahlung, bei Temperaturen von 5 bis

25°C, die restlichen 25 Tage Zeit zum Aushärten hat. Erst dann werden die Belastungsversuche durchgeführt.

Bei der Herstellung der Balken werden jeweils folgende Daten gesammelt:

geometrische Daten (Länge, Breite, Höhe)
Betonangaben (Sieblinie, Herkunft des Zuschlages, Zementgehalt, Zementart)
Betontrockengewicht
Wasserzugabe
Faserzugabe (Dosierung)
Gewicht des Frischbetons mit Schalung
Gewicht nach 7 Tagen mit Schalung
Gewicht des Balkens nach 7 Tagen ohne Schalung
Gewicht des Balkens nach 28 Tagen ohne Schalung

Nach der Aushärtungszeit von 28 Tagen werden die einzelnen Versuchskörper im Biegeversuch belastet. Es wird die Verformung in kleinen Schritten erhöht und die jeweilige zugehörige Last gemessen. Dies wird den gesamten Versuch über durchgeführt, bis die jeweilige Probe mindestens 90 Prozent der Höhe eingerissen ist. Im entsprechenden Protokoll werden die Verformung, die Last und die aufgetretene Risstiefe aufgenommen.

Bei der ersten Versuchsreihe (ohne Stahlfaser) wird der Versuch nach dem Bruch beendet, denn der Bruch geht durch den gesamten Querschnitt und die Tragfähigkeit ist schlagartig beendet.

In der weiteren Versuchsreihe tritt nach dem ersten Bruch eine Veränderung der Last bei zunehmender Verformung ein, wobei die Risstiefe verformungsabhängig zunimmt. Hier wird so lange der Versuch weitergeführt, bis der bzw. die Risse ca. 90 Prozent der Balkenhöhe erreicht haben. Wesentlich bei der Protokollierung ist die Aufnahme der Risstiefe. Es ist jeweils der tiefste Riss zu verfolgen. Selbst wenn mehrere Risse auftreten, ist der tiefste Riss zu protokollieren, denn hier sind die für den Gesamtquerschnitt maßgeblichen Spannungen vorhanden.

6.6.3 Auswertung der Messdaten

Die einzelnen Versuchsreihen müssen gleichzeitig mit derselben Betonmischung hergestellt und auch durchgeführt werden, um so eine absolute Vergleichbarkeit zu erreichen. Nur damit kann erreicht werden, dass der Einfluss der Stahlfasern aus den Versuchen reproduzierbar ermittelt werden kann.

Es wird also empfohlen, den Beton für die gesamte Versuchsserie anzumachen und in die vorbereiteten Schalungen einzubauen. Dies verlangt zwar eine große Anzahl von Schalungen, es ist aber dadurch gewährleistet, dass wirklich vom gleichen Beton ausgegangen werden kann. Damit sind die Unterschiede in den verschiedenen Versuchsserien dann wirklich nur mehr auf die Dosierung und den Fasertyp zurückzuführen.

7 FB-Bemessung

Mit Hilfe der statischen Berechnung werden die Kräfte und Momente in einem System (Bauwerk oder Bauteil) ermittelt, das in die Natur umgesetzt werden soll. Es ist also die Anforderung der Belastung aus der Statik bekannt, es muss jetzt nur noch der richtige Werkstoff und dessen Dimension gefunden werden, der diesen Anforderungen entspricht. Diese Umsetzung der Kräfte und Momente in Materialien und deren Abmessungen nennt man Bemessung.

Natürlich ist die Bemessung eines Bauteiles entscheidend für seine Tragfähigkeit und auch Lebensdauer. Ausgehend von reinen Erfahrungswerten früherer Baumeister hat sich irgendwann auch die detaillierte Betrachtung einzelner Baustoffe durchgesetzt und man hat mit Versuchen deren Eigenschaften wie Festigkeit und Verformungsverhalten studiert. Es sind damit dann Grundlagen für die Berechnung des Querschnittes bzw. der Bemessung aufgestellt worden, die später auch in Normen der einzelnen Länder fixiert wurden.

7.1 Bemessungsverfahren

Die Bemessung eines Bauteiles ist nicht nur von den auf dieses Bauteil einwirkenden Kräften abhängig, sondern zusätzlich von den zu verwendenden Werkstoffen. So sind hierbei die Werkstoffeigenschaften, wie sie im letzten Kapitel für Faserbeton ermittelt wurden, von großer Bedeutung.

Bei der Bemessung eines Querschnittes eines Bauteiles werden folgende unterschiedliche Systeme miteinander in Beziehung gebracht:

- die statischen Kräfte und Momente
- die Werkstoffeigenschaften
- die notwendige Sicherheit

Abgesehen von der Ermittlung der Kräfte und Momente in einem Querschnitt, die ja in der Statik mit mehr oder weniger großem Aufwand ermittelt werden, sind die Materialkennwerte über Untersuchungen in Labors zu ermitteln. Diese ermittelten Werte unterliegen natürlich einer Streuung, und man muss bei der Festlegung der zu verwendenden Materialwerte diese Streuung berücksichtigen. Dies wird in den diversen Vorschriften zur Ermittlung der Kennwerte in den zuständigen Normen vorgeschrieben.

B. Wietek, *Faserbeton*, https://doi.org/10.1007/978-3-658-44750-2_7

Zusätzlich muss die Sicherheit definiert werden. Diese ist als Faktor zu verstehen, der angibt, um wieviel der betrachtete Wert eigentlich größer sein sollte als der theoretische, um alle Eventualitäten und Zufälle abzudecken. Dieser Faktor ist abhängig von dem vorstellbaren Risiko und der Bereitschaft, dieses Risiko ingenieurmäßig zu bewerten.

Es werden hier die historisch entstandenen Bemessungsverfahren angesprochen, um ein Verständnis für die heutige Art der Bemessung von Faserbeton zu erhalten.

7.1.1 Gebrauchslastverfahren

Das älteste und am längsten gebräuchliche Verfahren ist der **Vergleich der Spannungen**. Es werden die Lasten zusammengerechnet (Gebrauchslast) und im jeweiligen Bauteil die dadurch entstehenden Spannungen ermittelt. Diese werden dann den zulässigen Spannungen der jeweiligen Baustoffe gegenübergestellt.

$$_{vorh}\sigma \leq_{zul} \sigma \tag{7.1}$$

Die zulässige Spannung der einzelnen Baustoffe wurde jeweils mit einem Sicherheitsfaktor gegenüber dem Bruchzustand abgesichert.

$$_{zul}\sigma = \frac{\sigma_{Bruch}}{\eta} \tag{7.2}$$

Die Sicherheit wird als Wert nur dem Baustoff zugeordnet. Somit sind alle Risiken mit dem einen Sicherheitsfaktor abgegolten.

Dieser Sicherheitsfaktor η war für jeden Baustoff eigens definiert.

Baustoff	**Sicherheit η**
Beton	2,50
Stahl	1,70
Holz	2,00

Tabelle 7.1: Sicherheiten beim Gebrauchslastverfahren

Somit ist bzw. war eine Bemessung relativ einfach durchzuführen. Dies hatte jedoch den Nachteil, dass über eine detaillierte Sicherheit eigentlich keine zufriedenstellende Aussage gemacht werden konnte.

In einigen Bereichen des Bauwesens wird noch immer mit diesem Gebrauchslastverfahren gerechnet, allerdings nur dort, wo nur ein einziger Baustoff zur Anwendung kommt. Bei Verbundbaustoffen wurde von dieser Bemessungsart abgegangen.

7.1.2 Traglastverfahren

Da Beton bei Biegung im Druckbereich ein nichtlineares Verformungsverhalten aufweist, wurde ab 1953 ein neues Bemessungsverfahren eingeführt, das diesen speziellen Spannungsverlauf bei Beton berücksichtigt. Dabei werden den einzelnen Baustoffen Grenzdeformationen zugewiesen, die nicht überschritten werden dürfen. Beim Erreichen dieser Grenzdeformationen im Beton und Stahl wird im Querschnitt die sogenannte **Traglast** erreicht.

Als Grenzdeformationen der einzelnen Baustoffe wurde dabei definiert:

Betonstauchung	$\varepsilon_b = 0,002$ oder 2 Promill
Stahldehnung	$\varepsilon_s = 0,004$ oder 4 Promill

Die Spannungs-Dehnungslinie im Druckbereich des Betons wurde als Parabel definiert, und somit kann man bei einem Querschnitt eine **Traglast** S^* errechnen. Stellt man nun diese Traglast den aus der statischen Berechnung ermittelten Lasten, die **Gebrauchslast S**, gegenüber, so sieht die Bemessungsgleichung wie folgt aus:

$$\nu * S \leq S^* \tag{7.3}$$

Dabei ist ν die Sicherheit des Traglastverfahrens und wird der Belastung zugeordnet.

Dieser Sicherheitsfaktor ν ist für Stahlbeton eigens definiert.

Baustoff	Sicherheit ν
Stahlbeton	1,75

Tabelle 7.2: Sicherheiten beim Traglastverfahren

Diese starre Zuordnung der Sicherheitswerte entweder zum Baustoff oder zur Belastung kann zwar akzeptiert werden, führt aber immer wieder zu Unsicherheiten in der Beurteilung eines Zustandes. Daher wurde in den letzten Jahren immer mehr zum nächsten Verfahren übergegangen, das doch etwas mehr dem ingenieurmäßigen Verständnis der Zuordnung von Sicherheit entspricht.

7.1.3 Bemessung mit Teilsicherheitsfaktoren

Aus der Diskussion der Sicherheit beim Traglastverfahren hat man die Sicherheiten nun den einzelnen Bereichen direkt zugeordnet und kann somit jeweils die Situation besser beurteilen. Sowohl die Lasten als auch die Baustoffe werden mit den entsprechenden Sicherheitswerten belegt. Es ergibt sich somit folgende Bemessungsgleichung:

$$\nu_L * S \leq S^* / \nu_R \tag{7.4}$$

Die entsprechenden Sicherheitsfaktoren für die auf das statische System wirkenden Kräfte sind dabei folgendermaßen eingeführt worden:

Kräfte	**Sicherheit ν_L**
ständige Lasten	1,35
eine veränderliche Last	1,50
mehrere veränderliche Lasten	1,35

Tabelle 7.3: Sicherheiten der Kräfte beim Traglastverfahren

Es sind also bereits bei der Lastaufstellung der statischen Berechnung die unterschiedlichen Sicherheiten zu berücksichtigen, um die Belastung des Querschnittes als ein Gesamtwert zu errechnen. Da die Sicherheiten bereits in den verschiedenen Lastkombinationen mit zu berücksichtigen sind, wird der Einsatz der Sicherheit der Kräfte bereits in der statischen Berechnung berücksichtigt, so dass diese bei der eigentlichen Bemessung eines Querschnittes bereits behandelt sind. Jedenfalls ist in der Statik ausdrücklich anzugeben, ob die Sicherheiten bereits berücksichtigt worden sind oder doch nicht.

Es sind somit nur mehr die Sicherheiten für die unterschiedlichen Baustoffe zu berücksichtigen.

Baustoffe	**Sicherheit ν_R**
Beton	1,50
Stahl	1,15
Vorschlag für Faser	1,35

Tabelle 7.4: Sicherheiten der Baustoffe beim Traglastverfahren

Diese Sicherheiten sind bei Einsatz des entsprechenden Baustoffes einzusetzen. Mangels normmäßiger Festlegung für die Faser wird hier ein eher konservativer Wert vorgeschlagen, der so lange eingesetzt werden sollte, bis sich ein anderer Wert in der Praxis als angebracht zeigt.

Rechnet man sich die Gesamtsicherheit aus, so ergibt diese den im Traglastverfahren angesetzten Wert.

$$\nu = \nu_L * \nu_R \tag{7.5}$$

Somit ist die Gesamtsicherheit gegeben, jedoch ist eine wesentlich größere Transparenz bei den einzelnen Zuständen erreicht.

7.2 Zuverlässigkeitskonzepte

Wie kommt man nun zu den Sicherheitsfaktoren? Sie werden sicherlich nicht zufällig angenommen. Es wird auch hier ein nachvollziehbares System erwartet. Dieses System sind die Zuverlässigkeitskonzepte. Hier werden die Werte für die erforderlichen einzelnen Sicherheiten festgelegt. Es gibt unterschiedliche Methoden, diese Werte zu erhalten. Diese werden in den nächsten Punkten etwas genauer beschrieben.

7.2.1 Deterministisches Zuverlässigkeitsprinzip

Die Sicherheitswerte werden aufgrund von Erfahrung festgelegt. Die Höhe wird frei bestimmt und gibt für die jeweilige Situation die dazugehörigen Sicherheiten. Dieses Prinzip beruht also ausschließlich auf Erfahrungswerten, die natürlich durch besondere Ereignisse immer wieder angeglichen werden.

Gerade bei neuen Baustoffen wird diese Sicherheitsfestlegung auf Grundlage vergleichbarer Baustoffe vorgenommen, um zumindest eine Anfangssicherheit zu haben. Später werden auf Grundlage der Erfahrungen und auch Messungen diese Werte verbessert.

Für Fasern im Baustoff Faserbeton wird hier anfangs eine Sicherheit von $v_R = 1{,}35$ vorgeschlagen. Diese liegt etwas höher als die vergleichbare Stahlsicherheit von 1,15. Nach einer Einführungszeit von 3 bis 5 Jahren sollte dieser deterministische Wert nochmals überprüft, bzw. durch einen probabilistischen Wert ersetzt werden.

Dieses System der deterministischen Sicherheitswerte ist schwer nachvollziehbar und wird daher immer weniger eingesetzt bzw. durch die nachfolgenden Prinzipien ersetzt.

7.2.2 Probabilistisches Zuverlässigkeitsprinzip

Hier werden die Werte der Sicherheit mit Hilfe von Wahrscheinlichkeitsverfahren ermittelt. Dies betrifft insbesondere die Sicherheiten der Baustoffe, da die Güte doch einer mehr oder weniger großen Streuung unterliegt. Es werden die Streuung der Messwerte und deren Häufigkeitsverteilung gemessen und daraus die erforderliche Sicherheit abgeleitet.

Für ein Bauwerk muss der größte zu erwartende Belastungsfall immer kleiner als der geringste Widerstand von Seiten der Baustoffe sein. überdies sollte noch ein Abstand zwischen diesen beiden Größen erreicht werden können.

Das Problem dabei ist, dass alle Werte von statistischen Berechnungen (Materialwerte) abgeleitet werden und die zu errechnende Zuverlässigkeit mit Hilfe von Wahrscheinlichkeitsüberlegungen (Lasten) festgelegt wird.

7.2.3 Semiprobabilistisches Zuverlässigkeitsprinzip

Bei diesem Prinzip werden die im Wahrscheinlichkeitsverfahren ermittelten Werte durch in Vorschriften festgelegte **charakteristische Werte** ersetzt. Auch die Teilsicherheitsbeiwerte werden als Fixwerte festgesetzt.

Damit erhält der Bemesser eine durchaus übersichtliche Methode der Berechnung, da alle Sicherheitsbeiwerte nachvollziehbaren Ursprungs sind und auch ein vergleichbares Niveau erreichen.

Es werden dabei zwei Konzepte unterschieden, die jeweils nachzuweisen sind:

7.2.4 Nachweis der Tragsicherheit

Dieser gilt als erbracht, wenn nachfolgende Gleichung eingehalten ist:

$$S_d \leq R_d \tag{7.6}$$

dabei bedeutet:

S_d ... den Bemessungswert der Beanspruchung (Lasten) und
R_d ... den Bemessungswert des Widerstandes (Materialien).

Der Bemessungswert der Beanspruchung ist das Produkt aller Lasteinflüsse multipliziert mit den jeweiligen Teilsicherheitswerten γ_s.

$$S_d = \gamma_s * S_k \tag{7.7}$$

Die Teilsicherheiten für die Beanspruchung können der folgenden Tabelle entnommen werden.

Lasteinwirkung	**ungünstig**	**günstig**
ständig	1,35	
veränderlich nur eine Last	1,50	
veränderlich mehrere Lasten	1,35	
Vorspannung	1,00	1,00

Tabelle 7.5: Teilsicherheiten für Lastbeanspruchung

Auch der Bemessungswert des Widerstandes, der von den Baustoffen ausgeht, ist der Grenzwert des Widerstandes der Materialbelastung dividiert durch die entsprechenden Teilsicherheitsbeiwerte.

$$R_d = \frac{R_k}{\gamma_R}$$

Auch hierfür sind die Teilsicherheiten nachfolgend angegeben:

Teilsicherheit	**Beton** γ_c	**Stahl** γ_y	**Faser** γ_f
Grundkombination	1,50	1,15	1,35
Außergewöhnliche Kombination	1,30	1,00	1,15

Tabelle 7.6: Teilsicherheiten für den Materialwiderstand

In obiger Tabelle sind die Sicherheiten für die Faser als deterministische Werte angegeben. Nach einer Anwendungszeit von 3 bis 5 Jahren sollten diese Werte durch einen Messwert ersetzt werden, so dass eine gleichwertige Sicherheitsbeurteilung vorliegt.

Mit diesen Teilsicherheiten für die Lasten und auch für die Materialien kann nun die Bemessung der einzelnen Querschnitte vorgenommen werden.

7.2.5 Nachweis der Gebrauchstauglichkeit

Beim Nachweis der Gebrauchstauglichkeit wird überprüft, ob die Bauteile (Materialien) tatsächlich die Lasteinwirkungen schadensfrei aufnehmen können. Dies nennt man die Gebrauchstauglichkeit.

Es wird dabei meist die Deformation in Form von Durchbiegung oder auch Rissbreiten nachgerechnet. Hier gibt es in den unterschiedlichen Normen jeweils die maximal zulässigen Werte der Deformationen, die je nach Bauteil und auch Baumaterial unterschiedlich angegeben sind.

7.3 Bemessungstheorie

Mit den unter Abschnitt 6 ermittelten Kennwerten für den Faserbeton wird nun die Bemessung vorgenommen.

Für die eigentliche Bemessung eines Bauteiles stehen generell zwei Möglichkeiten offen. Zum Ersten wird nach der Dosierung, also nach der Materialzusammensetzung des Bauteils gesucht, zum Zweiten wird bei gegebener Materialzusammensetzung nach dem erforderlichen Querschnitt eines Bauteiles gesucht. Beide Verfahren sind in der konstruktiven Bemessungstechnik bekannt. So wird die Materialzusammensetzung im Stahlbetonbau verwendet und die Querschnittssuche im Holz- und Stahlbau.

7.3.1 Bemessung für Materialwahl – Dosierung

7.3.1.1 Biegung

7.3.1.1.1 Zustand 1 (nicht gerissen):

Die Biegebemessung, die für Träger und Platten vorgesehen ist, kann nach dem folgenden Rechengang durchgeführt werden. In Anlehnung an [24] und [23] werden die einzelnen Berechnungsschritte nun mit Unterstützung von graphischen Darstellungen vorgenommen.

Der Faserbeton ist ein Verbundbaustoff bestehend aus Beton und den Fasern. Im Zustand 1, also ungerissen, ist dieser Baustoff als Kontinuum zu betrachten, das nach den Materialeigenschaften eines Festkörpers reagiert.

Beim Zustand 1 sind alle Spannungsverläufe im Querschnitt linear. Dabei sind die Druck- und Zugspannung am Querschnittsrand jeweils gleich groß, nur mit umgekehrter Wirkung. Da die Druckspannung f_{c1} dabei weit unterhalb der maximal zulässigen Druckfestigkeit f_{cfk} liegt, ist ein linearer Spannungsverlauf jedenfalls gegeben.

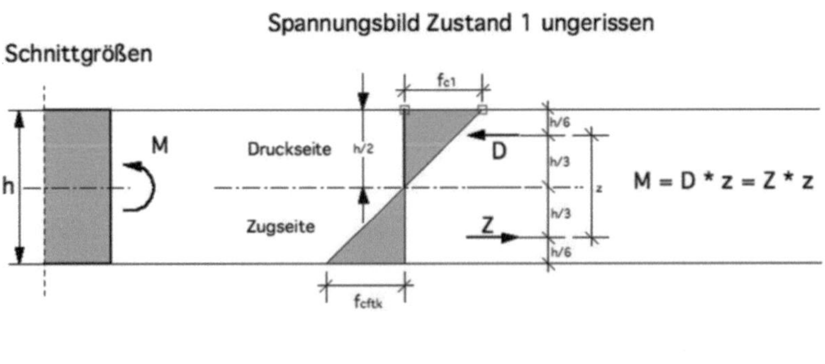

Abbildung 7.1: Zustand 1 Beton ist ungerissen

Die nun folgende Spannungsbetrachtung erfolgt mit den möglichen Grenzspannungen. Dies bedeutet, man betrachtet den Querschnitt unter den maximal möglichen Spannungen. Dies ist im Zustand 1 der Grenzzustand, der kurz vor dem Einreißen des Querschnittes herrscht.

Mit dem Zugspannungsanteil aus dem Faserbeton kann nun die Zugkraft im Querschnitt ermittelt werden:

$$Z = f_{cftk} * h/2 \tag{7.8}$$

Aus Gleichgewichtsgründen muss nun die Druckkraft gleich groß wie die Zugkraft sein und in entgegengesetzter Richtung wirken (aktio = reaktio). Nun kann man mit dem in der vorhergehenden Abbildung gezeigten Zusammenhang das Moment ausrechnen, das bei Zustand 1 maximal auftreten kann, bzw. dieses Moment kann der vorgegebene Querschnitt höchstens im Zustand 1 aufnehmen.

$$M = 2/3 * Z * h \tag{7.9}$$

In den meisten Fällen ist aus der statischen Berechnung der Trägerquerschnitt und das Moment vorgegeben und man wird nun die Fasermenge so lange verändern, bis man einen Überblick über die aufnehmbaren Momente im Zustand 1 erreicht hat.

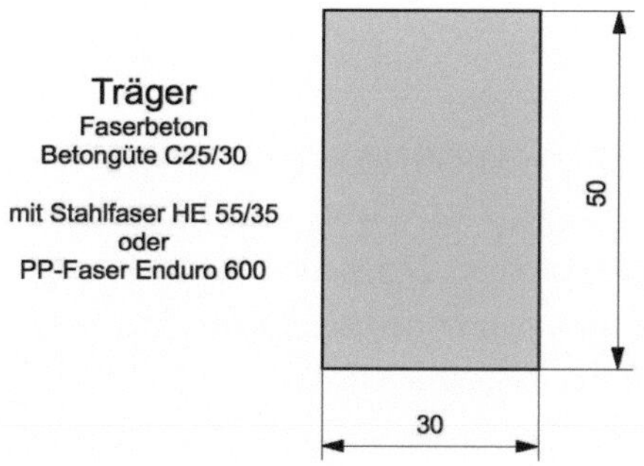

Abbildung 7.2: Rechteckträger mit vorgegebenen Werten

Es wird daher vorgeschlagen, diese Berechnungen mit einer Variation der Dosierung der Fasern durchzuführen. Im vorliegenden Fall wurden sowohl eine Stahlfaser als auch eine Kunststofffaser in die Berechnung aufgenommen um den Unterschied in der Tragfähigkeit der beiden Faserarten auch aufzuzeigen.

Als Stahlfaser wurde eine an den Enden abgebogene Faser (hooked end) der Fa. Arcelor berechnet, da diese Faser einer der am weitest verbreiteten Stahlfasern ist. Als Vergleich dazu wird eine Kunststofffaser der Fa. Propex, die dauergewellte Enduro 600 genommen, da auch diese einer der gebräuchlichsten Kunststofffasern im konstruktiven Ingenieurbau ist.

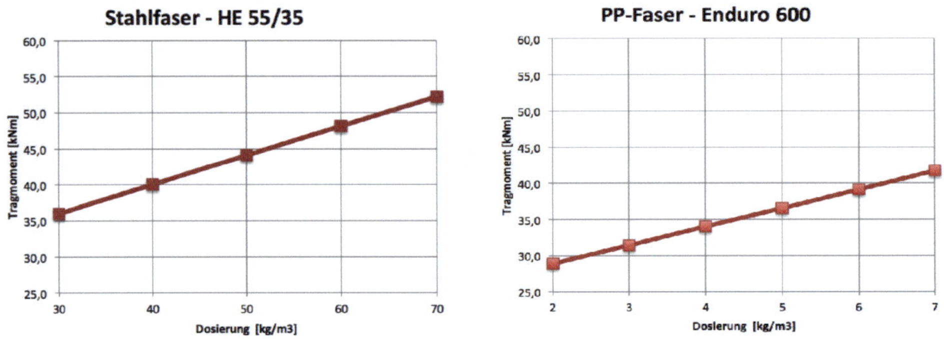

Abbildung 7.3: Tragmomente für Zustand 1 in Abhängigkeit der Dosierung für zwei Faserarten

Einen Eindruck über die aufnehmbaren Tragmomente im Zustand 1 gibt die vorstehende Abbildung. Dabei wurde für den angegebenen Träger aus Faserbeton C25 mit einer Stahlfaser bzw. mit einer Kunststofffaser das Tragmoment im Zustand 1 ermittelt. Die Daten für die verwendeten Fasern wurden aus Rückrechnung von Beispielen aus der Praxis gewonnen. Die Berechnung im Detail wird im nächsten Kapitel genauer gezeigt.

7.3.1.1.2 Zustand 1–2 (teils gerissen):

Wird das ermittelte Tragmoment von Zustand 1 überschritten, reißt der Verbundbaustoff Faserbeton. Dieser Riss geht jedoch nicht plötzlich vor sich, sondern wegen der überall vorhandenen Fasern reißt der Beton langsam von seiner Zugseite her bis über die Bauteilmitte hin auf.

Im Unterschied zum Stahlbeton, wo in der Berechnung der gerissene Zustand 2 als maximal gerissen angenommen wird, muss man beim Faserbeton die einzelnen Teilschritte des fortschreitenden Betonrisses eigens betrachten. Dies führt dazu, dass zuerst ein kleiner Riss angenommen wird, der dann immer größer wird, bis der mögliche Endzustand erreicht ist. Da sich dabei das Kräftesystem der inneren Kräfte ändert, ist es sinnvoll, diese einzelnen Teilschritte besonders zu beachten.

Im Zustand 1–2 werden die Spannungen ebenso wie im Zustand 1 als linear verteilt angenommen. Die Betonspannung f_{c2} kann einen Wert bis zu f_{cfk} annehmen. In einer ersten Betrachtung ist der Riss noch klein, so dass der Beton noch eine dreieckige Spannungsverteilung hat und auch noch Zugspannungen aufnehmen kann. Das Spannungsbild ähnelt dem von Zustand 1, nur dass im Bereich des Risses nur noch die Fasern tragen. Hier übernehmen die Fasern die jeweils volle spezifische Faserspannung $f_{fk,2}[N/mm^2]$, wobei diese wegen der gerissenen Situation nur noch die Hälfte der Faserspannung im ungerissenen Zustand ist.

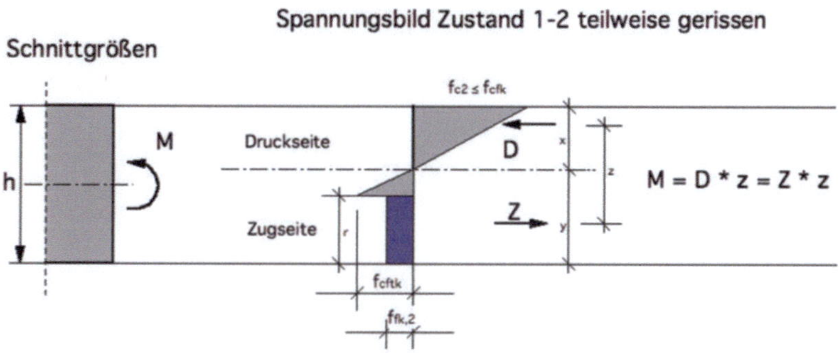

Abbildung 7.4: Zustand 1-2, Beton ist teilweise gerissen

Um hier zu der Zug- bzw. Druckkraft zu kommen, müssen zuerst x,y und f_{c2} errechnet werden. Aus den geometrischen Verhältnissen, wie sie in der Zeichnung angegeben sind, lassen sich folgende Zusammenhänge ableiten:

$$h = x + y \qquad a = y - r \tag{7.10}$$

$$\frac{f_{c2}}{x} = \frac{f_{cftk}}{y - r} \qquad f_{c2} = \frac{f_{cftk} * (h - y)}{y - r} \tag{7.11}$$

Nun können die Druckkraft und die beiden Zugkräfte formelmäßig angeschrieben werden:

$$D = f_{c2} \frac{x}{2} = \frac{f_{cftk} * x * (h - y)}{2 * (y - r)} \tag{7.12}$$

$$Z_c = f_{cftk} \frac{y - r}{2} \qquad Z_f = f_{fk,2}\, r \tag{7.13}$$

$$D = Z_c + Z_f \tag{7.14}$$

Aus diesen Gleichungen lässt sich mittels Umformung nun die Höhe der Zugzone mit folgender Gleichung errechnen:

$$y = (r^2 - h^2 - \frac{2 * f_{fk,2} * r^2}{f_{cftk}}) \ / \ (2r - 2h - \frac{2 * f_{fk,2} * r}{f_{cftk}}) \tag{7.15}$$

In die vorhergehenden Gleichungen eingesetzt, lassen sich D und Z errechnen. Der Hebelsarm des Momentes errechnet sich zu:

$$z = \frac{2x}{3} + \frac{Z_c \frac{2(y-r)}{3} + Z_f(\frac{r}{2} + y - r)}{Z_c + Z_f} \tag{7.16}$$

und damit das aufnehmbare Tragmoment zu:

$$M = D * z \tag{7.17}$$

Man kann nun mit wachsendem Riss die Veränderung des Tragmomentes errechnen. In der folgenden Abbildung wurde der selbe Träger wie für den ungerissenen Zustand verwendet und somit kann man die Entwicklung der Momenttenaufnahme beginnend vom ungerissenen Zustand bis zu einer Rissweite von 90 Prozent der Trägerhöhe erkennen.

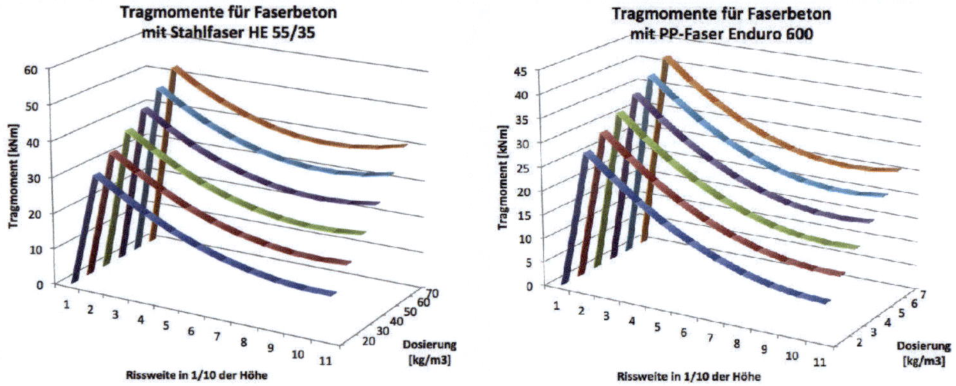

Abbildung 7.5: Tragmomente mit zunehmenden Riss

Wenn der Riss so groß wird, dass die Betonrandspannung f_{c2} größer wird als f_{cfk}, muss diese Berechnung abgebrochen werden und der vollkommene Risszustand im Zustand 2 ermittelt werden.

7.3.1.1.3 Zustand 2 (ganz gerissen):

Im diesem Zustand ist der Querschnitt im gesamten Zugbereich gerissen, nur im Druckbereich übernimmt der Beton noch Kräfte. Im Zugbereich sind nur noch die Fasern an der Kraftübertragung beteiligt.

Die diesbezügliche graphische Darstellung ist in nachfolgender Abbildung aufgezeigt. Dieser Zusammenhang ist der SIA [29] entnommen.

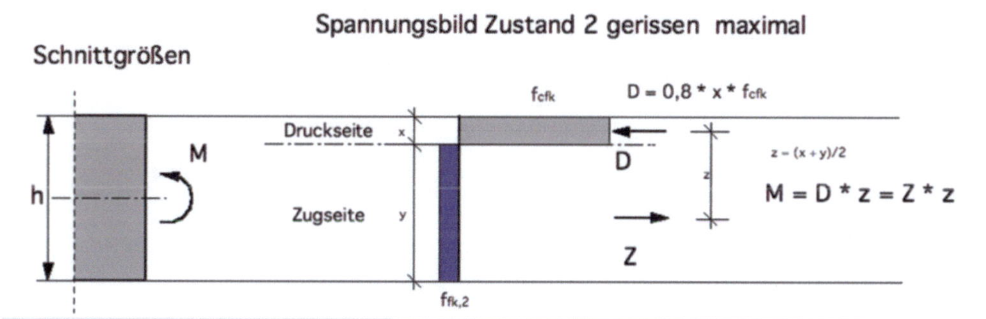

Abbildung 7.6: Zustand 2, Beton ist maximal gerissen

Die Berechnung des Druck- und Zugbereiches errechnet sich zu:

$$D = 0,8 * f_{cfk} * x \tag{7.18}$$

$$Z = f_{fk,2} * y \tag{7.19}$$

und die gerissene Zone zu:

$$y = \frac{h}{1 + \frac{f_{fk,2}}{0,8 f_{cfk}}} \tag{7.20}$$

Und nun das Tragmoment für den maximal eingerissenen Querschnitt zu:

$$M = D * z \tag{7.21}$$

Um die Eigenschaften des Querschnittes bei veränderlicher Dosierung zu erkennen, werden nun die Momente für die verschiedenen Dosierungen durchgerechnet. Es ist normalerweise so, dass der Querschnitt mit Riss weniger trägt als im Zustand 1; dies hängt aber auch wesentlich von der Dosierung ab. So kann man mit der Dosierung der Fasern durchaus soweit nachsteuern, bis das erforderliche Tragmoment erreicht wird.

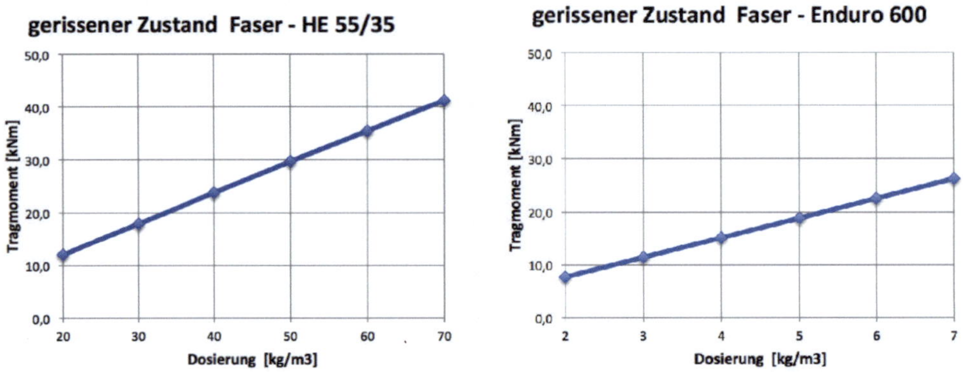

Abbildung 7.7: Tragmomente für Zustand 2 in Abhängigkeit der Dosierung

Einen Eindruck über die aufnehmbaren Tragmomente im Zustand 2 gibt die vorstehende Abbildung. Dabei wurde der gleiche Träger wie bereits für das Beispiel mit ungerissenem Zustand verwendet und das Tragmoment im Zustand 2 ermittelt. Die Daten für die verwendeten Fasern wurden aus der Rückrechnung von Beispielen aus der Praxis gewonnen. Die Berechnung im Detail wird im nächsten Kapitel genauer gezeigt.

7.3.1.2 Biegung mit Längskraft

Als Längskraft wird hier nur die Druckkraft betrachtet. Die Bemessung für die Zugkraft wird derzeit noch nicht angeraten, da der Berechnungsweg noch nicht erarbeitet wurde und der Baustoff Faserbeton für Zugkräfte wenig geeignet erscheint. In diesem Fall wird zu anderen Baustoffen, wie z. B. Stahl oder Stahlbeton geraten.

Die Biegung mit Längskraft wird den unterschiedlichen Berechnungen entsprechend in drei unterschiedliche Teile getrennt. Entsprechend der Ausmitte der Druckkraft unterscheidet man diese, wie bereits auch im Stahlbeton üblich, in:

- kleine Ausmitte: Querschnitt ist ungerissen; linearer Spannungszustand
- mittlere Ausmitte: Querschnitt ist ungerissen, nichtlinearer Spannungszustand
- große Ausmitte: Querschnitt ist gerissen, nichtlinearer Spannungszustand

Die einzelnen Berechnungen werden in den folgenden Unterpunkten genauer angesehen.

7.3.1.2.1 Kleine Ausmitte

Der im Zustand 1 ungerissene Querschnitt zeigt aufgrund seiner niederen Exzentrizität der Drucklast nur lineare Spannungszustände. Es wird hier der Grenzzustand berechnet, wobei kleinere Momente immer zugelassen werden können.

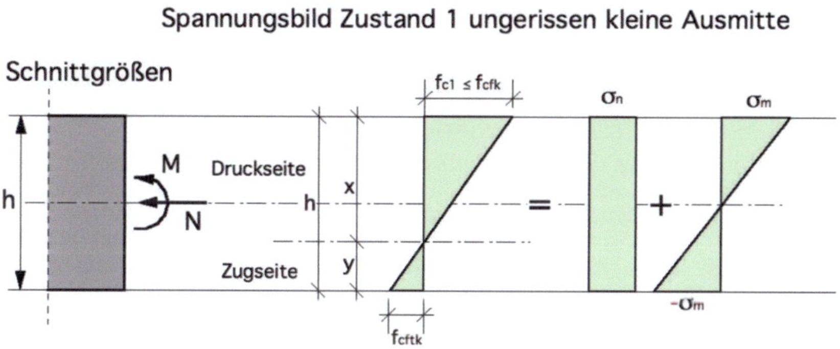

Abbildung 7.8: Spannungszustand bei kleiner Ausmitte

Entsprechend der in der Abbildung gezeigten Spannungsverteilung können folgende Zusammenhänge erkannt werden:

$$f_{c1} = \sigma_n + \sigma_m \tag{7.22}$$

$$f_{cftk} = -(\sigma_n - \sigma_m) \tag{7.23}$$

Aus der Normalkraft lässt sich die Spannung σ_n errechnen, indem man die Last durch die Querschnittsfläche dividiert. Nun kann man die Spannung σ_m aus einer der beiden Spannungen des Faserbetons ermitteln:

$$\sigma_{m1} = f_{cfk} - \sigma_n \tag{7.24}$$

$$\sigma_{m2} = f_{cftk} + \sigma_n \tag{7.25}$$

Bei der Gegenüberstellung der errechneten Spannungen σ_{m1} und σ_{m2} ergeben sich 3 Möglichkeiten:

- $\sigma_{m1} > \sigma_{m2}$ zulässig; Normalkraft könnte erhöht werden
- $\sigma_{m1} = \sigma_{m2}$ zulässig; Normalkraft ist ausgenutzt
- $\sigma_{m1} < \sigma_{m2}$ es muss mit mittlerer Ausmitte gerechnet werden

In den ersten beiden Fällen kann mit kleiner Ausmitte weitergerechnet werden. Es wird nun das aufnehmbare Moment aus den Randspannungen errechnet:

$$M = \sigma_{m2} * \frac{b * h^2}{6} \tag{7.26}$$

Aus der Variation der Dosierung der Fasern kann man nun das jeweils zugehörige Moment errechnen. Da die Werte f_{cfk} und f_{cftk} sich mit zunehmender Dosierung langsam steigern, muss jede Dosierung eigens durchgerechnet werden.

Der Vergleich mit dem aus der statischen Berechnung erforderlichen Moment ergibt dann die Dosierung des Faserbetons.

7.3.1.2.2 Mittlere Ausmitte

Wenn im Zustand 1 der ungerissene Querschnitt auf der Druckseite eine nichtlineare Spannungsverteilung, ähnlich der Spannungsverteilung beim Beton im Zustand 2 hat, so ist mit mittlerer Ausmitte zu rechnen.

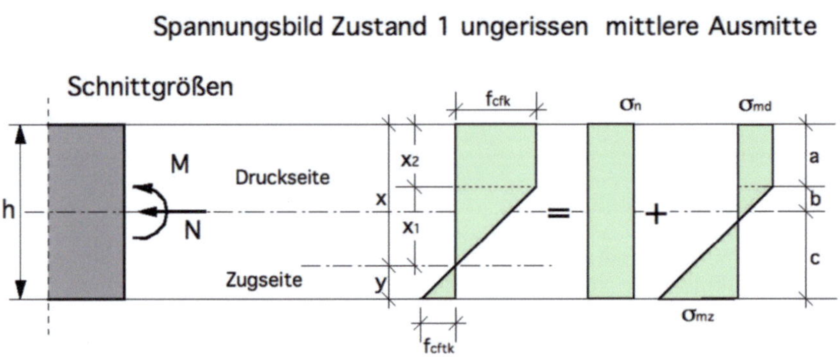

Abbildung 7.9: Spannungszustand bei mittlerer Ausmitte

Sieht man sich dabei den Grenzzustand an, so sind die Randspannungen:

$$\sigma_{md} = f_{cfk} - \sigma_n \tag{7.27}$$

$$\sigma_{mz} = f_{cftk} + \sigma_n \tag{7.28}$$

Um auch in diesem Spannungszustand das aufnehmbare Moment zu errechnen, sind mehrere Zwischenschritte notwendig, die sich aus Abbildung 7.9 ableiten lassen.

$$h = a + b + c \tag{7.29}$$

$$D = \sigma_{md} * (a + \frac{b}{2}) = Z = \sigma_{mz} * c \tag{7.30}$$

$$\frac{\sigma_{md}}{b} = \frac{\sigma_{mz}}{c} \tag{7.31}$$

Aus der letzten Gleichung (7.24) kann man b ermitteln:

$$b = \frac{c * \sigma_{md}}{\sigma_{mz}} \tag{7.32}$$

Wenn man nun b in die erste Gleichung (7.23) einsetzt, so kann man diese nach a auflösen:

$$a = h - c * (1 + \frac{\sigma_{md}}{\sigma_{mz}}) \tag{7.33}$$

Dieses Ergebnis, nun letztendlich in die zweite Gleichung (7.24) eingesetzt, ergibt:

$$c = \frac{h * \sigma_{md}}{\sigma_{md} + \frac{\sigma_{md}^2}{2 * \sigma_{mz}} + \frac{\sigma_{mz}}{2}} \tag{7.34}$$

Mit diesen drei Längen a, b und c lassen sich nun die Druckkraft und auch die gleich große Zugkraft errechnen:

$$D = \sigma_{md} * (a + \frac{b}{2}) \qquad\qquad Z = \sigma_{mz} * \frac{c}{2} \tag{7.35}$$

Achtung, hierbei ist auch noch die Trägerbreite zu berücksichtigen. Dies ist in der obigen Formel nicht aufgezeigt, da normalerweise bei Platten die Breite mit 1 m berechnet wird. Bei anderen Trägerbreiten ist diese entsprechend einzusetzen. Der Hebelsarm zwischen Zug- und Druckkraft z wird anteilsmäßig jeweils zur neutralen Linie hin für die Druckkraft z_d und für die Zugkraft z_z extra gerechnet und anschließend zum Gesamthebelsarm addiert. Zuerst der Hebelsarm für die Druckkraft:

$$z_d = \frac{\sigma_{md} * a * (b + \frac{a}{2}) + \sigma_{md} * \frac{b}{2} * \frac{2*b}{3}}{\sigma_{md} * (a + \frac{b}{2})} \tag{7.36}$$

Und jetzt der Hebelsarm für die Zugkraft:

$$z_z = \frac{2}{3} * c \tag{7.37}$$

Somit errechnet sich der Gesamthebelsarm für das Moment zu:

$$z = z_d + z_z \tag{7.38}$$

Mit diesen Größen kann man nun das vom Querschnitt aufnehmbare Tragmoment errechnen:

$$M = D * z = Z * z \tag{7.39}$$

Aus der Variation der Dosierung der Stahlfasern kann man nun das jeweils zugehörige Moment errechnen. Da die Werte f_{cfk} und f_{cftk} sich mit zunehmender Dosierung langsam steigern, muss jede Dosierung eigens durchgerechnet werden.

Der Vergleich mit dem aus der statischen Berechnung erforderlichen Moment ergibt dann die Dosierung des Faserbetons.

7.3.1.2.3 Große Ausmitte

Sobald die Spannung f_{cftk} auf der Zugseite überschritten wird, reißt der Faserbeton ein. Es tritt somit eine neue Art der Spannungsverteilung im Querschnitt auf. Um eine Abgrenzung zu den Systemen im ungerissenen Zustand zu erreichen, wird der gerissene Zustand für Biegung mit Längskraft (Druck) als Lastfall der großen Ausmitte bezeichnet.

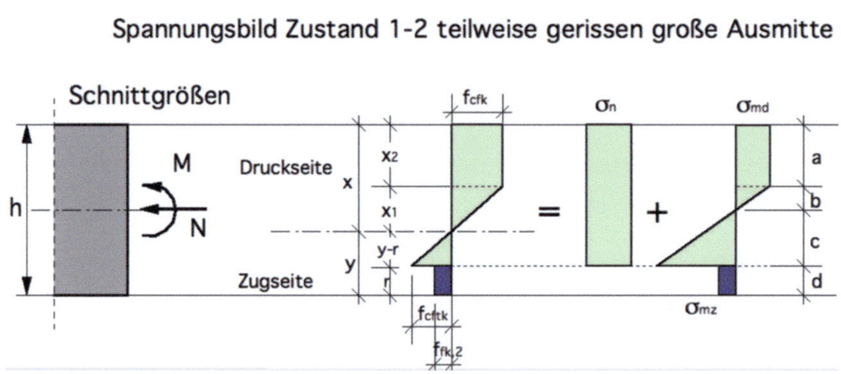

Abbildung 7.10: Spannungszustand bei großer Ausmitte

Von einer Durchrechnung dieses Lastfalles wird vorerst abgesehen, denn es existieren einige Gründe dafür, warum man solche Querschnitte nicht zulassen sollte.

- Druckbauteile wie Säulen sollten keine Risse haben
- Kellerwände sollten wegen der Feuchtigkeitsabdichtung keine Risse haben
- grissene Wände und Säulen erzeugen eine Unsicherheit bei Benutzern

Es bleibt einer zukünftigen Bearbeitung dieses Kapitels vorbehalten, die mathematischen und statischen Detailberechnungen für diesen Lastfall zu vollziehen.

7.3.1.3 Druckstäbe

Eine Besonderheit der Belastung sind reine Druckstäbe. Die aufnehmbare Belastung hängt nicht nur von dem Grundmaterial ab, sondern es muss noch zusätzlich das Ausknicken des gedrückten Querschnittes untersucht werden.

Das Ausknicken des geraden Druckstabes wird sehr ausführlich bei Fritsche [20] sowie auch Lohmeyer [23] erläutert. Es wird empfohlen, bei genauerer Bearbeitung von Druckstäben sich in diese Statik-Literatur einzulesen. Die Definition des stabilen, indifferenten und labilen Gleichgewichtes ist die Grundlage zur Einführung der unterschiedlichen Belastungsfälle. Es werden hier die vier Euler-Knickfälle eingeführt, die bei allen Druckstäben berücksichtigt werden müssen.

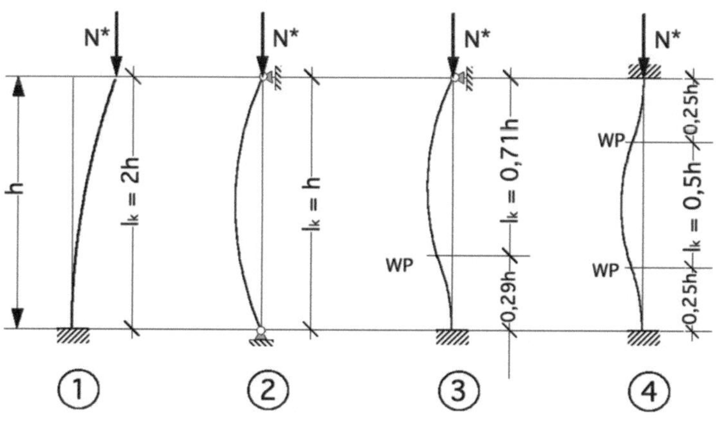

Abbildung 7.11: Knickfälle nach Euler

Die mathematisch-statische Lösung führt über Differenzialgleichungen zu relativ komplexen Lösungen, die zusätzlich noch von den unterschiedlichen Materialien abhängen. Daher sind bei den Berechnungen der Knickfälle die unterschiedlichen Materialeigenschaften zu berücksichtigen. Für Beton muss zusätzlich zum elastischen Spannungsbereich auch noch der plastische Spannungsbereich berücksichtigt werden. Die Lösung dafür hat Engesser[1] erarbeitet und ist bei Valentin[24] nachzulesen. Das Ergebnis führt zu dem bekannten ω–Verfahren, bei dem die vertikale Knicklast zur vertikalen Traglast ausgehend von den Materialkennwerten ins Verhältnis gesetzt wird.

$$N^* = \frac{N_k}{\omega} \tag{7.40}$$

Der Zusammenhang für ω wird in nachfolgender Formel aufgezeigt.

$$\omega = 1 + 0,1 * [6 + (\frac{\lambda}{100})^2] * (\frac{\lambda}{100})^2 \tag{7.41}$$

[1] F. Engesser 1848-1931; TH-Karlsruhe

Die dabei vorkommende Zahl λ ist die Schlankheit des Druckstabes. Diese hängt von der Knicklänge l_k nach Euler und dem Trägheitsradius i des Querschnittes ab.

$$\lambda = \frac{l_k}{i} \tag{7.42}$$

$$i = \sqrt{\frac{I}{A}} \tag{7.43}$$

Hierbei ist I das Trägheitsmoment des Querschnittes und A die zugehörige Querschnittsfläche.

	ω–Werte				
$\lambda = l_k/i$	0	2	4	6	8
0	1,00	1,00	1,00	1,00	1,00
10	1,01	1,01	1,01	1,02	1,02
20	1,02	1,03	1,03	1,04	1,05
30	1,05	1,06	1,07	1,08	1,09
40	1,10	1,11	1,12	1,13	1,14
50	1,16	1,17	1,18	1,20	1,21
60	1,23	1,25	1,26	1,28	1,30
70	1,32	1,34	1,36	1,38	1,40
80	1,42	1,45	1,47	1,50	1,52
90	1,55	1,58	1,61	1,64	1,67
100	1,70	1,73	1,77	1,80	1,84
110	1,87	1,91	1,95	1,99	2,03
120	2,07	2,11	2,16	2,20	2,25

In obiger Tabelle sind die Knickwerte ω für Beton angegeben.

Für einen Druckstab kann nun die Knicklast mit folgender Formel ermittelt werden:

$$N^* = \frac{A * f_{cfk}}{\omega} \tag{7.44}$$

Da der Wert f_{cfk} sich mit zunehmender Dosierung langsam steigert, muss jede Dosierung eigens durchgerechnet werden. Berücksichtigt man dann noch die entsprechenden Teilsicherheiten, kann die Dosierung für das Druckbauteil ermittelt werden.

7.3.1.4 Schubnachweis

Betrachtet man den Verlauf der inneren Kräfte bei einem Einfeldträger, so wird zuerst die Querkraft ermittelt, die angibt, wie die vertikalen Kräfte in einem Träger verlaufen, und anschließend die Momente. Betrachtet man beide zusammen, wie dies in nachfolgender Abbildung möglich ist, so sieht man, dass die beiden Kurven recht unterschiedlich sind.

Dort wo bei der Querkraft ein Maximum ist, zeigt sich bei der Momentenlinie ein Minimum und umgekehrt. Das bedeutet: Beim größten Moment ist die kleinste Querkraft. Geht man vom größten Moment Richtung Auflager, so verringert sich das Moment bei gleichzeitiger Zunahme der Querkraft.

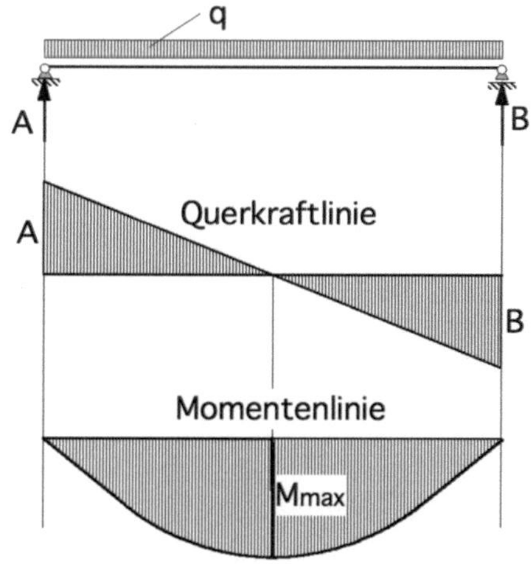

Abbildung 7.12: Einfeldträger Querkraft- und Momentenlinie

Betrachtet man nun die Wirkung des Momentes auf den Querschnitt, so entsteht das bereits bekannte Bild der Spannungsverteilung im Querschnitt. Jedes Moment erzeugt Spannungen im Querschnitt, die sich wiederum zu Kräften zusammenführen lassen und mit dem Hebelsarm das jeweilige Moment ergeben. Bei dem maximalen Moment entstehen somit die Spannungen σ_d und σ_z. Wird das Moment kleiner, man bewegt sich mehr zum Auflager hin, so entstehen kleinere Spannungen σ_o bzw. σ_u.

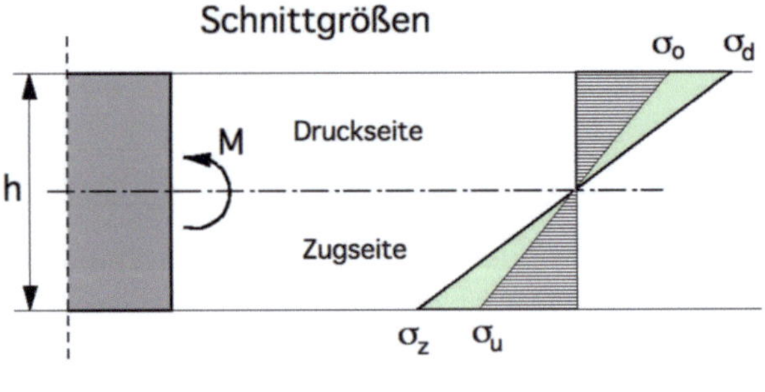

Abbildung 7.13: Spannungsverteilung im Träger

Bei all diesen Spannungen kann jeweils eine zugehörige Schubspannung τ aufgenommen werden. Nach dem Coulomb'schen Stoffgesetz errechnen sich diese zu:

$$\tau = \tau_c + \sigma * tan(\varphi) \tag{7.45}$$

Die Schubspannung τ_c ist die Scherfestigkeit eines Materials und kann ausgehend von der Druckfestigkeit f_{cfk} mit folgender Formel berechnet werden:

$$\tau_c = \frac{f_{cfk}}{2} * tan(45 - \frac{\varphi}{2}) \tag{7.46}$$

Diese Zusammenhänge werden in der Darstellung des Mohr'schen Kreises deutlich und können dort nachvollzogen werden.

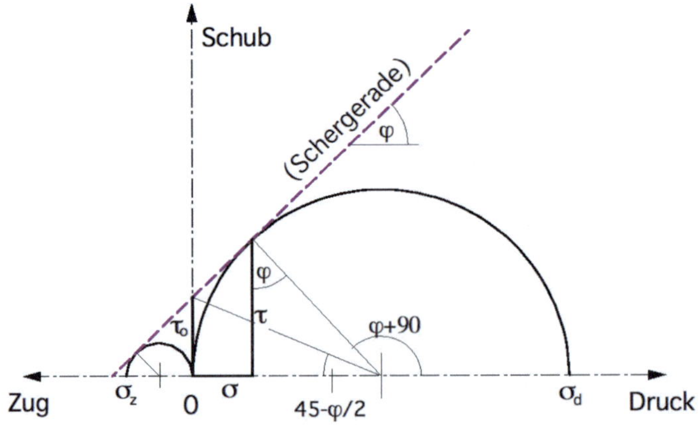

Abbildung 7.14: Mohr'scher Spannungskreis mit Schubspannung

Wenn man nun also für jede Spannung σ eine zugehörige Scherspannung τ erhält, ist dies im ersten Moment verwirrend, jedoch bei Betrachtung eines linearen Spannungsverlaufes im Querschnitt entsteht ein einfaches Bild.

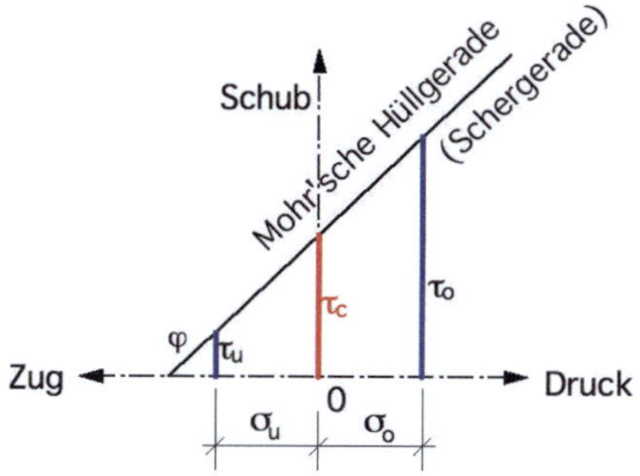

Abbildung 7.15: Schubspannungen im Querschnitt nach Coulomb

Im Zustand 1 (ungerissener Querschnitt) sind die beiden äußeren Spannungen σ_o bzw. σ_u im Betrag gleich groß, nur haben sie unterschiedliche Vorzeichen. Sie pendeln um den 0-Punkt und erzeugen somit Schubspannungen, die im Mittel auch um die Scherfestigkeit τ_c pendeln. Man kann also für einen Querschnitt im Zustand 1 durchaus den Mittelwert τ_c über den gesamten Querschnitt verwenden. Somit ergibt sich die aufnehmbare Schubkraft in einem Querschnitt zu:

$$Q_k = A * \tau_c \tag{7.47}$$

wobei A die Querschnittsfläche des betrachteten Bauteiles ist. Es ergibt sich nun die aufnehmbare Querkraft eines Querschnittes in Abhängigkeit von der Druckfestigkeit zu:

$$Q_k = A * \frac{f_{cfk}}{2} * tan(45 - \frac{\varphi}{2}) \tag{7.48}$$

Da sich nun die beiden Werte f_{cfk} und φ ausgehend von den Betonkennwerten mit zunehmender Dosierung von Fasern verändern und somit die aufnehmbaren Querkräfte sich steigern, muss die jeweilige Scherfestigkeit ermittelt werden.

7.3.1.5 Ausbruch eines Auflagers

Bei einem Auflager eines Trägers oder auch einer Platte werden alle Kräfte umgeleitet. Dabei entstehen im Nahbereich des Auflagers Situationen, die zum Ausbrechen des Auflagers führen können. Dies kann generell durch zwei unterschiedliche Arten des Versagens erfolgen:

- Durchstanzen - Versagen durch Überschreitung der Querkraft beim Auflagerschnitt
- Ausbruch - Versagen durch Überschreiten der Zugkraft in einer schrägen Bruchfuge

Der Fall des Durchstanzens wird beim Querkraftnachweis durchgeführt, muss also hier nicht mehr weiter betrachtet werden.

Beim Ausbruch wird eine geneigte Bruchlinie bzw. Bruchfläche betrachtet. Es ist dabei eine Bruchlinie bzw. Bruchfläche zu finden, die die geringste Sicherheit für die aufzunehmenden Kräfte besitzt. Sieht man sich die Situation nun an, so ist die Lage der Bruchfläche eine wichtige Annahme in der Berechnung.

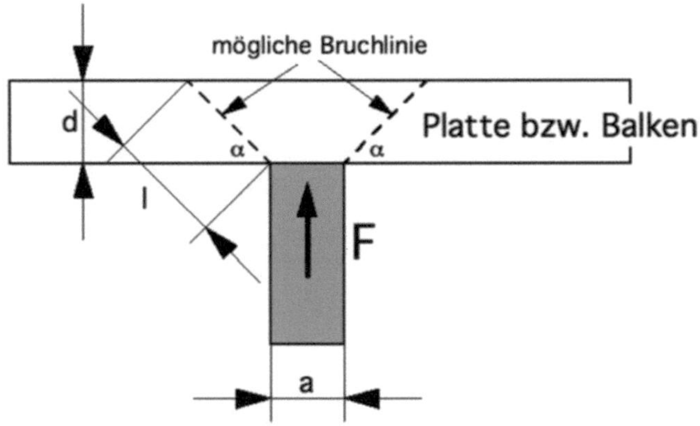

Abbildung 7.16: mögliche Bruchsituation bei einem Auflager

Mit der Wahl des Bruchwinkels α verändert sich die Länge der Bruchfläche. Dies ist in der überprüfung der Kräfte und dabei auftretenden Spannungen zu berücksichtigen.

$$l = \frac{d}{cos\alpha} \tag{7.49}$$

Mit dieser schrägen Länge kann nun die Bruchfläche A_b sowohl bei einem Balken als auch bei einer Platte ermittelt werden.

Betrachtet man nun die möglichen Kräfte in der Bruchfläche, so wird die Auflagerkraft in eine zur Bruchfläche parallel wirkende Schubkraft und senkrecht zur Bruchfläche stehende Zugkraft aufgeteilt.

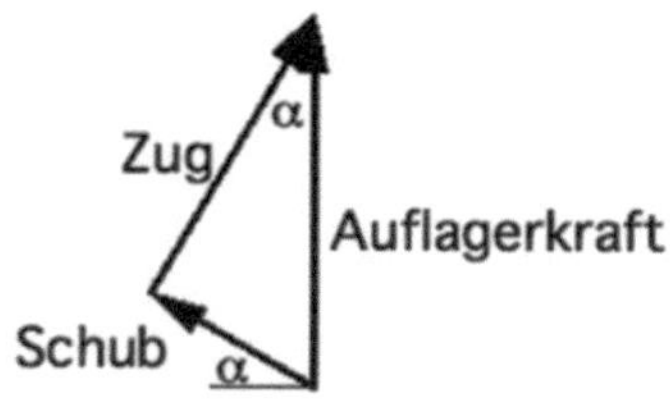

Abbildung 7.17: Krafteck in der schrägen Bruchfuge unter dem Winkel α

Diese in der Bruchfläche auftretenden Kräfte können in die entsprechenden Spannungen umgerechnet werden:

$$\tau = A * sin(\alpha) \qquad \sigma = A * cos(\alpha) \tag{7.50}$$

Diese beiden Spannungen müssen bei beliebigen Winkeln aufgenommen werden. Die Schubspannung τ ist sicherlich nicht das Problem, da diese bereits auf eine kleinere Fläche für das Durchstanzen mit der Querkraft nachgewiesen wurde. So muss nun die mögliche Zugspannung in der Bruchfuge nachgewiesen werden.

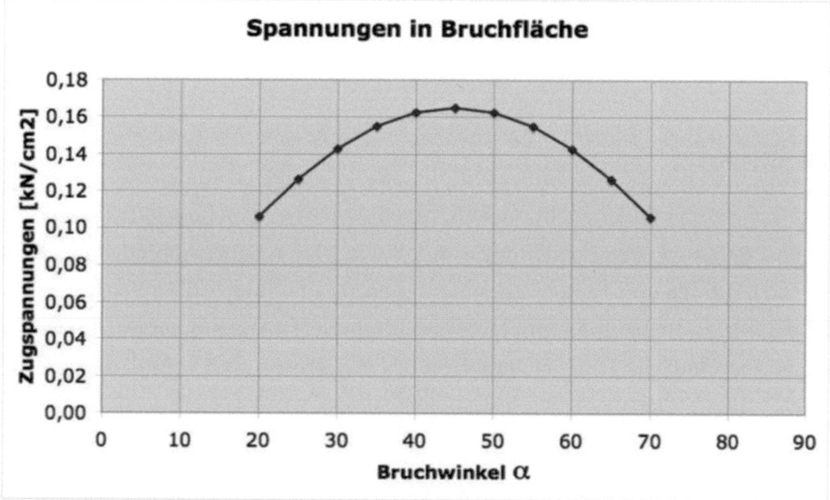

Abbildung 7.18: Verteilung der Zugspannungen in Abhängigkeit vom Bruchwinkel bei einem Beispiel

In einem praktischen Beispiel wurde bei einem Träger die auftretende Zugspannung bei der Bruchfuge unter sich veränderndem Bruchwinkel nachgerechnet, und es ergab sich bei einem Winkel $\alpha = 45°$ ein Maximum. Also ist die Zugspannung für diesen Bruchwinkel nachzuweisen.

Es werden nun die auftretenden Zugspannungen den aufnehmbaren Zugspannungen zum Vergleich gegenübergestellt.

Die auftretende Zugspannung muss als Bemessungswert der Beanspruchung nun mit der Teilsicherheit für die Lasten multipliziert werden:

$$\sigma_d = \sigma * \nu_L \qquad \sigma_r = (f_{ctk} + f_{fk1}) * \nu_B \tag{7.51}$$

Der aus dem Material errechenbare Bemessungswert des Widerstandes wird errechnet mit der Summe der Materialfestigkeiten.

Es muss nun die Bemessungsspannung der Beanspruchung kleiner als die Bemessungsspannung des Widerstandes sein.

$$\sigma_d < \sigma_r \tag{7.52}$$

Da sich nun die Werte f_{cfk} ausgehend von den Betonkennwerten mit zunehmender Dosierung von Fasern verändern und somit die aufnehmbaren Zugkräfte sich steigern, muss die jeweilige Zugfestigkeit ermittelt werden.

7.3.1.6 Rissverhalten

Bauteile aus Faserbeton können nicht mit beliebigen Abmessungen hergestellt werden. Zwar verhindern die Fasern die weitere Entstehung von Schwindrissen beim Abbinden des Frischbetons, jedoch die Einwirkungen von Temperaturänderungen auf den Baustoff Faserbeton erzeugen Längenänderungen, die zu Spannungen im Faserbeton führen. Überschreiten nun diese Spannungen aus Temperaturänderung die Bruchspannungen des Faserbetons, so kommt es zu Rissen im Faserbeton.

Mit Hilfe der Berechnung der Verformung infolge Temperaturdifferenz, die auf den Baukörper einwirkt, kann der Abstand der entstehenden Risse im Faserbeton ermittelt werden. Auch die Ermittlung der Rissweite ist durch diese Betrachtung möglich.

Je nach Bauteil wird die Rissberechnung etwas unterschiedlich durchgeführt:

7.3.1.6.1 Decken

Bei der Berechnung von Decken werden die Spannungen im Deckenquerschnitt infolge des Eigengewichtes und der Nutzlasten berechnet. Es sind dabei normalerweise keine Kräfte in Deckenachse vorhanden, die zusätzliche Spannungen erzeugen. Da nun der Faserbeton ja im ungerissenem Zustand berechnet wird, treten in den Feldern keine Risse auf.

Im Bereich der Auflager ist die Temperaturdifferenz, die auftreten kann, ein möglicher Faktor für das Auftreten von Rissen. Nimmt man dabei an, dass im Bereich der Auflager keine Verschiebung der Decke gegenüber dem Auflager zulässig ist, so kann der Abstand von Rissen ermittelt werden:

Wenn sich die Umgebungstemperatur der Decke um ΔT abkühlt, so zieht sich die Decke um das Maß Δl bei einer Länge von l zusammen.

$$\varepsilon = \Delta l/l = \Delta T * \alpha \tag{7.53}$$

Dabei ist α der Ausdehnungskoeffizient des Baustoffes Faserbeton (α = 0,00001 /°C).

Mit dieser Längenänderung kann man die Spannung ermitteln, die bei Festhalten des Bauteiles entstehen würde:

$$\sigma_{Temp} = \varepsilon * E/2 \tag{7.54}$$

Wobei E der Elastizitätsmodul des Faserbetons ist (je nach Betongüte unterschiedlich). Da die Spannung aus Temperatur σ_{Temp} unterschiedlich ist zu der maximal möglichen Faserbetonzugspannung f_{cftk}, kann ein Riss nur entstehen wenn die Temperaturspannung größer ist als die Faserbetonzugspannung.

Will man nun den Abstand der möglichen Risse zueinander ermitteln, muss man von einer Rissbreite ausgehen. Im Normalfall geht man hier von einer Rissweite von Δl = 0,1 bis 0,5 mm aus. Kombiniert man diese Rissweite mit der bekannten Formel

$$\Delta l/L = \sigma/E \tag{7.55}$$

Dabei gibt man für σdie Differenz der Zugspannungen aus Temperatur und Festigkeit ein, so kann man den Abstand bei gegebener Rissweite Δl errechnen:

$$L = \Delta l/(\sigma_{Temp} - f_{cftk}) * E \tag{7.56}$$

7.3.1.6.2 Bodenplatten

Bodenplatten sind den Decken ähnlich, nur dass sie aufliegen und somit zwischen Platte und Untergrund eine Reibung entsteht. Diese Reibung verändert die Spannungen in der Platte und muss somit berücksichtigt werden.

Für die unterschiedlichsten Auflagerbedingungen der Bodenplatte sind die nachfolgenden Reibungswerte üblich.

Zeile	Tragschicht	Zwischenschicht	Reibungswert Bereich	Reibungswert Mittelwert
1	Kies, körniger Baugrund	keine oder Vlies/Geotextil	1,4 - 2,1	1,7
2	Kies-Sand-Bodenaustausch	keine oder Vlies/Geotextil	h=0,2 >1,4 h=0,8 >0,9	1,4
3	Sandbett	keine oder Vlies/Geotextil	0,9 - 1,1	1,0
4	Sandschicht ø 60-100mm	keine oder Vlies/Geotextil	0,7	0,7
5	Sandbett	einlagige PE-Folie	0,5 - 0,7	0,6
6	Sauberkeitsschicht, abgezogen oder abgerieben	2x0,2mm PE-Folien	h=0,15...1,3 h=0,3...2,0	1,6
7		dicke Folien aus Silikonfett	≈ 0,8	0,8
8		Bitumenschweißbahn d>5mm	0,35...0,7	0,55
9		Dickbitumen, Bitumenmassen	0,03...0,2	0,1
10	Sauberkeitsschicht, flügelgeglättet	einlagige PE-Folien	0,8...1,4	1,1
11		Baufolien 2x0,2mm PE-Folien, leicht verschmutzt	0,6...0,8	0,7
12		Baufolien 2x0,2mm PE-Folien, ideal sauber	0,4...0,5	0,45
13		Einlagige od. Zweilagige Bitumenschweißbahnen stumpf gestoßen	H=0,3...0,45 h=1,0...0,2	0,35
14		konventionelle Gleitfolien	0,35...0,75	0,55
15		PTFE-Folien (Teflonfolien)	0,2...0,5	0,35
16		Gleitfolien 2x0,2mm mit Schmiermittel und Kaschierung	≈ 0,3	0,3
17		dicke Folien aus Silikonfett	≈ 0,3	0,3

Abbildung 7.19: Reibungswerte μ bei Bodenplatten

Die vom Boden aufnehmbare Reibungskraft errechnet sich zu:

$$\sigma_r = \mu * \Sigma\sigma_V \tag{7.57}$$

Dabei ist $\Sigma\sigma_V$ die Summe aller Vertikalbelastungen aus Eigengewicht und Nutzlast. Der Abstand der Risse im Faserbeton wird dann nachfolgender Formel ermittelt:

$$a_0 = f_{cftk} / \sigma_r \tag{7.58}$$

Falls nun bei der Bodenplatte die Temperaturschwankung dazukommt, muss die vorgehende Formel um die Zugspannung, die bei der Temperaturdifferenz entsteht ergänzt werden:

$$a_T = (f_{cftk} - \sigma_{Temp}) / \sigma_r \tag{7.59}$$

Es entsteht bei Temperaturschwankung ein kleinerer Rissabstand. Dies ist jedoch nur zu berücksichtigen, wenn es sich um einen der Witterung frei zugängliche Bodenplatte handelt. Bei

Hallenkonstruktionen ist im inneren der Halle meist eine gleichmäßige Temperatur, so dass der Einfluss der Temperaturdifferenz vernachlässigt werden kann.

7.3.1.6.3 erdberührte Wände

Bei erdberührten Wänden ist die Rissefreiheit auch wichtig, da in den meisten Fällen bei diesen Wänden eine Dichtheit gegenüber Grundwasser gefordert ist.

Von Seiten der Berechnung ist die erdberührte Wand der Bodenplatte sehr ähnlich. Als Flächenlast muss hier der Erddruck, der auf die Wand wirkt angesetzt werden. Diese Erddruckspannungen erzeugen in der Fuge zum Erdreich Reibungskräfte, die ähnlich der bei Bodenplatten zu berücksichtigen sind.

Der Erddruck auf die Wand kann grob als Mittelwert vom Erdruhedruck ermittelt werden.

$$e_o = \gamma * h/2 * K_o \tag{7.60}$$

γ ... Raumgewicht des Bodens
h ... Raumhöhe
K_o .... Beiwert für den Erdruhedruck

Danach kann die Reibungskraft ermittelt werden:

$$\sigma_r = \mu * e_o \tag{7.61}$$

Der Abstand der Risse im Faserbeton wird dann nachfolgender Formel ermittelt:

$$a_0 = f_{cftk}/\sigma_r \tag{7.62}$$

Eine praktische Beispielsberechnung findet im nächsten Kapitel Bemessungsbeispiele statt.

7.3.2 Bemessung für Querschnittswahl – Abmessung

Bei der Bemessung für die Materialwahl hat sich gezeigt, dass der berechnete Querschnitt im ungerissenen Zustand die beste Tragfähigkeit besitzt. Eine Steigerung der Tragfähigkeit in den gerissenen Zustand hinein ist nur mit einer recht großen Dosierung mit Fasern zu erreichen. Dann ist jedoch wegen der Berücksichtigung der Sicherheiten der Zustand des Querschnittes immer noch im ungerissenen Zustand, da die maximale Zunahme der möglichen Belastung kleiner ist als die Sicherheit dann wieder wegnimmt. Es stellt sich somit die Frage, ob es wirtschaftlich ist, überhaupt im gerissenen Zustand bei Faserbeton zu rechnen oder nicht.

In den folgenden Berechnungen für die Bemessung hat der Baustoff Faserbeton gegenüber Stahlbeton den entscheidenden Vorteil, dass der gesamte nicht gerissene Querschnitt für die Wasserdichtheit z. B. bei Kelleraußenwänden zur Verfügung steht. Damit kann sich die Stärke der Kelleraußenwand auf das statisch notwendige Maß verringern und benötigt nicht mehr unbedingt die üblichen 30 cm.

7.3.2.1 Biegung

Die Bemessung eines Querschnittes für den Beanspruchungsfall Biegung geht von jenem Grenzfall aus, bei dem die Zugspannung die maximal mögliche Spannung erreicht. Mit dieser Voraussetzung wird dann die notwendige Höhe des Querschnittes ermittelt.

Der Verbundbaustoff Faserbeton kann im ungerissenen Zustand als Kontinuum betrachtet werden. Da die maximal zulässigen Spannungen unterschiedlich für Zug und Druck sind, muss die geringere Spannung für den Beanspruchungsfall Biegung als maßgebend betrachtet werden. Im vorliegenden Fall ist dies die Zugspannung.

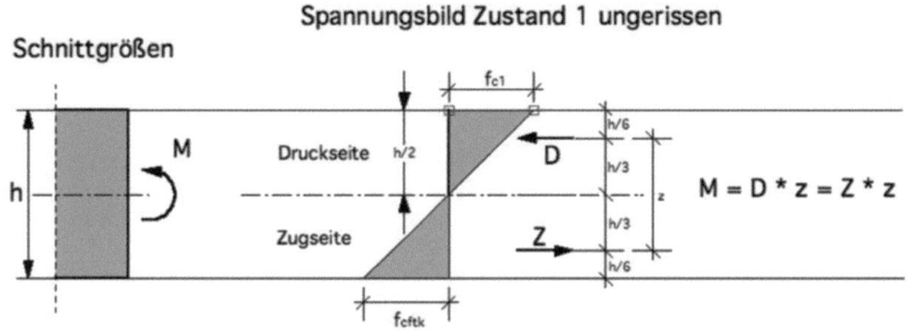

Abbildung 7.20: Zustand 1 Beton ist ungerissen

Das Material wird in seiner Zusammensetzung festgelegt. Somit sind die Betonfestigkeitsklasse und die Wahl der Faser mitsamt der notwendigen Dosierung als gegeben vorausgesetzt. Es lässt sich mit den Materialwerten die Zugfestigkeit des Verbundbaustoffes $f_{cftk}[kN/cm^2]$ errechnen. Da im ungerissenen Zustand die beiden Randspannungen gleich sein müssen, ergeben sich damit folgende Zusammenhänge:

$$f_{c1} = f_{cftk} \tag{7.63}$$

$$M = Z * z = f_{cftk} * \frac{bh}{4} * \frac{2h}{3} = f_{cftk} * \frac{bh^2}{6} \tag{7.64}$$

Damit kann man nun die erforderliche Höhe des Querschnittes errechnen zu:

$$h_{min} = \sqrt{\frac{6M}{bf_{cftk}}} \tag{7.65}$$

Berücksichtigt man nun zusätzlich die erforderlichen Teilsicherheiten für die Lasten $\gamma_s = 1{,}35$ und die Teilsicherheit für Faserbeton $\gamma_{cf} = 1{,}50$, so ergibt sich folgender Formelzusammenhang:

$$h_{erf} = \sqrt{\frac{6\ M\ \gamma_s\ \gamma_{cf}}{b\ f_{cftk}}} \tag{7.66}$$

Diese Höhe muss mindestens eingehalten werden, um das geforderte Moment aufnehmen zu können.

7.3.2.2 Biegung mit Längskraft

Als Längskraft wird hier nur die Druckkraft betrachtet. Die Bemessung für die Zugkraft wird derzeit noch nicht angeraten, da der Berechnungsweg noch nicht erarbeitet wurde, und der Baustoff Faserbeton für Zugkräfte wenig geeignet erscheint. In diesem Fall wird zu anderen Baustoffen, wie z. B. Stahl, geraten.

Die Biegung mit Längskraft wird den unterschiedlichen Berechnungen entsprechend in drei unterschiedliche Teile getrennt. Entsprechend der Ausmitte der Druckkraft kann man diese, wie bereits auch im Stahlbeton üblich, in:

- kleine Ausmitte: Querschnitt ist ungerissen; linearer Spannungszustand
- mittlere Ausmitte: Querschnitt ist ungerissen, nichtlinearer Spannungszustand
- große Ausmitte: Querschnitt ist gerissen, nichtlinearer Spannungszustand

Die einzelnen Berechnungen werden in den folgenden Unterpunkten genauer angesehen, wobei auf den Zustand mit großer Ausmitte hier verzichtet wird, da bei diesem Zustand der Querschnitt teilweise gerissen und somit nicht mehr voll wirksam ist.

7.3.2.2.1 Kleine Ausmitte

Der ungerissene Querschnitt zeigt aufgrund seiner kleinen Exzentrizität der Drucklast nur lineare Spannungszustände, wobei die auftretende Zugspannung vom Baustoff Faserbeton aufgenommen werden kann.

Es wird hier der Grenzzustand der möglichen Randspannungen berechnet, bei der die Zugspannung maximal ausgelastet ist. Dabei können kleinere Momente immer zugelassen werden, wenn dabei die maximale Zug- und auch Druckspannung nicht überschritten wird.

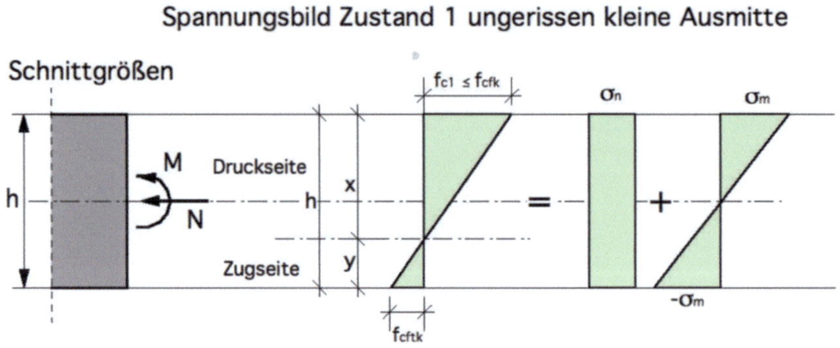

Abbildung 7.21: Spannungszustand bei kleiner Ausmitte

Entsprechend der in der obigen Abbildung gezeigten Spannungsverteilung können folgende Zusammenhänge erkannt werden:

$$f_{c1} = \sigma_n + \sigma_m \tag{7.67}$$

$$f_{cftk} = -(\sigma_n - \sigma_m) \tag{7.68}$$

Dabei sind die Spannungen σ_n und σ_m aus den angegebenen Beanspruchungen zu rechnen. Mit der dabei noch unbekannten Querschnittshöhe h sind die Spannungen ermittelbar:

$$\sigma_n = \frac{N}{bh} \tag{7.69}$$

$$\sigma_m = \frac{M}{W} = \frac{M}{\frac{bh^2}{6}} = \frac{6M}{bh^2} \tag{7.70}$$

Setzt man nun diese beiden Gleichungen in die Gleichung 7.51 für f_{cftk} ein, so erhält man folgenden Ausdruck:

$$f_{cftk} = \frac{6M}{bh^2} - \frac{N}{bh} \tag{7.71}$$

Nach Umformung dieser Gleichung, indem man mit bh^2 multipliziert, erhält man:

$$h^2 b f_{cftk} + hN - 6M = 0 \tag{7.72}$$

Diese quadratische Gleichung kann man lösen, und es ergibt sich die Höhe h zu:

$$h = \frac{-N + \sqrt{N^2 + 24Mbf_{cftk}}}{2bf_{cftk}} \tag{7.73}$$

Mit dieser Höhe müssen nun die Spannungen σ_n und σ_m errechnet werden und damit die Randspannung f_{c1}. Ist der Wert von f_{c1} kleiner als f_{cfk}, so ist die Höhe h ausreichend, und es ist die Bemessung damit abgeschlossen.

Ist jedoch der Wert der Randspannung f_{c1} größer als f_{cfk}, so ist die Randspannung überschritten, und es muss die Höhe mit der mittleren Ausmitte errechnet werden.

7.3.2.2.2 Mittlere Ausmitte

Bei relativ hohen Druckkräften kann es vorkommen, dass am Druckrand die maximal mögliche Spannung von f_{cfk} erreicht bzw. auch überschritten wird. Diese Druckspannung, die über f_{cfk} hinausreicht, kann nicht aufgenommen werden, und der Beton kommt in eine Kriechbewegung. Diese ist so lange aufrecht, bis das Momentengleichgewicht einen Spannungszustand einnimmt, bei der die Randspannung den Wert f_{cfk} nicht überschreitet.

So ist der Querschnitt derart zu bemessen, dass nur die Druckspannung f_{cfk} auf einem Rand auftritt, und am anderen Rand die Zugspannung f_{cftk}. Die Verteilung der Spannungen im Querschnitt geht aus nachfolgender graphischer Darstellung hervor.

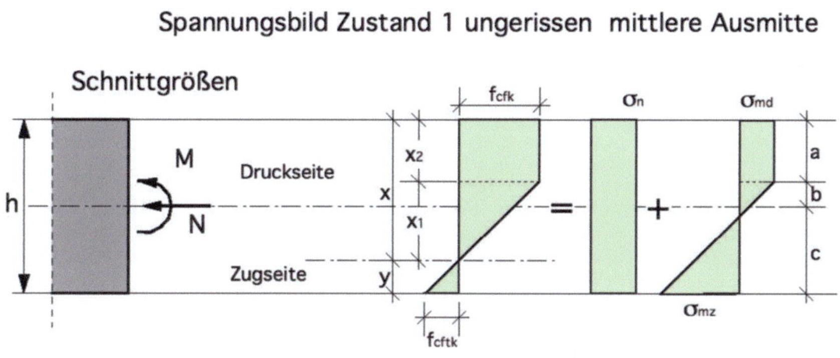

Abbildung 7.22: Spannungszustand bei mittlerer Ausmitte

Dieser Zustand ist ein Grenzfall, der bislang noch nicht in seiner vollen Konsequenz durchgearbeitet wurde. Es ist dabei zu bedenken, dass die Druckkraft ihr Maximum erreicht hat und wie beim Grenzfall im Stahlbeton am Rande kein lineares Spannungs-Deformationsverhalten mehr aufweist. Es wird in der gezeigten Darstellung ein linearer Zusammenhang angegeben, der jedoch eine Näherung ist. Des weiteren ist es nicht klar, wie weit dieser abgeminderte Spannungsbereich (in der Darstellung das Maß a) reicht.

Selbst mit diesen derzeit noch sehr unsicheren Randbedingungen ergeben sich relativ komplizierte Gleichungssysteme für die Bestimmung der Höhe h bei gegebener Dosierung, die noch keiner Lösung zugeführt wurden.

Es wird daher vorgeschlagen, diesen Bemessungsfall für die Dimensionierung auszuschließen und mit den aufgezeigten Zusammenhängen für die kleine Ausmitte zu rechnen. Es ergeben sich dabei nur etwas größere Bauteildimensionen, die jedoch auf der sicheren Seite liegen.

7.3.2.3 Druckstäbe

Eine weitere Art der Belastung sind reine Druckstäbe. Die aufnehmbare Belastung hängt nicht nur von dem verwendeten Grundmaterial ab, sondern es muss noch zusätzlich das Ausknicken des gedrückten Querschnittes untersucht werden.

Das Ausknicken des geraden Druckstabes wird sehr ausführlich bei Fritsche [20] sowie auch Lohmeyer [23] erläutert. Es wird empfohlen, sich bei genauerer Bearbeitung von Druckstäben in diese Statik-Literatur einzulesen. Die Definition des stabilen, indifferenten und labilen Gleichgewichtes ist die Grundlage zur Einführung der unterschiedlichen Belastungsfälle. Es werden hier die vier Euler-Knickfälle eingefährt, die bei allen Druckstäben berücksichtigt werden müssen.

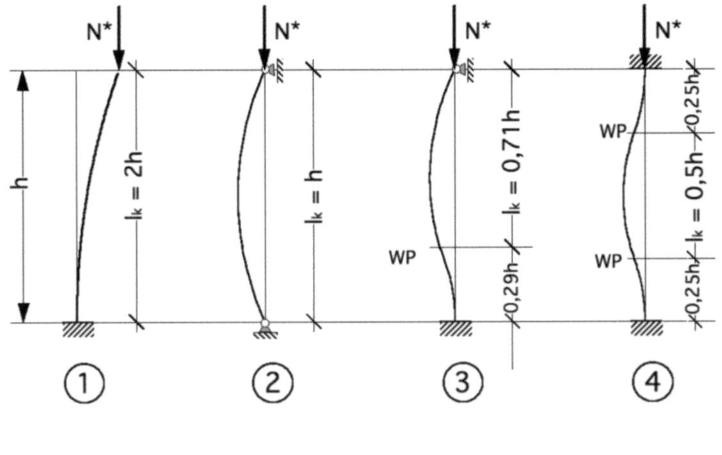

Abbildung 7.23: Knickfälle nach Euler

Die mathematisch-statische Lösung führt über Differenzialgleichungen zu relativ komplexen Lösungen, die zusätzlich noch von den unterschiedlichen Materialien abhängen. Daher sind bei den Berechnungen der Knickfälle die unterschiedlichen Materialeigenschaften zu berücksichtigen. Für Beton muss zusätzlich zum elastischen Spannungsbereich auch noch der plastische Spannungsbereich berücksichtigt werden. Die Lösung dafür hat Engesser[2] erarbeitet und ist bei Valentin[24] nachzulesen. Das Ergebnis führt zu dem bekannten ω–Verfahren, bei dem die vertikale Knicklast zur vertikalen Traglast ausgehend von den Materialkennwerten ins Verhältnis gesetzt wird.

$$N^* = \frac{N_k}{\omega} \tag{7.74}$$

Der Zusammenhang für ω wird in nachfolgender Formel aufgezeigt.

$$\omega = 1 + 0,1 * [6 + (\frac{\lambda}{100})^2] * (\frac{\lambda}{100})^2 \tag{7.75}$$

Die dabei vorkommende Zahl λ ist die Schlankheit des Druckstabes. Diese hängt von der Knicklänge l_k nach Euler und dem Trägheitsradius i des Querschnittes ab.

$$i = \sqrt{\frac{I}{A}} \tag{7.76}$$

Mit dieser Schlankheit kann nun unter Berücksichtigung der Knicklänge, die sich entsprechend dem jeweiligen Euler-Fall ergibt, die Schlankheit des Druckstabes ermittelt werden.

$$\lambda = \frac{l_k}{i} \tag{7.77}$$

Hierbei ist I das Trägheitsmoment des Querschnittes und A die zugehörige Querschnittsfläche. Mit diesem Wert der Schlankheit kann nun entweder mit Formel 7.58 der notwendige Knickwert ω errechnet, oder auch aus Tabelle 7.7 der Knickbeiwert ω entnommen werden, wobei Zwischenwerte auch interpoliert werden können.

Für einen Druckstab kann nun die Knicklast mit folgender Formel ermittelt werden:

$$N^* = \frac{A * f_{cfk}}{\omega} \tag{7.78}$$

Für die Bemessung muss nun der Querschnitt so lange variiert werden, bis das Ergebnis den Erfordernissen entspricht. Dies bedeutet, dass bei jeder Annahme der Trägheitsradius und die Schlankheit eigens ermittelt werden müssen, bevor die Knicklast dieses Querschnittes errechnet wird.

---

[2]F. Engesser 1848-1931; TH-Karlsruhe

7.3.2.4 Schubnachweis

Betrachtet man den Verlauf der inneren Kräfte bei einem Einfeldträger, so wird zuerst die Querkraft ermittelt, die angibt, wie die vertikalen Kräfte in einem Träger verlaufen, und anschließend die Momente. Betrachtet man beide zusammen, wie dies in nachfolgender Abbildung möglich ist, so sieht man, dass die beiden Kurven recht unterschiedlich sind. Dort wo bei der Querkraft ein Maximum ist, zeigt sich bei der Momentenlinie ein Minimum und umgekehrt. Das bedeutet: Beim größten Moment ist die kleinste Querkraft. Geht man vom größten Moment Richtung Auflager, so verringert sich das Moment bei gleichzeitiger Zunahme der Querkraft. Dabei tritt die maximale Querkraft beim Auflager auf. Hier ist der Nachweis der Querkraft zu erbringen.

Da beim Faserbeton die aufnehmbaren Spannungen sowohl im Druckbereich als auch im Zugbereich von der gewählten Dosierung abhängen, ist zuerst die Momentendeckung nachzuweisen, die ja die Dosierung enthält. Dabei sind dann die maximal möglichen Zugspannungen f_{cftk} bekannt, die größer sein muss als die auftretende Zugspannung σ_z.

Betrachtet man nun die Wirkung des Momentes auf den Querschnitt, so entsteht das bereits bekannte Bild der Spannungsverteilung im Querschnitt. Jedes Moment erzeugt Spannungen im Querschnitt, die sich wiederum zu Kräften zusammenführen lassen und mit dem Hebelsarm das jeweilige Moment ergeben.

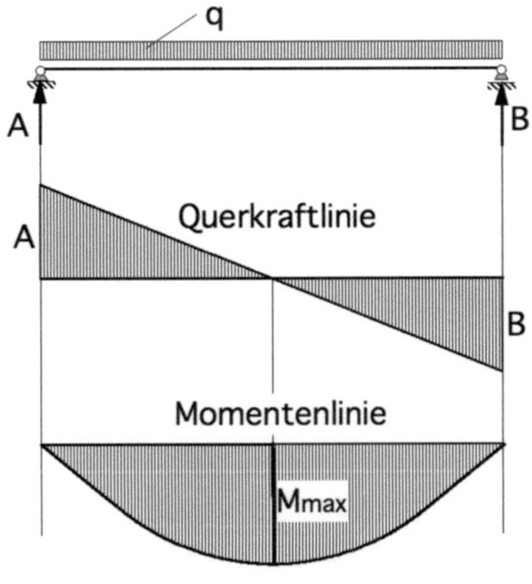

Abbildung 7.24: Einfeldträger Querkraft- und Momentenlinie

Bei dem in einem Träger durch die Belastung auftretendem maximalen Moment entstehen somit die Druckspannung σ_d und die Zugspannung σ_z. Wird das Moment kleiner, man bewegt sich mehr zum Auflager hin, so entstehen kleinere Spannungen σ_o bzw. σ_u.

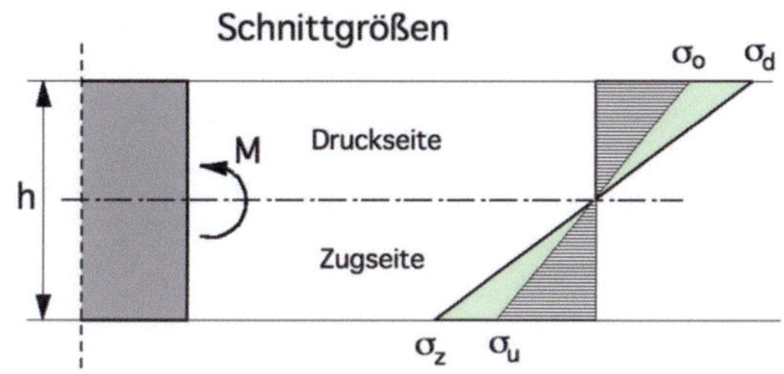

Abbildung 7.25: Spannungsverteilung im Träger

Bei all diesen Spannungen kann jeweils eine zugehörige Schubspannung τ aufgenommen werden. Nach dem Coulomb'schen Stoffgesetz errechnen sich diese zu:

$$\tau = \tau_c + \sigma * tan(\varphi) \tag{7.79}$$

Die Schubspannung τ_c ist die Scherfestigkeit eines Materials und kann ausgehend von der Druckfestigkeit f_{cfk} mit folgender Formel berechnet werden:

$$\tau_c = \frac{f_{cfk}}{2} * tan(45 - \frac{\varphi}{2}) \tag{7.80}$$

Diese Zusammenhänge werden in der Darstellung des Mohr'schen Kreises deutlich und können dort nachvollzogen werden.

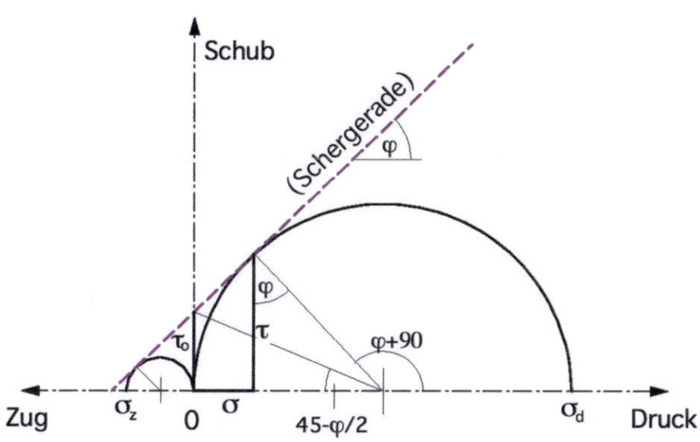

Abbildung 7.26: Mohr'scher Spannungskreis mit Schubspannung

Wenn man nun also für jede Spannung σ eine zugehörige Scherspannung τ erhält, ist dies im ersten Moment verwirrend, jedoch bei Betrachtung eines linearen Spannungsverlaufes im Querschnitt entsteht ein einfaches Bild.

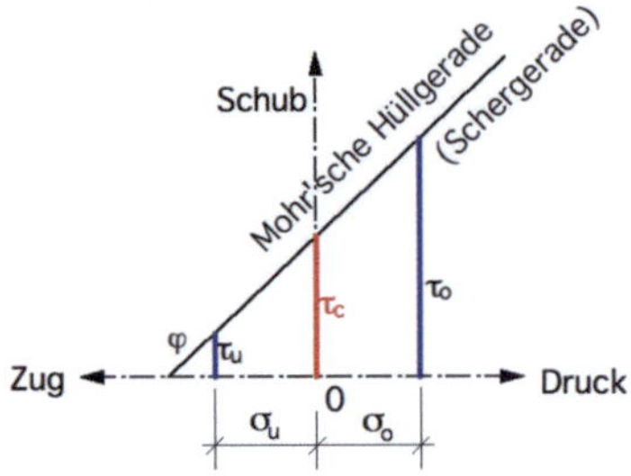

Abbildung 7.27: Schubspannungen im Querschnitt nach Coulomb

Im Zustand 1 (ungerissener Querschnitt) sind die beiden äußeren Spannungen im Betrag gleich groß, nur haben sie unterschiedliche Vorzeichen. Sie pendeln um den 0-Punkt und erzeugen somit Schubspannungen, die im Mittel auch um die Scherfestigkeit τ_c pendeln.

Man kann also für einen Querschnitt im Zustand 1 durchaus den Mittelwert τ_c über den gesamten Querschnitt verwenden. Somit ergibt sich die aufnehmbare Schubkraft in einem Querschnitt zu:

$$Q_k = A * \tau_c \tag{7.81}$$

wobei A die Querschnittsfläche des betrachteten Bauteiles ist. Es ergibt sich nun die aufnehmbare Querkraft eines Querschnittes in Abhängigkeit von der Druckfestigkeit zu:

$$Q_k = A * \frac{f_{cfk}}{2} * tan(45 - \frac{\varphi}{2}) \tag{7.82}$$

Da sich die beiden Werte f_{cfk} und φ ausgehend von den Betonkennwerten mit vorgegebener Dosierung von Fasern nicht verändern, kann bei gegebener Querkraft die notwendige Querschnittsfläche errechnet werden.

$$A = \frac{2Q_k}{f_{cfk} * tan(45 - \frac{\varphi}{2})} \tag{7.83}$$

Ausgehend von dieser Querschnittsfläche kann man nun bei einem Träger mit der Breite b die Höhe ermitteln:

$$h = \frac{A}{b} \tag{7.84}$$

Es kann auch die Querkraft als Durchstanzkraft bei Deckenauflagern auftreten. Dann ist die Querschnittsfläche als Fläche des Rundschnittes um das Auflager zu sehen, und diese errechnet sich aus der Umfangslänge des Auflagers U und der Deckenhöhe h. Auch hier kann man wiederum die notwendige Höhe der Decke ermitteln zu:

$$h = \frac{A}{U} \tag{7.85}$$

Somit ist auch der Nachweis des Durchstanzens bei Decken nachweisbar.

7.3.2.5 Ausbruch eines Auflagers

Dieser Nachweis sollte zusätzlich zum Nachweis des Durchstanzens durchgeführt werden. Er erfolgt in der unter Kapitel 7.3.1.5 beschriebenen Art und Weise .

7.4 Bemessungsbeispiele

Der Wunsch, den Baustoff Faserbeton allgemein einzusetzen, nimmt immer mehr zu. Es wird hier gezeigt, dass der Faserbeton nicht einfach zu bemessen ist, sondern man muss hier doch einige Schritte in der Berechnung ausführen. Dies liegt an der Materialeigenschaft des Verbundbaustoffes Faserbeton.

In der Praxis bestehen für den Faserbeton folgende Anwendungsmöglichkeiten:

- Estriche
- Sohlplatten und Wannen
- Streifen und Punktfundamente
- Decken, umfangs- und punktgelagert
- Wände
- Pfähle und Stützen
- Träger allgemein und formunabhängig

Wie bereits bei der Ermittlung der Materialkennwerte erkennbar, kann der Faserbeton in drei Zuständen betrachtet werden.

Zustand	Beschreibung
1	der gesamte Querschnitt ist ungerissen und es besteht lineare Spannungsverteilung
1-2	der Querschnitt ist teilweise gerissen und es besteht lineare Spannungsverteilung
2	der Querschnitt ist maximal gerissen und es besteht nichtlineare Spannungsverteilung

Tabelle 7.7: Mögliche Zustände bei der Bemessung von Faserbeton

Für sämtliche Bemessungsarten sind nun die einzelnen Querschnitte auf die drei möglichen Zustände zu überprüfen. Die jeweilige Belastungsart gibt an, mit welchem Bemessungsrechengang zu arbeiten ist. Die einzelnen Zusammenhänge wurden im letzten Kapitel ausführlich beschrieben.

Es wird hier an Beispielen, die in der Reihenfolge dem Aufbau der Bemessungstheorie folgen, die Bemessung des Faserbetonquerschnittes gezeigt. Die Beispiele entstammen der Praxis und sind somit auch großteils schon ausgeführt worden.

Da der Baustoff Faserbeton als Ganzes für ein Bauteil gemischt wird, ist bei der Bemessung eines Bauteiles jeweils die maximale Beanspruchung am gesamten Bauteil zu untersuchen. Dabei wird von einer gleichen Querschnittsform ausgegangen. Sobald sich der Querschnitt ändert, muss die Bemessung mit dem neuen Querschnitt wieder durchgeführt werden. Dies hat zur Folge, dass mit Hilfe von Querschnittsänderungen ein Angleichen an die statischen Kräfte vollzogen werden kann.

7.4.1 Querschnitt auf Biegung

Für Baustoffe, die im konstruktiven Ingenieurbau verwendet werden sollen, ist der Lastfall der Biegung besonders wichtig. Da der Querschnitt beim Faserbeton gleichmäßig mit Fasern durchmischt ist, ist auch die Richtung des Momentes nebensächlich, da der Baustoff in jeder Richtung bei gleichem Querschnitt auch dieselben Momente aufnehmen kann.

An den Materialeigenschaften erkennt man, ob ein Baustoff den statischen und dynamischen Beanspruchungen ausgesetzt werden kann. Im Bereich des Bauwesens sind dies vornehmlich Baustoffe, die keine zeitabhängigen Deformationen zeigen. Dies ist beim Faserbeton der Fall.

Nachfolgend werden Beispiele gerechnet, die der Praxis entnommen wurden und auch stellvertretend für die Anwendung stehen sollen.

7.4.1.1 Kunststofffaser

Es werden hier zwei Beispiele vorgerechnet, die den unterschiedlichen Einsatz von Kunststofffasern bei reiner Biegebemessung aufzeigen.

Weiters werden Berechnungen mit zwei unterschiedlichen Fasern gezeigt, wie sie im Tunnelbau (Tübbinge) und auch bei Treppen wegen der Brandgefahr angewendet werden.

Hallenboden

Bei Industriehallen ist der Boden meist als befahrbar auszulegen und hat zusätzlich noch die Forderung der Ableitung von relativ hohen Einzellasten wie Stützenlasten von Regalen bzw. Hochregalen oder auch von Maschinenstützen. Im nachfolgenden Fall werden bei einer Werkshalle Papiermaschinen aufgestellt, die relativ hohe Einzellasten in die Bodenplatte einleiten und von dieser verteilt bzw. aufgenommen werden müssen.

In der nachfolgenden Abbildung ist ein Schnitt durch die Werkhalle dargestellt, wobei der Fußbodenaufbau genauer angegeben ist. Die Größe der einzelnen Plattenelemente ist jeweils mit 6,0 / 6,0 m angegeben.

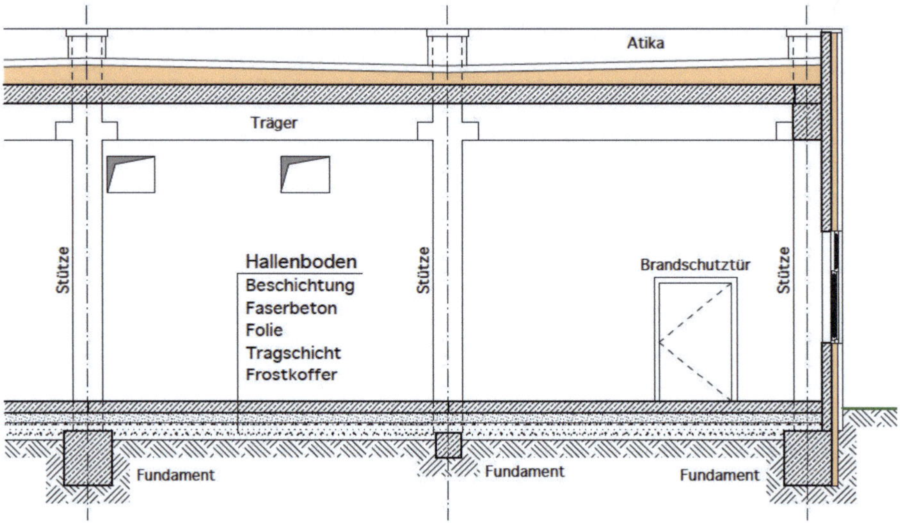

Abbildung 7.28: Schnitt durch Druckerhalle

Die einzurechnenden Belastungen für die Dimensionierung der Bodenplatte sind durch den Verwendungszweck und auch durch die Maschinengewichte vorgegeben.

Flächenlast (Verkehrslasten)	qk,fl =	30	kN/m2
Gabelstapler Klasse FL 2 lt. EN 1991-1-1, Achslast	Qk, st =	40	kN
Belastung durch die Druckmaschine, Einzellast	Qk,dm =	30	kN
Abstand der Einzellasten zueinander	v =	1200	mm

Abbildung 7.29: Lastangaben für den Boden

Mit einer statischen Berechnung wurden nun für diese Platte die Momente ermittelt, wobei hier die entsprechenden Sicherheiten bereits includiert sind.

Moment in der Plattenmitte	**mc,m,d =**	**15,82 kNm/lfm**
Moment am Plattenrand	**mc,r,d =**	**26,88 kNm/lfm**
Moment in der Plattenecke	**mc,e,d =**	**19,37 kNm/lfm**

Abbildung 7.30: aufzunehmende Momente in der Bodenplatte

Damit kann nun eine Bemessung für Fasern durchgeführt werden. Im vorliegenden Fall wird von einer Betonsorte C 25 ausgegangen, der Kunststofffasern der Type Enduro HPP 45 die mit einer Dosierung von 5 kg/m^3 beigegeben wird.

Baustelle:	Bodenplatte für Druckerhalle	Datum:	04.05.20
Schnitt:	Industriebodenplatte mit PP-Faser	Bearbeiter:	Wietek

Wahl der Faser: Enduro HPP 45 Kunststoff
Wahl der Dosierung [kglm3]: 5 Fehlfasern: 10% Wahl der Betonsorte: C 25

Durchmesser	d =	1	mm
Fläche	Af =	0,79	mm2
Länge	l =	45	mm
Volumen	v =	35,34	mm3
Gewicht	gf =	0,032	g
Oberfläche	Of =	141,4	mm2
E-Modul	Ef =	600	kN/cm2
Faserdichte	df =	0,70	Stk/cm2
Faserfaktor	cg =	2,50	-
Faserwinkel	β =	25,0	°
Raumwinkel	α =	66,0	°
Faserrauhigkeit	ρ =	1,0	-
E-beiwert	ce =	0,19	-
Faserzugspannung	f-fk1 =	0,096	kN/cm2

Druckfestigkeit	fck =	2,50	kN/cm2
Zugfestigkeit	fctk =	0,256	kN/cm2
E-Modul	Ec =	3.140	kN/cm2
Scherwinkel	α =	43,5	°
Scherspannung	τc =	0,537	kN/cm2
Faktor-Dehnung	ν =	1,04	-

Faserbeton:

Zugfestigkeit	fcftk =	0,557	kN/cm2
Druckfestigkeit	fcfk =	3,02	kN/cm2

Abbildung 7.31: Eingabedaten zur Berechnung mit Enduro HPP 45

Mit den eingegebenen Werten können nun die Faserdichte und die Faserzugspannung des Faserbetons ermittelt werden. Hier die Berechnung für die Dosierung 5 kg/m^3:

$$d_f = D * 1000/g_f/(100*100*100) * l_f/10 = 5*1.000/0,032/(1.000.000)*45/10 = 0,70$$

$$f_{fk1} = \tau_o/2 * O_f * d_f * c_\alpha * c_g * \rho * c_e = 0,537/2*141,4/100*0,70*cos(66-25)*2,5*1,0*0,19 = 0,0958 [kN/cm^2]$$

Jetzt können die Zugfestigkeit und die Druckfestigkeit nach dem Ansatz von Mohr-Coulomb entsprechend Abschnitt 6 für die einzelnen Dosierungen ermittelt werden. Dabei wird ein Rissanteil von 10 % berücksichtigt.

$$f_{cftk} = f_{ctk} * 1,8 + f_{fk1} = 0,256 * 1,8 + 0,096 = 0,557 \ [kN/cm^2]$$

$$f_{ctk} = f_{cftk}/(f_{ctk} * 1,8) * f_{ck} = 0,557/(0,256 * 1,8) * 2,50 = 3,02 \ [kN/cm^2]$$

Es werden nun die Breite des zu bemessenden Querschnittes eingegeben sowie das abzudeckende Moment mit den erforderlichen Sicherheiten angegeben, dann kann die eigentliche Berechnung durchgeführt werden.

Eingabe der Trägerbreite:

Breite	b =	100	cm

Eingabe des Momentes: (ohne Sicherheit)

Moment	Md =	26,9	kNm

Eingabe der erforderlichen Teilsicherheiten:

Sicherheit FB	eta =	1,35	
Sicherheit Last	eta =	1	

Abbildung 7.32: Geometrie und Moment sowie Sicherheiten

Die Sicherheit der Lasten wurden bereits bei der Ermittlung der Momente berücksichtigt, daher hier der Wert 1,0.

Im Anschluss an die Eingabe erfolgt die Berechnung der mit der jeweiligen Sicherheit beaufschlagten Festigkeit. Nun kann die Zugkraft für den Zustand 1 errechnet werden und damit auch das Tragmoment für die vorgegebene Dosierung.

Werte mit Sicherheit:

Zugfestigkeit	fcfts =	0,413	kN/cm2
Druckfestigkeit	fcfs =	2,24	kN/cm2
Moment	Ms =	26,90	kNm
erf. Widerst.mom	Werf =	6.514	cm3
erforderl. Höhe	erf.h =	19,77	cm

Abbildung 7.33: Ergebnis der Berechnung

$$f_{cfts} = f_{cftk}/\eta_f b = 0,557/1,35 = 0,413 \; [kN/cm^2]$$
$$f_{cfs} = f_{cfk}/\eta_f b = 3,02/1,35 = 2,24 \; [kN/cm^2]$$
$$M_s = M_d/\eta_l = 26,90 * 1,0 = 26,90 \; [kNm]$$

Damit kann für Rechteckquerschnitte bei gegebener Randspannung das erforderliche Widerstandsmoment ermittelt werden. Mit diesem erforderlichen Widerstandsmoment kann die erforderliche Höhe des Querschnittes errechnet werden:

$$erfW = M_s * 100/f_{cfts} = 26,90 * 100/0,413 = 6.514 \; [cm^3]$$
$$erfh = \sqrt{6 * erfW/b} = \sqrt{6 * 6.514/100} = 19,8 \; [cm]$$

Das Ergebnis zeigt, dass eine Bodenplatte mit Faserbeton aus Kunststofffaser sehr gut möglich ist. In der Praxis wurden bereits mehrere Bodenplatten mit Kunststofffaser hergestellt.

Treppenlauf

Bei Wohnhäusern werden immer mehr Fertigteiltreppen eingesetzt. Am folgenden Beispiel soll gezeigt werden wie eine Fertigteiltreppe bestehend aus geraden Treppenläufen mit Faserbeton bemessen werden kann.

Es wird dabei eine Sichtbetonqualität verlangt. Dies ist der Grund, warum hier eine Kunststofffaser gewählt wurde. Es gibt dabei keine Veränderung der Oberflächen und somit kann der Treppenlauf auch im rohen Zustand als Sichtbeton angewendet werden.

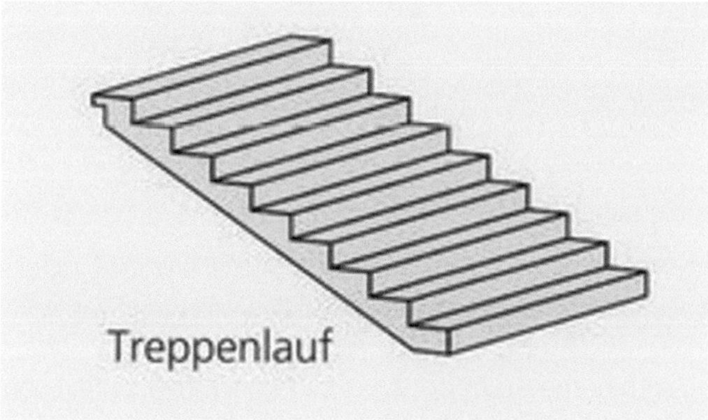

Abbildung 7.34: gerader Treppenlauf

Aus der statischen Berechnung des Treppenlaufes entnimmt man folgende Abmessungen und auch Krafteinwirkungen:

Treppenlauf Breite = 1,20 m
Treppenlauf Konstruktionshöhe = 20 cm
maximales Biegemoment in der Platte M = 17 kNm (ohne Sicherheit)

Mit diesen Grundwerten kann schon in eine Bemessung des Treppenlaufes durchgeführt werden. Als Materialien sind die Faserart und Dosierung anzugeben sowie die Betongüte.

Im vorliegenden Fall wird mit einem Beton für Fertigteile der Güte C30 gerechnet. Als Faser wird eine Kunststofffaser, die Enduro 600 gewählt und mit einer Dosierung von 5 kg/m^3 eingesetzt.

Baustelle:	Fertigteiltreppe	Datum:	06.05.20
Schnitt:	Kellergeschoß erster Treppenlauf	Bearbeiter:	Wietek

Wahl der Faser: Enduro 600 Kunststoff

Wahl der Dosierung [kglm3]: 5 Fehlfasern: 10% Wahl der Betonsorte: C 30

Durchmesser	d =	0,75	mm
Fläche	Af =	0,44	mm2
Länge	l =	50	mm
Volumen	v =	22,09	mm3
Gewicht	gf =	0,020	g
Oberfläche	Of =	117,8	mm2
E-Modul	Ef =	600	kN/cm2
Faserdichte	df =	1,24	Stk/cm2
Faserfaktor	cg =	2,50	-
Faserwinkel	β =	25,0	°
Raumwinkel	α =	66,0	°
Faserrauhigkeit	ρ =	1,0	-
E-beiwert	ce =	0,18	-
Faserzugspannung	f-fk1 =	0,158	kN/cm2

Druckfestigkeit	fck =	3,00	kN/cm2
Zugfestigkeit	fctk =	0,290	kN/cm2
E-Modul	Ec =	3.280	kN/cm2
Scherwinkel	α =	44,7	°
Scherspannung	τc =	0,625	kN/cm2
Faktor-Dehnung	v =	1,00	-

Faserbeton:

Zugfestigkeit	fcftk =	0,679	kN/cm2
Druckfestigkeit	fcfk =	3,91	kN/cm2

Abbildung 7.35: Eingabedaten zur Berechnung

Mit den eingegebenen Werten können nun die Faserdichte und die Faserzugspannung des Faserbetons ermittelt werden. Hier die Berechnung für die Dosierung 5 kg/m^3:

$$d_f = D * 1000/g_f/(100*100*100)*l_f/10 = 5*1.000/0,020/(1.000.000)*50/10 = 1,24$$

$$f_{fk1} = \tau_o/2*O_f*d_f*c_\alpha*c_g*\rho*c_e = 0,625/2*117,8/100*1,24*cos(66-25)*2,5*1,0*0,18 = 0,158[kN/cm^2]$$

Jetzt können die Zugfestigkeit und die Druckfestigkeit nach dem Ansatz von Mohr-Coulomb entsprechend Abschnitt 6 für die einzelnen Dosierungen ermittelt werden. Dabei wird ein Rissanteil von 10 % berücksichtigt.

$$f_{cftk} = f_{ctk}*1,8+f_{fk1} = 0,290*1,8+0,158 = 0,679\ [kN/cm^2]$$

$$f_{ctk} = f_{cftk}/(f_{ctk}*1,8)*f_{ck} = 0,679/(0,290*1,8)*3,00 = 3,91\ [kN/cm^2]$$

Es werden nun die Breite des zu bemessenden Querschnittes eingegeben sowie das abzudeckende Moment mit den erforderlichen Sicherheiten angegeben, dann kann die eigentliche Berechnung durchgeführt werden.

Eingabe der Trägerbreite:

Breite	b =	100	cm

Eingabe des Momentes: (ohne Sicherheit)

Moment	Md =	15,6	kNm

Eingabe der erforderlichen Teilsicherheiten:

Sicherheit FB	eta =	1,35	
Sicherheit Last	eta =	1,5	

Abbildung 7.36: Geometrie und Moment sowie Sicherheiten

Im Anschluss an die Eingabe erfolgt die Berechnung der mit der jeweiligen Sicherheit beaufschlagten Festigkeit. Nun kann die Zugkraft für den Zustand 1 errechnet werden und damit auch das Tragmoment für die vorgegebene Dosierung.

Werte mit Sicherheit:

Zugfestigkeit	fcfts =	0,503	kN/cm2
Druckfestigkeit	fcfs =	2,90	kN/cm2
Moment	Ms =	23,40	kNm
erf. Widerst.mom	Werf =	4.649	cm3
erforderl. Höhe	erf.h =	16,70	cm

Abbildung 7.37: Ergebnis der Berechnung

$$f_{cfts} = f_{cftk}/\eta_f b = 0,444/1,35 = 0,503\ [kN/cm^2]$$

$$f_{cfs} = f_{cfk}/\eta_f b = 3,91/1,35 = 2,90\ [kN/cm^2]$$

$$M_s = M_d/\eta_l = 15,6 * 1,5 = 23,4\ [kNm]$$

Damit kann für Rechteckquerschnitte bei gegebener Randspannung das erforderliche Widerstandsmoment ermittelt werden. Mit diesem erforderlichen Widerstandsmoment kann die erforderliche Höhe des Querschnittes errechnet werden:

$$erfW = M_s * 100/f_{cfts} = 23,4 * 100/0,503 = 4.649\ [cm^3]$$

$$erfh = \sqrt{6 * erfW/b} = \sqrt{6 * 4.649/100} = 16,7\ [cm]$$

Das Ergebnis zeigt, dass eine Treppenplatte mit Faserbeton aus Kunststofffaser sehr gut möglich ist. In der Praxis wurden bereits mehrere Treppenplatten mit Kunststoffaser hergestellt, wobei auch gewendelte Treppenläufe dabei waren, wie sie im nächsten Kapitel aufgezeigt werden.

Treppenlauf mit Brandschutz (2 Fasern)

Wie im Kapitel 6.2.1.1 unter Mikrofasern beschrieben, ist deren Verwendung besonders bei Brandgefahr sehr positiv. Daher werden im Tunnelbau bei Tübbingen gerne Mikrofasern verwendet. Auch für Treppenläufe sollte diese positive Materialeigenschaft ausgenutzt werden. Daher wird hier die selbe Treppe wie bei der vorigen Berechnung mit zwei Fasern (Mikro- und Makrofaser) berechnet. Damit wird gezeigt, dass für einen Brandschutz die Treppen relativ brandsicher gebaut werden können und somit in weiterer Folge auch als Fluchtweg immer verwendbar sind.

zur Rissvermeidung:	Micro-Faser 1		
Wahl der Faser:	Fibermesh 150		Kunststoff
Wahl der Dosierung [kg/m3]:	2	Fehlfaser	10%
zur Kraftübertragung:	Macro-Faser 2		
Wahl der Faser:	SikaForce 50		Kunststoff
Wahl der Dosierung [kg/m3]:	4	Fehlfaser	10%

Wahl der Betonsorte:		C 30	
Druckfestigkeit	fck =	3,00	kN/cm2
Zugfestigkeit	fctk =	0,290	kN/cm2
E-Modul	Ec =	3.280	kN/cm2
Biegezug	fctkb =	0,521	[kN/cm2]
Scherwinkel	φ =	44,7	[°]
Scherspannung	tc =	0,625	[kN/cm2]

Faser 1			
Durchmesser	d =	0,031	mm
Breite	b =		mm
Dicke	d =		mm
Fläche	Af =	7,5E-04	mm2
Länge	l =	12	mm
Volumen	v =	9,1E-03	mm3
Gewicht	gf =	8,2E-06	g
Oberfläche	Of =	1,17	mm2
E-Modul	Ef =	540	kN/cm2
Faserdichte	df =	291,2	Stk/cm2
Faserfaktor	cg =	1,00	-
Faserwinkel	β =	0,0	°
Raumwinkel	α =	66	°
Faserrauhigkeit	ρ =	0,8	-
E-beiwert	ce =	0,16	-
Faserzugspannung	f-fk1 =	0,057	kN/cm2

Faser 2			
Durchmesser	d =	0,00	mm
Breite	b =	0,73	mm
Dicke	d =	0,73	mm
Fläche	Af =	5,3E-01	mm2
Länge	l =	50	mm
Volumen	v =	2,7E+01	mm3
Gewicht	gf =	2,4E-02	g
Oberfläche	Of =	146,00	mm2
E-Modul	Ef =	540	kN/cm2
Faserdichte	df =	0,82	Stk/cm2
Faserfaktor	cg =	2,50	-
Faserwinkel	β =	25,0	°
Raumwinkel	α =	66	°
Faserrauhigkeit	ρ =	0,9	-
E-beiwert	ce =	0,16	-
Faserzugspannung	f-fk1 =	0,105	kN/cm2

Faserbeton:			
Zugfestigkeit	fcftk =	0,684	kN/cm2
Druckfestigkeit	fcfk =	3,93	kN/cm2

Abbildung 7.38: Eingabedaten zur Berechnung mit 2 Fasern

Die hier ermittelte Zugfestigkeit für den Faserbeton mit zwei unterschiedlichen Fasern liegt geringfügig über der Zugfestigkeit im vorherigen Beispiel, somit ist gewährleistet, dass auch im Brandfall der Baustoff Faserbeton seinen Erwartungen entspricht.

Da im Brandfall die Abplatzungen im Faserbeton ein bis maximal 2 cm betragen, sollte als Vorsichtsmaßnahme diese 2 cm der Konstruktionshöhe zugeschlagen werden. Somit kann dann das Treppenhaus als sicherer Fluchtweg im Falle eines Brandes Verwendung finden.

7.4.1.2 Stahlfaser

Testplatte in Bissen

Die Fa. ARCELOR hat im Jahre 2004 eine punktgestützte Stahlfaserbetonplatte hergestellt und diese einem Belastungsversuch unterzogen. Die Platte bestand aus insgesamt 9 quadratischen Feldern von jeweils 6 x 6 m. Es wurden die Felder im Quadrat 3 x 3 angeordnet, so dass in jeder Richtung drei Felder durchgehend waren.

Die Platte war in jedem Eckpunkt von einer Stahlstütze unterstützt, so dass von einer punktförmigen Unterstellung gesprochen werden muss. Die Plattenstärke wurde mit durchgehend gleichmäßigen 20 cm ausgeführt. Es wurde nur Stahlfaserbeton verwendet, auch bei den Auflagerbereichen wurden keine zusätzlichen Maßnahmen getroffen.

Es wird hier mit der Bemessung gezeigt, dass diese Platte mit den dort vorgegebenen Randbedingungen allen Sicherheitsbedürfnissen entspricht.

Die Belastung wurde im Mittelfeld aufgebracht, indem Wasserbehälter langsam gefüllt wurden und dabei die Deformationen der Platte sehr genau registriert wurde. Bei einer aufgebrachten Belastung durch die Wassertanks von 8 kN/m^2 des Mittelfeldes wurden die größten vertikalen Deformationen der Platte mit 12 mm gemessen, wobei noch keine Risse auftraten.

Die statische Nachberechnung der Versuchsplatte ergab folgende Werte, die in die Bemessung von Stahlfaserbeton eingehen:

Systemlängen 6,0 m
Gesamtbelastung $q = 11kN/m^2$
maximales Biegemoment M = 16,9 kNm
Plattenstärke 20 cm
Betonsorte C20
Stahlfaser TABIX 1/30

Der Querschnitt der Versuchsplatte ist in Abbildung 7.37 aufgezeigt. Es wird in der darauf folgenden Abbildung eine Draufsicht auf die Platte gezeigt, aus der die Feldaufteilung erkennbar ist.

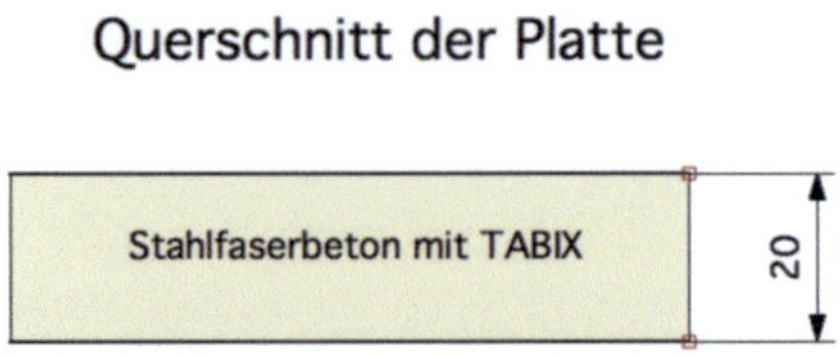

Abbildung 7.39: Versuchsplatte Querschnitt

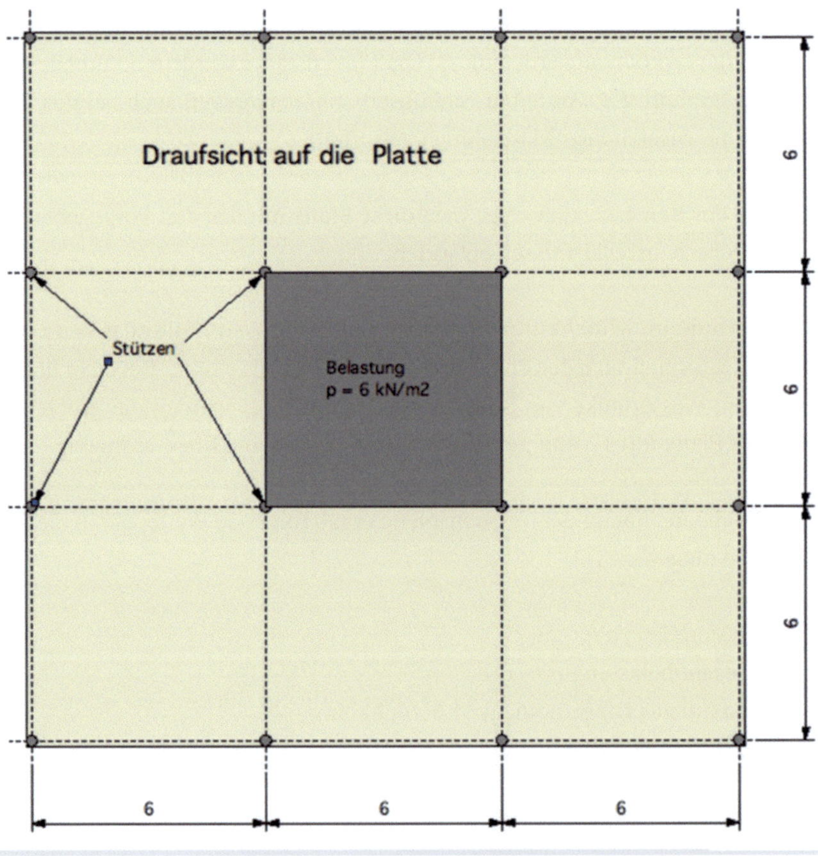

Abbildung 7.40: Versuchsplatte Draufsicht

In der Abbildung 7.39 ist die detaillierte Eingabe für die mittels einer in EXCEL-Tabelle durchgeführten Berechnung aufgezeigt. Nach der Eingabe der Baustellendaten wird eine Faser gewählt. Es kommt die Stahlfaser **TABIX 1/30** zur Anwendung und es werden die entsprechenden Faserkennwerte angegeben. Danach wird die Betonsorte **C20** eingegeben, und es erfolgt die Angabe der entsprechenden Betonkennwerte.

Baustelle:	Testplatte in Bissen	Datum:	07.05.20
Schnitt:	Biegebemessung für maximale Belastung	Bearbeiter:	Wietek

Wahl der Faser: TABIX 1/30 Stahl
Wahl der Dosierung [kglm3]: 40 Fehlfasern: 10% Wahl der Betonsorte: C 20

Durchmesser	d =	1	mm
Fläche	Af =	0,79	mm2
Länge	l =	30	mm
Volumen	v =	23,56	mm3
Gewicht	gf =	0,186	g
Oberfläche	Of =	94,2	mm2
E-Modul	Ef =	21.000	kN/cm2
Faserdichte	df =	0,65	Stk/cm2
Faserfaktor	cg =	2,00	-
Faserwinkel	β =	25,0	°
Raumwinkel	α =	66,0	°
Faserrauhigkeit	ρ =	0,7	-
E-beiwert	ce =	1,00	-
Faserzugspannung	f-fk1 =	0,144	kN/cm2

Druckfestigkeit	fck =	2,00	kN/cm2
Zugfestigkeit	fctk =	0,221	kN/cm2
E-Modul	Ec =	2.990	kN/cm2
Scherwinkel	α =	41,9	°
Scherspannung	τc =	0,446	kN/cm2
Faktor-Dehnung	ν =	1,10	-

Faserbeton:

Zugfestigkeit	fcftk =	0,541	kN/cm2
Druckfestigkeit	fcfk =	2,72	kN/cm2

Abbildung 7.41: Eingabefeld der Bemessung für Faserbeton

Mit diesen Werten können nun die Faserdichte und die Faserzugspannung des jeweiligen Faserbetons ermittelt werden. Hier die Berechnung für die Dosierung 40 kg/m^3 mit einem Fehlfaserwert von 10 %:

$$d_f = D * 1000/g_f/(100*100*100)*l_f/10 = 40*1000/0,186/(1.000.000)*30/10 = 0,65$$

$$f_{fk1} = \tau_o/2*O_f*d_f*c_\alpha*c_g*\rho*c_e = 0,446/2*94,2/100*0,65*cos(66-25)*2,0*0,7*1,0 = 0,144 [kN/cm^2]$$

Jetzt können die Zugfestigkeit und die Druckfestigkeit nach dem Ansatz von Mohr-Coulomb entsprechend Abschnitt 6 für die einzelnen Dosierungen ermittelt werden. Dabei wird ein Rissanteil von 10 % berücksichtigt.

$$f_{cftk} = f_{ctk}*1,8+f_{fk1} = 0,221*1,8+0,144 = 0,541\ [kN/cm^2]$$

$$f_{ctk} = f_{cftk}/(f_{ctk}*1,8)*f_{ck} = 541/(0,221*1,8)*2,00 = 2,72\ [kN/cm^2]$$

Anschließend werden die Höhe und Breite des zu bemessenden Querschnittes eingegeben. Letztendlich wird das abzudeckende Moment mit der erforderlichen Sicherheit angegeben, dann kann die eigentliche Berechnung durchgeführt werden.

Eingabe der Trägerbreite:

Breite	b =	100	cm

Eingabe des Momentes: (ohne Sicherheit)

Moment	Md =	16,9	kNm

Eingabe der erforderlichen Teilsicherheiten:

Sicherheit FB	eta =	1,35	
Sicherheit Last	eta =	1,5	

Abbildung 7.42: Eingabe der Abmessungen, des Momentes und der Sicherheiten

Im Anschluss an die Eingabe erfolgt die Berechnung der mit der jeweiligen Sicherheit beaufschlagten Festigkeit. Nun kann die Zugkraft für den Zustand 1 errechnet werden und damit auch das Tragmoment für die jeweilige Dosierung.

Werte mit Sicherheit:

Zugfestigkeit	fcfts =	0,401	kN/cm2
Druckfestigkeit	fcfs =	2,02	kN/cm2
Moment	Ms =	25,35	kNm
erf. Widerst.mom	Werf =	6.321	cm3
erforderl. Höhe	erf.h =	19.47	cm

Abbildung 7.43: Ermittlung der aufnehmbaren Tragmomente für den Faserbeton

Es werden nun die einzelnen Berechnungsschritte hier für die Dosierung von 40 kg/m^3 angeführt:

$$f_{cfts} = f_{cftk}/\eta_f b = 0,541/1,35 = 0,401\ [kN/cm^2]$$

$$f_{cfs} = f_{ctk}/\eta_f b = 0,2,72/1,35 = 2,02\ [kN/cm^2]$$

$$M_s = M_d/\eta_l = 16,9 * 1,5 = 25,35\ [kNm]$$

Damit kann für Rechteckquerschnitte bei gegebener Randspannung das erforderliche Widerstandsmoment ermittelt werden. Mit diesem erforderlichen Widerstandsmoment kann die erforderliche Höhe des Querschnittes errechnet werden:

$$erfW = M_s * 100/f_{cfts} = 25,35 * 100/0,401 = 6.321\ [cm^3]$$

$$erfh = \sqrt{6 * erfW/b} = \sqrt{6 * 6.321/100} = 19,47\ [cm]$$

Die Berechnung zeigt, dass bei einer Dosierung von 40 kg/m^3 und einer Sicherheit für die Last von 1,5 das erforderliche Tragmoment von 16,9 $[kNm]$ erreicht wird.

Die hier berechnete Stahlfaserplatte wurde im Jahr 2004 von der Fa. Arcelor als Versuchsplatte hergestellt und einer ausführlichen Belastungsprobe unterzogen. Die Nachrechnung bestätigt, dass Decken mit Faserbeton prinzipiell machbar sind und auch wirtschaftlich. Denkt man insbesondere an die meist komplizierte Verlegung von Bewehrungseisen , so erkennt man hier einen der Hauptvorteile von Faserbeton.

Die bei dieser Probeplatte gewählte Stützweite von 6,0 m ist sicherlich ein Grenzwert der Spannweite für wirtschaftliche Anwendungen, es ist aber damit nachgewiesen, dass im Wohnbau in dem Spannweiten meist unter 5,0 m sind, eine wirtschaftliche Anwendung dieses Baumaterials gegeben ist.

Abbildung 7.44: Versuchsplatte 1 und Belastung 2 des Versuches Bissen 2004; Bild: ArcelorMittal

Die beiden Bilder zeigen die Stahlfaserbetonplatte zuerst unbelastet und im rechten Bild mit der aufgebrachten Belastung durch die Wasserkanister.

Die Ergebnisse der vorliegenden Berechnung zeigen nun auch rechnerisch den Nachweis der Tragfähigkeit in einer sehr gut reproduzierbaren Form, die in der Praxis für die meisten Anwendungsfälle eingesetzt werden kann.

Hallenboden

Nachfolgend wird die Platte für den bereits mit einer Kunststofffaser bemessenen Hallenboden (Abbildung 7.28) mit den Lastangaben (Abbildung 7.29) und den Momenten (Abbildung 7.30) für eine Stahlfaser bemessen und die erforderliche Plattendicke errechnet.

Mit den unter Punkt 7.4.1.1 angegebenen Werten kann nun eine Bemessung für Stahlfasern durchgeführt werden. Im vorliegenden Fall wird von einer Betonsorte C 25 ausgegangen, der Stahlfaser der Type TABIX 1/30 die mit einer Dosierung von 40 kg/m^3 beigegeben wird.

Baustelle:	Bodenplatte für Druckerhalle	Datum:	04.05.20
Schnitt:	Industriebodenplatte mit Stahlfaser	Bearbeiter:	Wietek

Wahl der Faser: TABIX 1/30 Stahl
Wahl der Dosierung [kglm3]: 40 Fehlfasern: 10% Wahl der Betonsorte: C 25

Durchmesser	d =	1	mm
Fläche	Af =	0,79	mm2
Länge	l =	30	mm
Volumen	v =	23,56	mm3
Gewicht	gf =	0,186	g
Oberfläche	Of =	94,2	mm2
E-Modul	Ef =	21.000	kN/cm2
Faserdichte	df =	0,65	Stk/cm2
Faserfaktor	cg =	2,00	-
Faserwinkel	β =	25,0	°
Raumwinkel	α =	66,0	°
Faserrauhigkeit	ρ =	0,7	-
E-beiwert	ce =	1,00	-
Faserzugspannung	f-fk1 =	0,173	kN/cm2

Druckfestigkeit	fck =	2,50	kN/cm2
Zugfestigkeit	fctk =	0,256	kN/cm2
E-Modul	Ec =	3.140	kN/cm2
Scherwinkel	α =	43,5	°
Scherspannung	τc =	0,537	kN/cm2
Faktor-Dehnung	ν =	1,04	-

Faserbeton:

Zugfestigkeit	fcftk =	0,635	kN/cm2
Druckfestigkeit	fcfk =	3,44	kN/cm2

Abbildung 7.45: Eingabedaten zur Berechnung mit TABIX 1/30

Mit den eingegebenen Werten können nun die Faserdichte und die Faserzugspannung des Faserbetons ermittelt werden. Hier die Berechnung für die Dosierung 50 kg/m^3:

$$d_f = D*1000/g_f/(100*100*100)*l_f/10 = 40*1.000/0,186/(1.000.000)*30/10 = 0,65[Stk/cm^2$$

$$f_{fk1} = \tau_o/2*O_f*d_f*c_\alpha*c_g*\rho*c_e = 0,537/2*94,2/100*0,65*cos(66-25)*2,0*0,7*1 = 0,173[kN/cm^2]$$

Jetzt können die Zugfestigkeit und die Druckfestigkeit nach dem Ansatz von Mohr-Coulomb entsprechend Abschnitt 6 für die einzelnen Dosierungen ermittelt werden.

$$f_{cftk} = f_{ctk} * 1,8 + f_{fk1} = 0,256 * 1,8 + 0,173 = 0,635\ [kN/cm^2]$$

$$f_{ctk} = f_{cftk}/(f_{ctk} * 1,8) * f_{ck} = 0,537/(0,256 * 1,8) * 2,50 = 3,44\ [kN/cm^2]$$

Es werden nun die Breite des zu bemessenden Querschnittes eingegeben sowie das abzudeckende Moment mit den erforderlichen Sicherheiten angegeben, dann kann die eigentliche Berechnung durchgeführt werden.

Eingabe der Trägerbreite:

Breite	b =	100	cm

Eingabe des Momentes: (ohne Sicherheit)

Moment	Md =	26,9	kNm

Eingabe der erforderlichen Teilsicherheiten:

Sicherheit FB	eta =	1,35	
Sicherheit Last	eta =	1	

Abbildung 7.46: Geometrie und Moment sowie Sicherheiten

Die Sicherheit der Lasten wurden bereits bei der Ermittlung der Momente berücksichtigt, daher hier der Wert 1,0.

Im Anschluss an die Eingabe erfolgt die Berechnung der mit der jeweiligen Sicherheit beaufschlagten Festigkeit. Nun kann die Zugkraft für den Zustand 1 errechnet werden und damit auch das Tragmoment für die vorgegebene Dosierung.

Werte mit Sicherheit:

Zugfestigkeit	fcfts =	0,470	kN/cm2
Druckfestigkeit	fcfs =	2,55	kN/cm2
Moment	Ms =	26,90	kNm
erf. Widerst.mom	Werf =	5.723	cm3
erforderl. Höhe	erf.h =	18,53	cm

Abbildung 7.47: Ergebnis der Berechnung

$$f_{cfts} = f_{cftk}/\eta_f b = 0,635/1,35 = 0,470\ [kN/cm^2]$$

$$f_{cfs} = f_{cfk}/\eta_f b = 3,44/1,35 = 2,55\ [kN/cm^2]$$

$$M_s = M_d/\eta_l = 26,90/1,0 = 26,90\ [kNm]$$

Damit kann für Rechteckquerschnitte bei gegebener Randspannung das erforderliche Widerstandsmoment ermittelt werden. Mit diesem erforderlichen Widerstandsmoment kann die erforderliche Höhe des Querschnittes errechnet werden:

$$erfW = M_s * 100/f_{cfts} = 26,90 * 100/0,470 = 5.723\ [cm^3]$$

$$erfh = \sqrt{6 * erfW/b} = \sqrt{6 * 5.723/100} = 18,53\ [cm]$$

Das Ergebnis zeigt, dass eine Bodenplatte mit Faserbeton aus Stahlfaser sehr gut möglich ist. In der Praxis wurden bereits zahlreiche Bodenplatten mit Stahlfasern hergestellt.

7.4.1.3 Glasfaser

In dem vom Beton-Verlag herausgegeben Heft Glasfaserbeton - Konstruieren und Bemessen sind Beispiele angegeben, wobei hier ein Beispiel nachgerechnet werden soll, um einen Vergleich der Berechnungsarten zu erhalten. Im Gegensatz zu den üblichen Bauteilen im Bauwesen werden beim Glasfaserbeton recht dünnwandige Bauteile wie Platten, Winkel und Röhren in verschiedenen geometrischen Ausführungen hergestellt.

Eine auf einer Unterkonstruktion befestigte GFB-Fassadenplatte wird durch Wind mit einer Flächenlast von 1,40 $[kN/m^2]$ belastet. Bei einer Spannweite von 70 $[cm]$ ergibt sich ein abzutragendes Moment von:

$$M = q \text{ x } l^2 / 8 = 1{,}4 \text{ x } 0{,}7^2 / 8 = 0{,}086\ [kNm]$$

Dieses Moment soll durch den 10 mm dicken Glasfaserbeton aufgenommen werden. Bei der Vergleichsberechnung wird eine Betongüte C25 eingesetzt und mit der Faser F 18 A mit einer üblichen Dosierung von 4 $[kg/m^3]$ gerechnet.

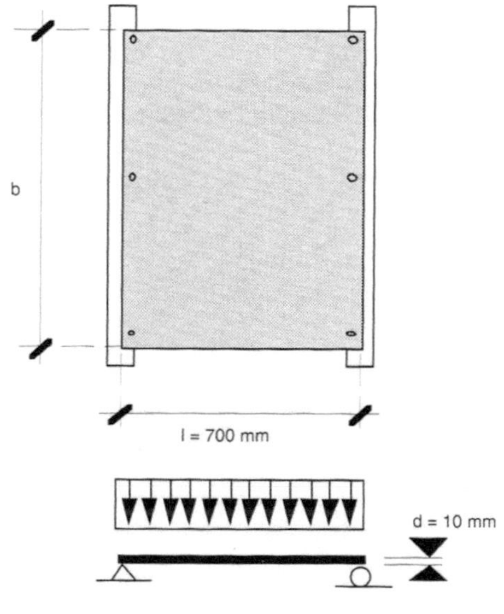

Abbildung 7.48: statisches System einer Fasadenplatte

Die Berechnung des Glasfaserbetons erfolgt in gleicher Weise wie für den Stahl- und Konststoff-Faserbeton.

Baustelle:	Fassadenplatte	Datum:	08.05.20
Schnitt:	Vergleichsrechnung zum Heft Glasfaserbeton	Bearbeiter:	Wietek

Wahl der Faser: G 18 A Glas
Wahl der Dosierung [kglm3]: 4 Fehlfasern: 0%
Wahl der Betonsorte: C 25

Durchmesser	d =	0,02	mm
Fläche	Af =	0,00	mm2
Länge	l =	18	mm
Volumen	v =	0,01	mm3
Gewicht	gf =	0,000015	g
Oberfläche	Of =	1,13	mm2
E-Modul	Ef =	7.000	kN/cm2
Faserdichte	df =	471,57	Stk/cm2
Faserfaktor	cg =	1,00	-
Faserwinkel	β =	0,0	°
Raumwinkel	α =	60,0	°
Faserrauhigkeit	ρ =	0,8	-
E-beiwert	ce =	1,00	-
Faserzugspannung	f-fk1 =	0,573	kN/cm2

Druckfestigkeit	fck =	2,50	kN/cm2
Zugfestigkeit	fctk =	0,256	kN/cm2
E-Modul	Ec =	3.140	kN/cm2
Scherwinkel	α =	43,5	°
Scherspannung	τc =	0,537	kN/cm2
Faktor-Dehnung	v =	1,04	-

Faserbeton:

Zugfestigkeit	fcftk =	1,035	kN/cm2
Druckfestigkeit	fcfk =	5,60	kN/cm2

Abbildung 7.49: Eingabefeld der Bemessung für Faserbeton

Mit den eingegebenen Werten können nun die Faserdichte und die Faserzugspannung des Faserbetons ermittelt werden. Hier die Berechnung für die Dosierung 4 kg/m^3:

$$d_f = D*1000/g_f/(100*100*100)*l_f/10 = 4*1000/0,000015/(1.000.000)*18/10 = 472[Stk/cm$$

$$f_{fk1} = \tau_o/2*O_f*d_f*c_\alpha*c_g*\rho*c_e = 0,537/2*1,13/100*472*cos(60-0)*1,0*0,8*1 = 0,573[kN/cm^2]$$

Jetzt können die Zugfestigkeit und die Druckfestigkeit nach dem Ansatz von Mohr-Coulomb entsprechend Abschnitt 6 für die einzelnen Dosierungen ermittelt werden.

$$f_{cftk} = f_{ctk}*1,8+f_{fk1} = 0,256*1,8+0,573 = 1,035\ [kN/cm^2]$$

$$f_{ctk} = f_{cftk}/(f_{ctk}*1,8)*f_{ck} = 1,035/(0,256*1,8)*2,50 = 5,60\ [kN/cm^2]$$

Es werden nun die Breite des zu bemessenden Querschnittes eingegeben sowie das abzudeckende Moment mit den erforderlichen Sicherheiten angegeben, dann kann die eigentliche Berechnung durchgeführt werden.

Im Anschluss an die Eingabe erfolgt die Bemessung der mit der jeweiligen Sicherheit beaufschlagten Festigkeit. Nun wird untersucht welche Querechnittshöhe notwendig ist, falls die zulässige Zugspannung oder die zulässige Druckspannung jeweils ausgenutzt wird. Damit ergeben sich in beiden Fällen erforderliche Querschnittshöhen. Diese müssen nun darauf untersucht werden, ob die jeweils andere Spannung auch zulässig ist. Dies ergibt dann die Entscheidung welche der beiden Seiten (Druckseite oder Zugseite) maßgebend für die Querschittshöhe ist.

Eingabe der Trägerbreite:

Breite	b =	100	cm

Eingabe des Momentes: (ohne Sicherheit)

Moment	Md =	0,086	kNm

Eingabe der erforderlichen Teilsicherheiten:

Sicherheit FB	eta =	1,3	
Sicherheit Last	eta =	1,35	

Abbildung 7.50: Geometrie und Kräfte sowie Sicherheiten bei der GFB-Platte

Werte mit Sicherheit:

Zugfestigkeit	fcfts =	0,796	kN/cm2
Druckfestigkeit	fcfs =	4,31	kN/cm2
Moment	Ms =	0,12	kNm
erf. Widerst.mom	Werf =	15	cm3
erforderl. Höhe	erf.h =	0,94	cm

Abbildung 7.51: Ergebnis der Berechnung für die GFB-Platte

Im vorliegenden Fall ist eine Plattendicke von 0,94 cm in diesem Bemessungsquerschnitt ausreichend. In der Berechnung vom Heft für Glasfaserbeton wird von einer Berechnungsdicke von 0,9 cm ausgegangen, bei der die erforderlichen Sicherheiten für den Glasfaserbeton nachgewiesen werden.

Es zeigt sich somit eine gute Übereinstimmung der Bemessung der beiden Unterlagen und somit ist auch die aufgezeigte Berechnung als durchaus anwendbar anzusehen, da sie auch auf der sicheren Seite liegt.

GFB-Bauteile sind in der Regel wegen dem relativ hohen Faserpreis dünnwandige Bauteile, die üblicherweise im Montageverfahren eingesetzt werden. Die Fertigung dieser Bauteile erfolgt meist im Gieß- oder Spritzverfahren, wobei die Bauteile meist in vorgefertigten Formen als Schalung hergestellt werden.

7.4.2 Querschnitt auf Biegung mit Normalkraft

Der Lastfall Biegung mit Längskraft kommt besonders bei wandartigen Bauteilen und Trägern sehr oft vor. Gerade bei Wänden spielt dabei oft auch die Wasserdichtheit eine ausschlaggebende Rolle. Hier hat der Faserbeton als Baustoff im ungerissenen Zustand einen erheblichen Vorteil, da der gesamte Querschnitt zur Wasserabweisung dient und somit der Querschnitt nicht durch irgend welche Risse wasserdurchlässig wird. Dies ist besonders bei Wänden im Untergrund eine oft gestellte Forderung, auch bei Uferbauten und Bauwerken, die am oder im Wasser liegen.

7.4.2.1 Kunststofffaser

Es wird hier der Einsatz einer Macrofaser aufgezeigt, mit der der Beton verstärkt wird, um auch Biegemomente abtragen zu können. Gerade beim Bau von unterirdischen Wänden ist der Einsatz von Kunststofffasern empfehlenswert, da hier neben den tragenden Eigenschaften weitere Vorteile ausgenützt werden können.

Der Einsatz einer Kunststofffaser bei Bauteilen in Kontakt mit dem Grundwasser hat zwei Vorteile gegenüber anderen Lösungen und zwar:

- es kann keine Korrosion entstehen, da im Bauteil keine Stahlteile enthalten sind
- die Wasserdichtheit wird vom gesamten ungerissenen Querschnitt gewährleistet

Für unterirdische Wände haben sich die Schlitzwände als Baugrubenwände oder auch als Uferverbauwände durchgesetzt. Der besondere Vorteil dabei liegt in der geringen Verformung dieser, wenn auch sehr hoch belasteten, Konstruktionen.

Nachfolgend wird eine **Schlitzwand** nachgerechnet, die als Stahlbetonwand ausgeführt wurde und es soll durch diese Berechnung aufgezeigt werden, dass diese Schlitzwand auch gleichwertig durch eine Faserbetonwand mit Kunststofffaser hergestellt werden kann.

Die Baugrube hat eine Gesamttiefe von 11,0 m und wird in beiden Zwischenabschnitten bei 3,0 m und 8,0 m ausgehoben und jeweils verankert, bevor der Endzustand ausgehoben wird. Mit der Berechnung der Momentenverteilung erkennt man die beiden maximal wirkenden Querschnitte mit ihren Momenten. Für die Bemessung ist jedoch nicht allein das Moment, sondern auch die im jeweiligen Querschnitt vorhandene Längskraft von Bedeutung. Diese entsteht durch das Eigengewicht der Wand bis zu dem Berechnungsquerschnitt.

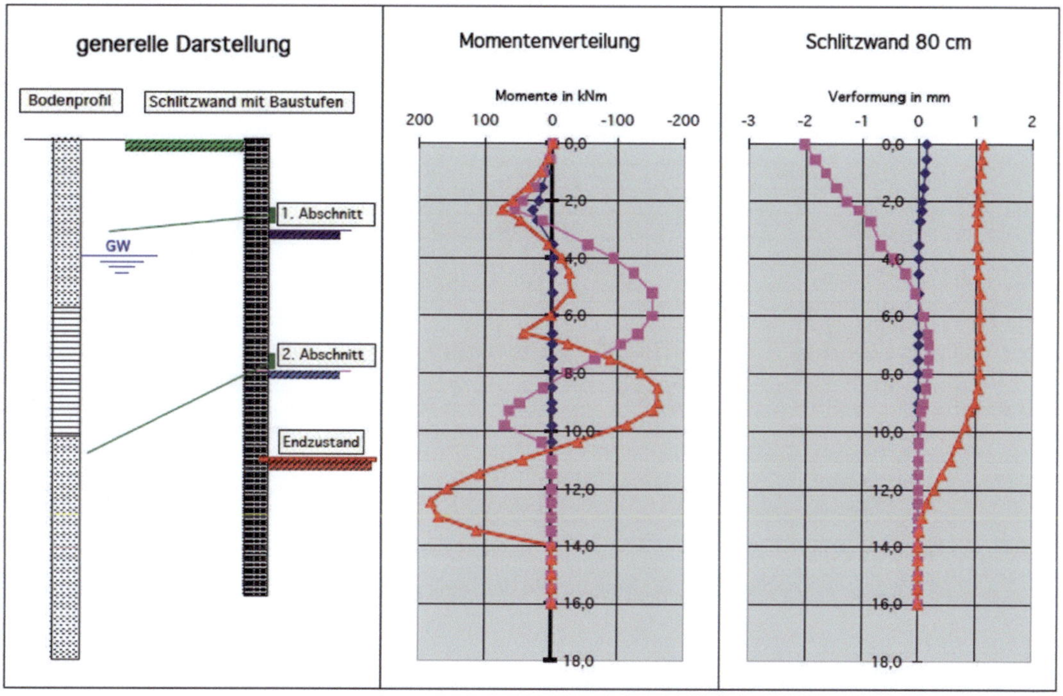

Abbildung 7.52: Schlitzwand mit Angabe der Momentenverteilung

Nachfolgend sind nun die beiden höchst beanspruchten Querschnitte mit der jeweiligen Belastung aufgezeigt:

Abschnitt	Tiefe	Moment	Normalkraft
	[m]	[kNm]	[kN]
Erster	5,0	150	-100
Ende	12,5	180	-210

Tabelle 7.8: Beanspruchung der Schlitzwand

Mit diesen Belastungen wird nun eine Bemessung für die Schlitzwand mit Faserbeton der Betonfestigkeitsklasse C25 unter Verwendung der Faser Enduro 600 mit einer Dosierung von 5 kg/m^3 durchgeführt.

Baustelle:	Baugrube mit Schlitzwand	Datum:	07.05.20
Schnitt:	Baugrubentiefe 11,0 m	Bearbeiter:	Wietek

Wahl der Faser: Enduro 600 Kunststoff

Wahl der Dosierung [kglm3]: 5 Fehlfasern: 10%

Wahl der Betonsorte: C 25

Durchmesser	d =	0,75	mm
Fläche	Af =	0,44	mm2
Länge	l =	50	mm
Volumen	v =	22,09	mm3
Gewicht	gf =	0,020	g
Oberfläche	Of =	117,8	mm2
E-Modul	Ef =	600	kN/cm2
Faserdichte	df =	1,24	Stk/cm2
Faserfaktor	cg =	2,50	-
Faserwinkel	β =	25,0	°
Raumwinkel	α =	66,0	°
Faserrauhigkeit	ρ =	1,0	-
E-beiwert	ce =	0,19	-
Faserzugspannung	f-fk1 =	0,142	kN/cm2

Druckfestigkeit	fck =	2,50	kN/cm2
Zugfestigkeit	fctk =	0,256	kN/cm2
E-Modul	Ec =	3.140	kN/cm2
Scherwinkel	α =	43,5	°
Scherspannung	τc =	0,537	kN/cm2
Faktor-Dehnung	ν =	1,04	-

Faserbeton:

Zugfestigkeit	fcftk =	0,604	kN/cm2
Druckfestigkeit	fcfk =	3,27	kN/cm2

Abbildung 7.53: Eingabefeld der Bemessung für Faserbeton

Mit den eingegebenen Werten können nun die Faserdichte und die Faserzugspannung des Faserbetons ermittelt werden. Hier die Berechnung für die Dosierung 5 kg/m^3:

$$d_f = D * 1000/g_f/(100*100*100)*l_f/10 = 5*1000/0,020/(1.000.000)*50/10 = 1,24$$

$$f_{fk1} = \tau_o/2*O_f*d_f*c_\alpha*c_g*\rho*c_e = 0,537/2*117,8/100*1,24*cos(66-25)*2,5*1,0*0,22 = 0,142[kN/cm^2]$$

Jetzt können die Zugfestigkeit und die Druckfestigkeit nach dem Ansatz von Mohr-Coulomb entsprechend Abschnitt 6 für die einzelnen Dosierungen ermittelt werden.

$$f_{cftk} = f_{ctk}*1,8+f_{fk1} = 0,256*1,8+0,142 = 0,604\ [kN/cm^2]$$

$$f_{ctk} = f_{cftk}/(f_{ctk}*1,8)*f_{ck} = 0,604/(0,256*1,8)*2,50 = 3,27\ [kN/cm^2]$$

Es werden nun die Breite des zu bemessenden Querschnittes eingegeben sowie das abzudeckende Moment, und die wirkende Längskraft mit den erforderlichen Sicherheiten angegeben, dann kann die eigentliche Berechnung durchgeführt werden.

Eingabe der Trägerbreite:

Breite	b =	100	cm

Eingabe dr Belastung: (ohne Sicherheit)

Moment	Md =	150,0	kNm
Normalkraft	Nd =	-100,0	kN

+ = Zug

Eingabe der erforderlichen Teilsicherheiten:

Sicherheit FB	eta =	1,35	
Sicherheit Last	eta =	1,5	

Abbildung 7.54: Geometrie und Kräfte sowie Sicherheiten in 5 m Tiefe

Im Anschluss an die Eingabe erfolgt die Berechnung der mit der jeweiligen Sicherheit beaufschlagten Festigkeit.

Nun wird untersucht, welche Querschnittshöhe notwendig ist, falls die zulässige Zugspannung oder die zulässige Druckspannung jeweils ausgenutzt wird. Damit ergeben sich in beiden Fällen erforderliche Querschnittshöhen. Diese müssen nun darauf untersucht werden, ob die jeweils andere Spannung auch zulässig ist. Dies ergibt dann die Entscheidung, welche der beiden Seiten (Druckseite oder Zugseite) maßgebend für die Querschittshöhe ist.

Werte mit Sicherheit:

Zugfestigkeit	fcfts =	0,447	kN/cm2
Druckfestigkeit	fcfs =	-2,421	kN/cm2
Moment	Ms =	225,0	kNm
Normalkraft	Ns =	-150	kN
	Zugseite ist maßgebend		
erforderl. Höhe	erf.h =	53,3	cm

Zug ausgenützt	hz =	53,30	cm
dabei Druck	fc =	-0,50	kN/cm2
dabei Zug	fct =	0,45	kN/cm2
Druck ausgenützt	hd =	23,93	cm
dabei Druck	fc =	-2,42	kN/cm2
dabei Zug	fct =	2,30	kN/cm2

Abbildung 7.55: Ergebnis der Berechnung in 5 m Tiefe

Im vorliegenden Fall ist eine Schlitzwanddicke von ca. 53,3 cm in diesem Bemessungsquerschnitt ausreichend. Da es in dieser Breite keine Schlitzwandgreifer gibt, muss die nächste Greiferbreite verwendet werden. Diese ist 60 cm. Man wird nun bei dem zweiten Bemessungsquerschnitt in 12,5 m sehen, ob mit der Schlitzwandstärke von 60 cm das Ausreichen gefunden werden kann.

Nun aber muss noch der zweite Bemessungsquerschnitt in 12,5 m Tiefe nachgerechnet werden.

Eingabe der Trägerbreite:

Breite	b =	100	cm

Eingabe dr Belastung: (ohne Sicherheit)

Moment	Md =	180,0	kNm
Normalkraft	Nd =	-210,0	kN

+ = Zug

Eingabe der erforderlichen Teilsicherheiten:

Sicherheit FB	eta =	1,35	
Sicherheit Last	eta =	1,5	

Abbildung 7.56: Geometrie und Kräfte sowie Sicherheiten in 12,5 m Tiefe

Im Anschluss an die Eingabe erfolgt wieder die Berechnung der mit der jeweiligen Sicherheit beaufschlagten Festigkeit. Nun wird untersucht, welche Querschnittshöhe notwendig ist, falls die zulässige Zugspannung oder die zulässige Druckspannung jeweils ausgenutzt wird. Damit ergeben sich in beiden Fällen erforderliche Querschnittshöhen. Diese müssen nun darauf untersucht werden, ob die jeweils andere Spannung auch zulässig ist. Dies ergibt dann die Entscheidung, welche der beiden Seiten (Druckseite oder Zugseite) maßgebend für die Querschittshöhe ist.

Werte mit Sicherheit:

Zugfestigkeit	fcfts =	0,447	kN/cm2
Druckfestigkeit	fcfs =	-2,421	kN/cm2
Moment	Ms =	270,0	kNm
Normalkraft	Ns =	-315	kN
	Zugseite ist maßgebend		
erforderl. Höhe	erf.h =	56,8	cm

Zug ausgenützt	hz =	56,78	cm
dabei Druck	fc =	-0,56	kN/cm2
dabei Zug	fct =	0,45	kN/cm2
Druck ausgenützt	hd =	26,53	cm
dabei Druck	fc =	-2,42	kN/cm2
dabei Zug	fct =	2,18	kN/cm2

Abbildung 7.57: Ergebnis der Berechnung in 12,5 m Tiefe

Im vorliegenden Fall ist eine Schlitzwanddicke von ca. 57 cm in diesem Bemessungsquerschnitt ausreichend. Dies zeigt nun, dass die Schlitzwand mir einer Dicke von 60 cm auch mit einem Faserbeton sicher hergestellt werden kann und in der Lage ist, die dabei auftretenden statischen Kräfte aufzunehmen.

Denkt man jetzt an Untergrundsituationen, wo der Boden oder das Grundwasser salzhaltig ist, so kann bei der Schlitzwand, die mit Kunststofffaser hergestellt wird, keine Korrosion entstehen. Dies ist besonders in Küstennähe bei allen Meeren ein wichtiger Aspekt. Wenn bei Hafenbauten die Korrosion keine Rolle mehr spielt, so sind die Erhaltungskosten diese Wände um ein Vielfaches geringerer als wenn Stahlteile in der Wand, z.B. als Bewehrung, eingebaut sind.

7.4.2.2 Stahlfaser

Eine weitere Anwendung von Faserbeton in der Praxis ist eine Kellerwand bei einem Mehrfamilienhaus.

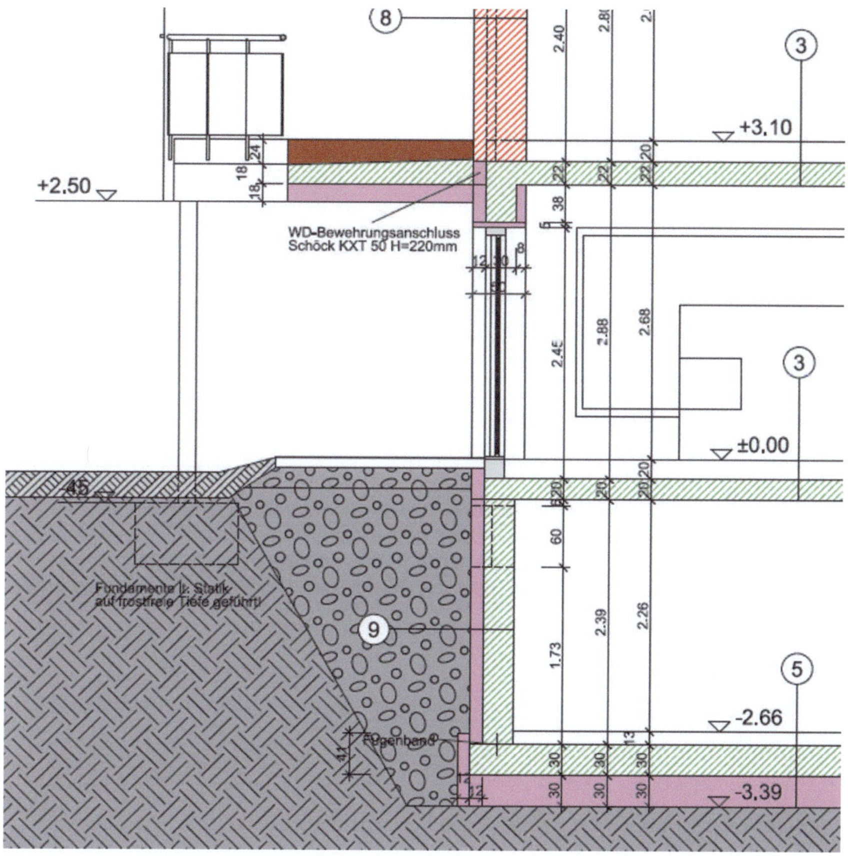

Abbildung 7.58: Schnitt bei einem Mehrfamilienhaus in Winklarn

Es soll eine Kellerwand in Faserbeton mit Stahlfasern hergestellt werden. Der aufgezeigte Schnitt lässt einen Baugrubenaushub mit einer Tiefe von 3,4 m erkennen. Der entstehende Arbeitsraum wird nach dem Bau wieder hinterfüllt, wodurch ein Erddruck auf die Kellerwand entsteht. Dieser Erddruck muss zusammen mit der Wandlast vom Erdgeschoss und den darüber liegenden Mauerlasten abgetragen werden.

Bei der Ermittlung des Erddruckes soll ein erhöhter Erddruck angewendet werden, wobei der gesamte Erddruck des Auffüllraumes auf die Kellerwand gerechnet werden soll, um somit zusätzlich auf der sicheren Seite zu liegen.

Als Baustoff kommt ein normaler Beton der Festigkeitsklasse C25 zur Anwendung. Bei der Faser fiel die Wahl auf eine Stahlfaser HE 55/35 mit einer gewünschten Dosierung von max. 40 kg/m^3.

Wahl der Faser: HE 55/35 Stahl
Wahl der Dosierung [kglm3]: 40 Fehlfasern: 10%
Wahl der Betonsorte: C 25

Durchmesser	d =	0,55	mm
Fläche	Af =	0,24	mm2
Länge	l =	35	mm
Volumen	v =	8,32	mm3
Gewicht	gf =	0,066	g
Oberfläche	Of =	60,5	mm2
E-Modul	Ef =	21.000	kN/cm2
Faserdichte	df =	2,14	Stk/cm2
Faserfaktor	cg =	1,00	-
Faserwinkel	β =	10,0	°
Raumwinkel	α =	66,0	°
Faserrauhigkeit	ρ =	0,7	-
E-beiwert	ce =	1,00	-
Faserzugspannung	f-fk1 =	0,136	kN/cm2

Druckfestigkeit	fck =	2,50	kN/cm2
Zugfestigkeit	fctk =	0,256	kN/cm2
E-Modul	Ec =	3.140	kN/cm2
Scherwinkel	α =	43,5	°
Scherspannung	τc =	0,537	kN/cm2
Faktor-Dehnung	ν =	1,04	-

Faserbeton:

Zugfestigkeit	fcftk =	0,598	kN/cm2
Druckfestigkeit	fcfk =	3,24	kN/cm2

Abbildung 7.59: Eingabefeld der Bemessung für Faserbeton

Mit den eingegebenen Werten können nun die Faserdichte und die Faserzugspannung des Faserbetons ermittelt werden. Hier die Berechnung für die Dosierung 5 kg/m^3:

$$d_f = D*1000/g_f/(100*100*100)*l_f/10 = 40*1.000/0,0656/(1.000.000)*35/10 = 2,14$$

$$f_{fk1} = \tau_o/2*O_f*d_f*c_\alpha*c_g*\rho*c_e = 0,537/2*60,47/100*2,14*cos(66-10)*1,0*0,7*1 = 0,136[kN/cm^2]$$

Jetzt können die Zugfestigkeit und die Druckfestigkeit nach dem Ansatz von Mohr-Coulomb entsprechend Abschnitt 6 für die einzelnen Dosierungen ermittelt werden.

$$f_{cftk} = f_{ctk}*1,8+f_{fk1} = 0,256*1,8+0,136 = 0,598\ [kN/cm^2]$$

$$f_{ctk} = f_{cftk}/(f_{ctk}*1,8)*f_{ck} = 0,598/(0,256*1,8)*2,50 = 3,24\ [kN/cm^2]$$

Es werden nun die Breite des zu bemessenden Querschnittes sowie das abzudeckende Moment und die wirkende Längskraft eingegeben. Das Moment entsteht durch den ermittelten Erddruck, der auf die Wand wirkt, wobei diese mit einer Stützweite von 2,70 m gerechnet werden kann. Nach der Eingabe der erforderlichen Sicherheiten kann die eigentliche Berechnung durchgeführt werden.

Eingabe der Trägerbreite:

Breite	b =	100	cm

Eingabe dr Belastung: (ohne Sicherheit)

Moment	Md =	25,0	kNm
Normalkraft	Nd =	-40,0	kN

+ = Zug

Eingabe der erforderlichen Teilsicherheiten:

Sicherheit FB	eta =	1,35	
Sicherheit Last	eta =	1,5	

Abbildung 7.60: Geometrie und Kräfte sowie Sicherheiten bei Kellerwand

Im Anschluss an die Eingabe erfolgt die Berechnung der mit der jeweiligen Sicherheit beaufschlagten Festigkeit. Nun wird untersucht, welche Querschnittshöhe notwendig ist, falls die zulässige Zugspannung oder die zulässige Druckspannung jeweils ausgenutzt wird. Damit ergeben sich in beiden Fällen erforderliche Querschnittshöhen. Diese müssen nun darauf untersucht werden, ob die jeweils andere Spannung auch zulässig ist. Dies ergibt dann die Entscheidung, welche der beiden Seiten (Druckseite oder Zugseite) maßgebend für die Querschittshöhe ist.

Werte mit Sicherheit:

Zugfestigkeit	fcfts =	0,443	kN/cm2
Druckfestigkeit	fcfs =	-2,397	kN/cm2
Moment	Ms =	37,5	kNm
Normalkraft	Ns =	-60	kN
	Zugseite ist maßgebend		
erforderl. Höhe	erf.h =	21,9	cm

Zug ausgenützt	hz =	21,88	cm
dabei Druck	fc =	-0,50	kN/cm2
dabei Zug	fct =	0,44	kN/cm2
Druck ausgenützt	hd =	9,82	cm
dabei Druck	fc =	-2,40	kN/cm2
dabei Zug	fct =	2,27	kN/cm2

Abbildung 7.61: Ergebnis der Berechnung bei Kellerwand

Im vorliegenden Fall ist eine Kellerwanddicke von 25 cm in ausreichend. Dies zeigt nun, dass die Kellerwand mit einer Dicke von 25 cm mit einem Faserbeton hergestellt werden kann und in der Lage ist, die dabei auftretenden statischen Kräfte aufzunehmen. Zusätzlich zu bemerken ist, dass die 25 cm starke Wand jedenfalls gegen Wasser dicht ist, da sie auf der vollen Wandstärke nicht gerissen ist, und somit die Forderung einer Kellerwand gegenüber der Feuchtigkeitsabdichtung voll einhält.

7.4.3 Querschnitt auf Druck (Knicken)

Hier kommen hauptsächlich Stützen und wandartige Stützen in Betracht, die vornehmlich durch Vertikallasten belastet werden. Es ist dabei die jeweilige Lagerung der Stütze unten und oben festzulegen und entsprechend den Euler-Füllen für das Knicken zu berechnen.

7.4.3.1 Kunststofffaser

In einer Tiefgarage sollen die Wandelemente mit Faserbeton hergestellt werden. Wegen der möglichen Salzvernebelung im Fahrbereich soll eine Kunststofffaser zur Anwendung kommen, um mit Korrosion der Bauteile keine Probleme zu bekommen.

Baustelle: Tiefgarage | Datum: 11.05.20
Schnitt: Stütze zwischen Parkplätzen | Bearbeiter: Wietek

Wahl der Faser: Enduro 600 | Kunststoff
Wahl der Dosierung [kglm3]: 5 | Fehlfasern: 10% | Wahl der Betonsorte: C 30

Durchmesser	d =	0,75	mm
Fläche	Af =	0,44	mm2
Länge	l =	50	mm
Volumen	v =	22,09	mm3
Gewicht	gf =	0,020	g
Oberfläche	Of =	117,8	mm2
E-Modul	Ef =	600	kN/cm2
Faserdichte	df =	1,24	Stk/cm2
Faserfaktor	cg =	2,50	-
Faserwinkel	β =	25,0	°
Raumwinkel	α =	66,0	°
Faserrauhigkeit	ρ =	1,0	-
E-beiwert	ce =	0,18	-
Faserzugspannung	f-fk1 =	0,158	kN/cm2

Druckfestigkeit	fck =	3,00	kN/cm2
Zugfestigkeit	fctk =	0,290	kN/cm2
E-Modul	Ec =	3.280	kN/cm2
Scherwinkel	α =	44,7	°
Scherspannung	τc =	0,625	kN/cm2
Faktor-Dehnung	ν =	1,00	-

Faserbeton:

Zugfestigkeit	fcftk =	0,617	kN/cm2
Druckfestigkeit	fcfk =	3,55	kN/cm2

Abbildung 7.62: Eingabefeld der Bemessung für Faserbeton

Die Vorgabe der Betongüte kam vom Deckenbeton C30 und als Kunststofffaser wurde die Enduro 600 gewählt, wobei eine Dosierung von max. 5 $[kg/m3]$ gewünscht war.

Die Faserdichte und die zugehörige Faserzugspannung wird entsprechend den vorangegangenen Beispielen berechnet und muss hier nicht wiederholt werden. Als Ergebnis der Baustoffwerte wurde eine Zugfestigkeit von 0,617 $[kN/cm^2]$ und eine Druckfestigkeit von 3,55 $[kN/cm^2]$ errechnet.

Eingabe der Geometrie:

Breite 1	b1 =	40	cm
Breite 2	b2 =	120	cm
Stockwerkshöhe	h =	2,80	m

Eingabe des Knickfalles nach Euler: 2

Werte für den Knickfall:

Knicklänge:	l-k =	2,80	m
Trägheitsradius	i =	11,5	
Schlankheit	λ =	24,2	
ω-Wert	ω =	1,04	

Eingabe der Belastung und der erf. Teilsicherheiten:

Normalkraft	N =	9.000	kN
Sicherheit FB	eta =	1,35	
Sicherheit Last	eta =	1,35	

Werte mit Sicherheit:

Druckfestigkeit	fcfs =	2,63	kN/cm2
Normalkraft	Ns =	12.150	kN

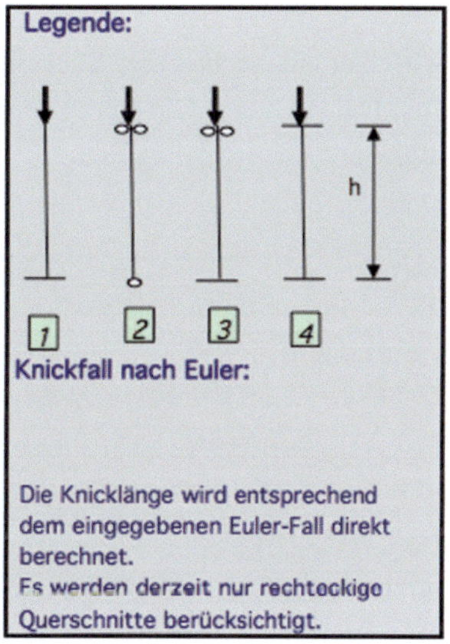

Abbildung 7.63: Geometrie und Kräfte sowie Knickfall

Nach der Eingabe der geometrischen Gößen und der Art der Stützung (Euler-Fall) können die Knicklänge, die Querschnittswerte und der Knickwert ω, wie in Abschnitt 7.3.2.3 erläutert, errechnet werden.

Nach der notwendigen Vorgabe der Vertikallast und der Sicherheiten für den Baustoff Faserbeton und die Last kann nun die Normalkraft mit Sicherheit ermittelt werden.

Knicklast nach Euler:

Knicklast	N* =	16.459	kN
zul. Knicklast	N-zul =	12.192	kN

Abbildung 7.64: Ergebnis der Berechnung für die Säulen mit Knickbelastung

Nach der Berechnung der Knicklast und der mit Berücksichtigung der entsprechenden Sicherheit errechneten zulässigen Knicklast kann nun ein Vergleich der Lasten vorgenommen werden:

$$N_s \leq N_{zul} \qquad N_s = 12.150kN \leq N_{zul} = 12.192kN$$

Damit ist der Nachweis der Knicktragfähigkeit für diese Wandsäule erbracht.

7.4.3.2 Stahlfaser

Es wird hier eine rechteckige Säule in einer Einkaufspassage bemessen, die lediglich mit Druckkräften belastet wird. Die Bemessung erfolgt mit dem Knicknachweis gemäß den Euler'schen Lastfällen.

Baustelle:	Einkaufspassage St. Nikolaus	Datum:	11.05.20
Schnitt:	Stützen im EG	Bearbeiter:	Wietek

Wahl der Faser: HE 55/35 Stahl
Wahl der Dosierung [kglm3]: 30 Fehlfasern: 10%
Wahl der Betonsorte: C 25

Durchmesser	d =	0,55	mm
Fläche	Af =	0,24	mm2
Länge	l =	35	mm
Volumen	v =	8,32	mm3
Gewicht	gf =	0,066	g
Oberfläche	Of =	60,5	mm2
E-Modul	Ef =	21.000	kN/cm2
Faserdichte	df =	1,60	Stk/cm2
Faserfaktor	cg =	1,00	-
Faserwinkel	β =	10,0	°
Raumwinkel	α =	66,0	°
Faserrauhigkeit	ρ =	0,7	-
E-beiwert	ce =	1,00	-
Faserzugspannung	f-fk1 =	0,102	kN/cm2

Druckfestigkeit	fck =	2,50	kN/cm2
Zugfestigkeit	fctk =	0,256	kN/cm2
E-Modul	Ec =	3.140	kN/cm2
Scherwinkel	α =	43,5	°
Scherspannung	τc =	0,537	kN/cm2
Faktor-Dehnung	ν =	1,04	-

Faserbeton:

Zugfestigkeit	fcftk =	0,557	kN/cm2
Druckfestigkeit	fcfk =	3,02	kN/cm2

Abbildung 7.65: Eingabefeld der Bemessung für Faserbeton

Die Vorgabe der Betongüte kam vom Deckenbeton C25 und als Stahlfaser wurde die HE 55/35 gewählt, wobei eine Dosierung von max. 30 $[kg/m3]$ eingesetzt wurde.

Die Faserdichte und die zugehörige Faserzugspannung wird entsprechend den vorgegangenen Beispielen berechnet und der Berechnungsgang muss hier nicht wiederholt werden.

Die Faserdichte ergibt sich zu 1,60 $[Stk/cm^3]$ und die Faserzugspannung zu 0,102 $[kN/cm^2]$.

Als Ergebnis der Baustoffwerte wurde eine Zugfestigkeit von 0,557 $[kN/cm^2]$ und eine Druckfestigkeit von 3,02 $[kN/cm^2]$ errechnet.

Eingabe der Geometrie:

Breite 1	b1 =	35	cm
Breite 2	b2 =	40	cm
Stockwerkshöhe	h =	3,50	m

Eingabe des Knickfalles nach Euler: 2

Werte für den Knickfall:

Knicklänge:	l-k =	3,50	m
Trägheitsradius	i =	10,1	
Schlankheit	λ =	34,6	
ω-Wert	ω =	1,07	

Eingabe der Belastung und der erf. Teilsicherheiten:

Normalkraft	N =	2.140	kN
Sicherheit FB	eta =	1,35	
Sicherheit Last	eta =	1,35	

Werte mit Sicherheit:

Druckfestigkeit	fcfs =	2,24	kN/cm2
Normalkraft	Ns =	2.889	kN

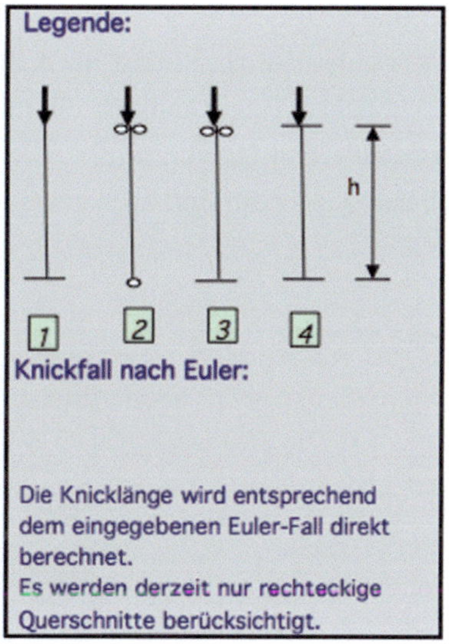

Abbildung 7.66: Geometrie und Kräfte sowie Knickfall

Nach der Eiingabe der geometrischen Größen und der Art der Stützung (Euler-Fall) können die Knicklänge, die Querschnittswerte und der Knickwert ω, wie in Abschnitt 7.3.2.3 erläutert, errechnet werden.

Nach der notwendigen Vorgabe der Vertikallast und der Sicherheiten für den Baustoff Faserbeton und die Last kann nun die Normalkraft mit Sicherheit ermittelt werden.

Knicklast nach Euler:

Knicklast	N* =	3.937	kN
zul. Knicklast	N-zul =	2.916	kN

Abbildung 7.67: Ergebnis der Berechnung für die Säulen mit Knickbelastung

Nach der Berechnung der Knicklast und der mit Berücksichtigung der entsprechenden Sicherheit errechneten zulässigen Knicklast kann nun ein Vergleich der Lasten vorgenommen werden:

$$N_s \leq N_{zul} \qquad N_s = 2.889kN \leq N_{zul} = 2.916kN$$

Damit ist der Nachweis der Knicktragfähigkeit für diese Säulen erbracht.

7.4.4 Querschnitt auf Querkraft

Diese Nachweise sind meist im Auflagerbereich von Trägern und Decken zu führen. Wie bei einer üblichen Trägerstatik ist ein mit einer Gleichlast belasteter Träger statisch nach der Momentenlinie und Querkraftlinie zu untersuchen. Die jeweils größten Werte der Momente und auch der Querkräfte sind nachzuweisen.

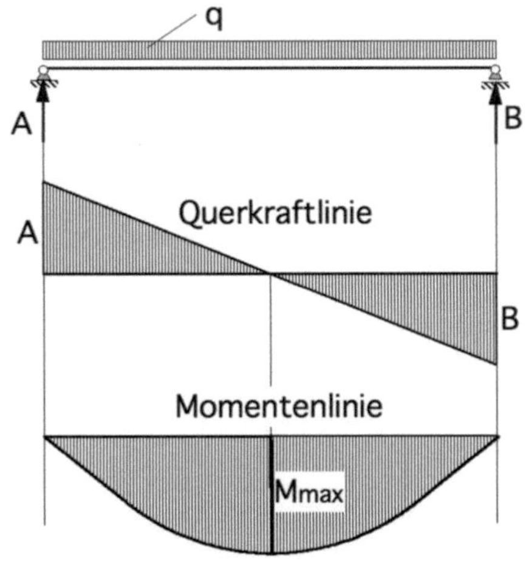

Abbildung 7.68: Einfeldträger mit Querkraft- und Momentenlinie

Wie aus vorstehender Abbildung ersichtlich, sind die höchsten Querkräfte bei den Auflagern. So sind in den meisten Fällen die Querkräfte in diesen Bereichen nachzuweisen.

7.4.4.1 Kunststofffaser

Es wird hier der Schubnachweis für die Fertigteiltreppe im Bereich vom Treppenauflager aufgezeigt.

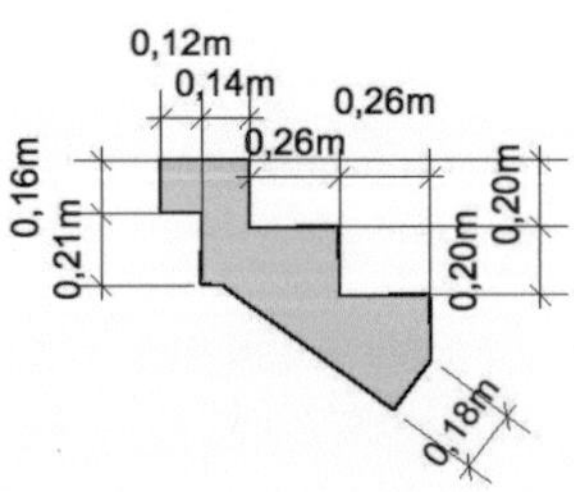

Abbildung 7.69: Detail des Treppenauflagers für Schubnachweis

Die Vorgabe der Betongüte bei der Fertigteiltreppe war C30 und als Faser wurde die Kunststofffaser Enduro 600 gewählt, wobei eine Dosierung von 5 $[kg/m3]$ vorgegeben wurde.

Baustelle:	Kellertreppe	Datum:	12.05.20
Schnitt:	Auflager mit Querkraft	Bearbeiter:	Wietek

Wahl der Faser: Enduro 600 unststoff

Wahl der Dosierung [kglm3]: 5 Fehlfasern: 10%

Wahl der Betonsorte: C 30

Durchmesser	d =	0,75	mm
Fläche	Af =	0,44	mm2
Länge	l =	50	mm
Volumen	v =	22,09	mm3
Gewicht	gf =	0,020	g
Oberfläche	Of =	117,8	mm2
E-Modul	Ef =	600	kN/cm2
Faserdichte	df =	1,24	Stk/cm2
Faserfaktor	cg =	2,50	-
Faserwinkel	β =	25,0	°
Raumwinkel	α =	66,0	°
Faserrauhigkeit	ρ =	1,0	-
E-beiwert	ce =	0,18	-
Faserzugspannung	f-fk1 =	0,158	kN/cm2

Druckfestigkeit	fck =	3,00	kN/cm2
Zugfestigkeit	fctk =	0,290	kN/cm2
E-Modul	Ec =	3.280	kN/cm2
Scherwinkel	α =	44,7	°
Scherspannung	τc =	0,625	kN/cm2
Faktor-Dehnung	v =	1,00	-

Faserbeton:

Zugfestigkeit	fcftk =	0,617	kN/cm2
Druckfestigkeit	fcfk =	3,55	kN/cm2

Abbildung 7.70: Eingabefeld der Bemessung für Faserbeton

Die Faserdichte und die zugehörige Faserzugspannung wird entsprechend den vorangegangenen Beispielen berechnet und der Berechnungsgang muss hier nicht wiederholt werden.

Die Faserdichte ergibt sich zu 1,24 $[Stk/cm^3]$ und die Faserzugspannung zu 0,158 $[kN/cm^2]$.

Als Ergebnis der Baustoffwerte wurde eine Zugfestigkeit von 0,617 $[kN/cm^2]$ und eine Druckfestigkeit von 3,55 $[kN/cm^2]$ errechnet.

Die Treppengleichlast war 12,4 $[kN/m^2]$, mit dieser kann die Auflagerkraft beim Auflager zu 20,5 $[kN/m]$ errechnet werden, und bei einer Treppenbreite von 1,20 m ergibt sich somit die Gesamtauflagerkraft von 24,6 $[kN]$.

Eingabe der Geometrie:

Breite	b =	120	cm

Eingabe der Belastung und der erf. Teilsicherheiten:

Querkraft	Q =	24,6	kN
Sicherheit FB	eta =	1,3	
Sicherheit Last	eta =	1,35	

Abbildung 7.71: Geometrie und Kräfte für Auflager

Nach der Eingabe der geometrischen Größen und der Querkraft als Auflagerkraft sowie der Sicherheiten kann der Nachweis der Querkraft durchgeführt werden.

Werte mit Sicherheit:

Querkraft	Qs =	33,2	kN
Druckfestigkeit	fcfs =	2,73	kN/cm2
Zugfestigkeit	fcfts =	0,475	kN/cm2

Errechnete Werte für vorgegebene Faserdosierung:

Schubspannung	τc =	0,470	kN/cm2
Mindestfläche	min A =	70,6	cm2
Mindesthöhe	min h	0,6	cm

Abbildung 7.72: Ergebnis der Berechnung für das Treppenauflager

Bei diesem Nachweis ist eine Mindesthöhe des Auflagerquerschnittes von 0,6 cm erforderlich. Man sieht also, dass im vorliegenden Fall der Schubnachweis auf der sehr sicheren Seite ist und der Faserbeton nicht auf seine Tragfähigkeit ausgenutzt wird.

7.4.4.2 Stahlfaser

Es wird hier das maximale Auflager bei der Testplatte in Bissen (Abbildung 7.40) nachgerechnet. Diese Platte wurde bereits bei der Biegebemessung als Beispiel berechnet.

Die Vorgabe der Betongüte bei der Testplatte in Bissen war C25 und als Faser wurde die Stahlfaser Tabix 1/30 gewählt, wobei eine Dosierung von 50 $[kg/m3]$ vorgegeben wurde.

Baustelle:	Testplatte in Bissen	Datum:	12.05.20
Schnitt:	Auflager mit Querkraft	Bearbeiter:	Wietek

Wahl der Faser: TABIX 1/30 ahl

Wahl der Dosierung [kglm3]: 50 Fehlfasern: 10% **Wahl der Betonsorte:** C 25

Durchmesser	d =	1	mm
Fläche	Af =	0,79	mm2
Länge	l =	30	mm
Volumen	v =	23,56	mm3
Gewicht	gf =	0,186	g
Oberfläche	Of =	94,2	mm2
E-Modul	Ef =	21.000	kN/cm2
Faserdichte	df =	0,81	Stk/cm2
Faserfaktor	cg =	2,00	-
Faserwinkel	β =	25,0	°
Raumwinkel	α =	66,0	°
Faserrauhigkeit	ρ =	0,7	-
E-beiwert	ce =	1,00	-
Faserzugspannung	f-fk1 =	0,216	kN/cm2

Druckfestigkeit	fck =	2,50	kN/cm2
Zugfestigkeit	fctk =	0,256	kN/cm2
E-Modul	Ec =	3.140	kN/cm2
Scherwinkel	α =	43,5	°
Scherspannung	τc =	0,537	kN/cm2
Faktor-Dehnung	v =	1,04	-

Faserbeton:

Zugfestigkeit	fcftk =	0,557	kN/cm2
Druckfestigkeit	fcfk =	3,02	kN/cm2

Abbildung 7.73: Eingabefeld der Bemessung für Faserbeton

Die Faserdichte und die zugehörige Faserzugspannung wird entsprechend den vorgegangenen Beispielen berechnet und der Berechnungsgang muss hier nicht wiederholt werden.

Die Faserdichte ergibt sich zu 0,81 $[Stk/cm^3]$ und die Faserzugspannung zu 0,216 $[kN/cm^2]$.

Als Ergebnis der Baustoffwerte wurde eine Zugfestigkeit von 0,557 $[kN/cm^2]$ und eine Druckfestigkeit von 3,02 $[kN/cm^2]$ errechnet.

Die Auflagerkraft beim Mittelauflager ist 196 $[kN]$ und bei einer Auflagerfläche von 20/20 cm ergibt sich ein Auflagerumfang von 4 * 20 = 80 cm.

Eingabe der Geometrie:

Breite	b =	80	cm

Eingabe der Belastung und der erf. Teilsicherheiten:

Querkraft	Q =	196,0	kN
Sicherheit FB	eta =	1,3	
Sicherheit Last	eta =	1,35	

Abbildung 7.74: Geometrie und Kräfte für Auflager

Nach der Eingabe der geometrischen Größen und der Querkraft als Auflagerkraft sowie der Sicherheiten kann der Nachweis der Querkraft durchgeführt werden.

Werte mit Sicherheit:

Querkraft	Qs =	264,6	kN
Druckfestigkeit	fcfs =	2,32	kN/cm2
Zugfestigkeit	fcfts =	0,429	kN/cm2

Errechnete Werte für vorgegebene Faserdosierung:

Schubspannung	τc =	0,407	kN/cm2
Mindestfläche	min A =	650,5	cm2
Mindesthöhe	min h	8,1	cm

Gewählte Höhe des Querschnittes:

gewählte Höhe	h =	20,0	cm
vorhandene Sicherheit =		3,32	

Abbildung 7.75: Ergebnis der Berechnung für das Plattenauflager

Bei diesem Nachweis ist eine Mindesthöhe des Auflagerquerschnittes von ca 8 cm erforderlich. Man sieht also, dass im vorliegenden Fall der Schubnachweis auf der sicheren Seite ist und der Faserbeton nicht auf seine Tragfähigkeit ausgenutzt wird, sondern eine erhöhte Sicherheit für den Lastfall des Auflagerdurchstanzens hat.

7.4.5 Anwendung mit Spritzbeton

In Verbindung mit Spritzbeton werden Fasern hauptsächlich bei Hang- und Baugrubensicherungen eingesetzt. Die Technologie des Aufbringens von Spritzbeton auf den Untergrund hat in den letzten Jahren eine große Entwicklung genommen. Die Ausrüstung wie Pumpen und auch die Spritzdüsen haben sich weiterentwickelt, so dass auch Faserbeton gut einsetzbar ist.

Besonders die Spritzdüsen haben eine Entwicklung gemacht, und es ist dadurch der Rückprall sehr verringert worden, wodurch die Wirtschaftlichkeit auch gestiegen ist. Das seitliche Ausweichen von Fasern im Luftstrom ist mit der neuen Düsengeneration gut beherrschbar, somit ist auch dieses Problem einigermaßen gelöst geworden.

Insgesamt gesehen ist der Einsatz von Faserspritzbeton als sehr wirtschaftlich anzusehen, wobei dieser Einsatz auch bereits auf großen Geländesprüngen positiv eingesetzt wurde, wie die beiden folgenden Beispiele zeigen.

7.4.5.1 Kunststofffaser

Bei einem Bauprojekt in Aldrans-Tirol war eine temporäre Baugrubensicherung mit einer Tiefe von ca. 9,5 m schräg unterhalb eines bestehenden Nachbarhauses auszuführen.

Abbildung 7.76: Baugrube in Aldrans-Tirol

Bei der Berechnung der Spritzbetonwände wird in einzelnen Lagen vorgegangen, in denen jeweils für eine Ankerlage der Erddruck ermittelt wird. Mit diesem Erddruck kann dann die Wahl des einzusetzenden Bodennagels durchgeführt werden, wobei hier generell zwischen temporärer und permanenter Vernagelung unterschieden wird.

Bei der temporären Vernagelung werden die Bodennägel, so wie sie geliefert werden, auch in die Berechnung eingeführt, wobei Korrosion nur in Extremfällen berücksichtigt wird. Bei permanenter Nutzung der Bodennägel müssen entweder dauerhaft korrosionsgeschützte Bodennägel oder seit einigen Jahren auch Bodennägel unter Berücksichtigung einer Abrostrate verwendet werden.

Im vorliegenden Fall handelte es sich um eine temporäre Sicherung deren Nutzungsdauer unter 3 Jahren liegt, es muss demnach die Korrosion bei Ankern und Bodennägel nicht berücksichtigt werden.

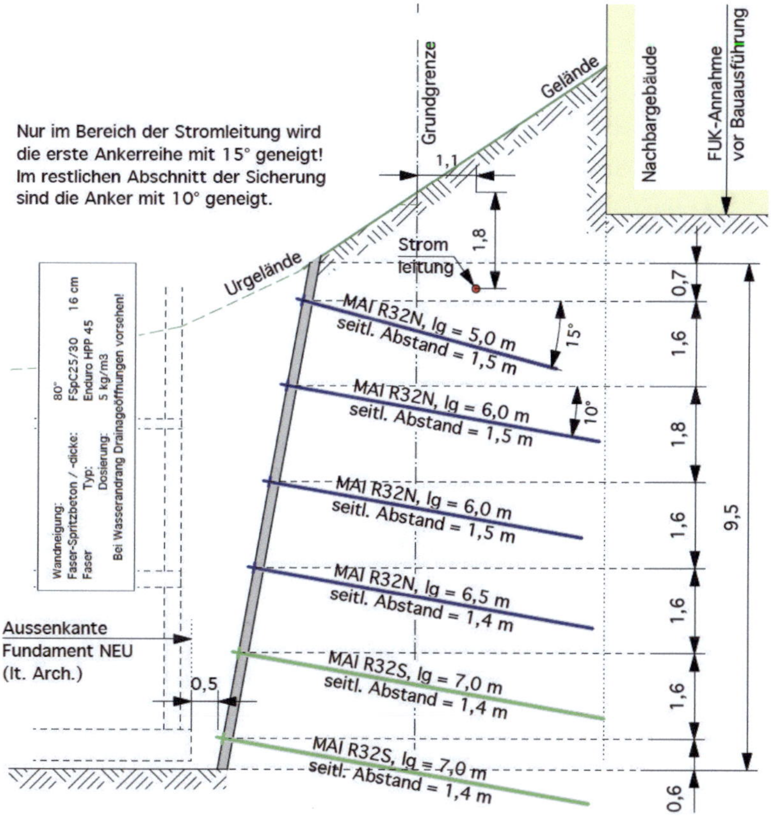

Abbildung 7.77: Schnitt mit Angaben des Verbaues der Baugrube

Die geotechnische Berechnung lieferte den aufgezeigten Regelschnitt mit den entsprechenden statischen Bemessungsgrundlagen.

Wahl der Spritzbetongüte: SpC 25

Druckfestigkeit	fck =	2,50	kN/cm2
Zugfestigkeit	fctk =	0,256	kN/cm2
Biegezugfestigk	fctk,fl =	0,462	kN/cm2
E-Modul	Ec =	1.570	kN/cm2
Scherwinkel	φ =	43,5	°
Scherspannung	τC =	0,537	kN/cm2
Faktor-Dehnung	ν =	2,00	-

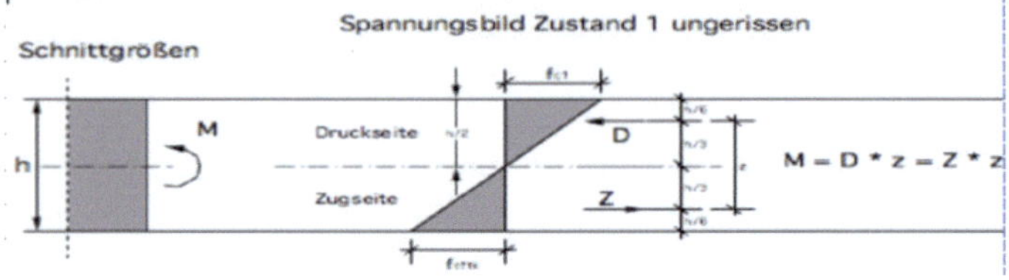

Abbildung 7.78: Betonqualität für BV Aldrans

Bei der Wahl der Spritzbetonsorte SpC 25 wird im Unterschied zum Normalbeton C 25 der kleinere E-Modul berücksichtigt. Es muss anschließend die Faser und deren Dosierung ausgewählt werden. Man entschied sich hier zu einer Kunststofffaser der Enduro HPP 45 mit einer Dosierung von 5 $[kg/m^3]$.

Wahl der Faser: Enduro HPP 45
Wahl der Dosierung: 5

Durchmesser	d =	1	mm
Fläche	Af =	0,79	mm2
Länge	l =	45	mm
Volumen	v =	35,34	mm3
Gewicht	gf =	0,032	g
Oberfläche	Of =	141,4	mm2
E-Modul	Ef =	600	kN/cm2
Faserdichte	df =	0,7	Stk/cm2
Faserfaktor	cg =	2,50	-
Faserwinkel	β =	25,0	°
Raumwinkel	α =	60,0	°
Faserrauhigkeit	ρ =	1,0	-
E-beiwert	ce =	0,38	-
Faserzugspannung	f-fk1 =	0,230	kN/cm2

Abbildung 7.79: Faserqualität und Dosierung für BV Aldrans

Die Faserdichte und die zugehörige Faserzugspannung wird entsprechend den vorgegangenen Beispielen berechnet und der Berechnungsgang muss hier nicht wiederholt werden.

Die Faserdichte ergibt sich zu 0,70 $[Stk/cm^2]$, und die Faserzugspannung zu 0,230 $[kN/cm^2]$.

Berechnung der Materialwerte für Faserbeton:			
Zugfestigkeit	fctfk =	0,692	kN/cm2
Druckfestigkeit	fcfk =	3,75	kN/cm2

Abbildung 7.80: Faserbetonkennwerte bei gegebenen Materialien

Als Ergebnis der Baustoffwerte wurde eine Zugfestigkeit von 0,692 $[kN/cm^2]$ und eine Druckfestigkeit von 3,75 $[kN/cm^2]$ errechnet.

mit Teilsicherheit: Faserbeton		1,5	
Zugfestigkeit	fcfts =	0,461	kN/cm2
Druckfestigkeit	fcfs =	2,50	kN/cm2

Abbildung 7.81: Faserbetonkennwerte mit Sicherheit

Mit Einrechnung einer Sicherheit für den Faserbeton von 1,5 ergibt sich die zulässige Zugfestigkeit zu 0,461 $[kN/cm^2]$ und die zulässige Druckfestigkeit von 2,50 $[kN/cm^2]$.

Mit diesen Baustoffwerten kann nun in die schichtweise Berechnung des Baugrubenverbaues eingestiegen werden. Bei der geotechnischen Berechnung ergaben sich maximale Momente in jeder Berechnungsschicht, die es nun mit dem Baustoff Faserbeton abzudecken gilt. Wie bei der bereits aufgezeigten Bemessung auf Biegung wird das notwendige Widerstandsmoment des Querschnittes errechnet und mit den zulässigen Maximalspannungen kann nun die erforderliche Mindesthöhe (-stärke) der berechneten Lage ermittelt werden.

Ebene	Tiefe	max. Moment	erf. W	erf. h	wähle h	vorh. Sicherheit
Nr.	m	kNm	cm3	cm	cm	-
1	0,5	4,3	922	7,4	15	3,0
2	2,3	9,6	2090	11,2	15	2,0
3	4,1	11,7	2543	12,4	15	1,8
4	5,7	12,9	2788	12,9	15	1,7
5	7,3	15,3	3323	14,1	15	1,6
6	8,9	13,6	2953	13,3	15	1,7

Abbildung 7.82: Schichtweise Bemessung der Faserbetonwand bei Baugrube in Aldrans

Die errechneten Mindesthöhen werden nun der gewählten Höhe (Spritzbetonstärke) gegenübergestellt und die Gesamtsicherheit ermittelt. Man erkennt, dass mit 16 cm Faserspritzbeton die Momente ausreichend gut aufgenommen werden können.

Eine oft gestellte Frage beim Spritzbeton ist die Ausbildung der Übergänge zwischen den einzelnen Spritzvorgängen.

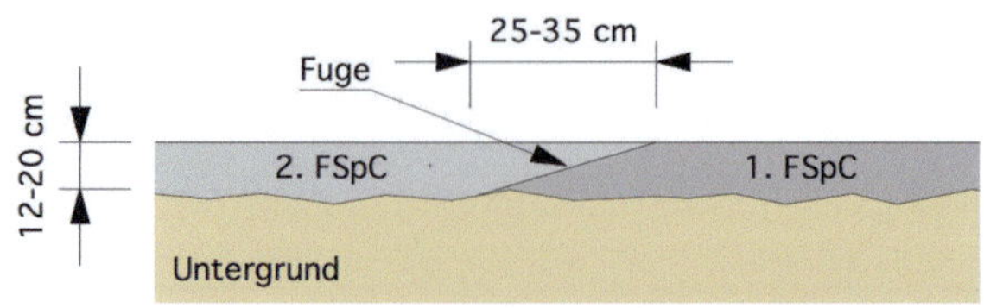

Abbildung 7.83: Fugenanordnung beim Spritzbeton

Hierbei ist generell ein schleifender Übergang notwendig, damit auch eine entsprechende Kraftübertragung möglich wird. Es hat sich als vorteilhaft erwiesen, wenn der Übergang schräg auf eine Länge von 25 - 35 cm ausgeführt wird.

Abbildung 7.84: Fugenanordnung bei Spritzbetonunterfangung in Fiss-Tirol

Die Übergänge sollten jedoch mit einem maximalen zeitlichen Abstand von 2 - 4 Tagen hergestellt werden, denn in dieser Zeit verbinden sich die beiden Spritzbetonschichten noch gut.

Dies resultiert aus dem Mineralienwachstum in der Abbindephase des Spritzbetons. Dieses Wachstum ergibt eine Verzahnung und dadurch eine mögliche Kraftübertragung in der Fuge. Es sollte jedoch ein Zeitintervall von 4 Tagen nicht überschritten werden, denn sonst wird diese Wirkung des Verbundes zu schwach.

Zu diesem Thema wurden eigens Versuche durchgeführt, wobei Faserspritzbeton auf den Untergrund aufgespritzt wurde und 2 Tage später eine zweite Spritzbetonschicht aufgespritzt wurde.

Abbildung 7.85: Spritzversuch für die Spritzfuge

Die Spritzprobe wurde anschließend 7 Tage dem natürlichen Wetter ausgesetzt und bewusst nicht nachbehandelt, sodass dies auch den natürlichen Baustellenverhältnissen nachempfunden wurde.

Abbildung 7.86: Kernbohrung bei Spritzversuch für Fugenausbildung

Anschließend wurden zwei Kernproben ausgebohrt und markiert. Bei den jeweiligen Proben sind die Fugen erkennbar, wobei hier auch im Detail der Übergang sehr deutlich zu sehen ist, dass der Übergang keine Fehlstellen besitzt sondern sich nur durch das Fehlen von größeren

Gesteinskörnern auszeichnet.

Abbildung 7.87: Fugenausbildung bei den beiden Kernproben

Zu den beiden gezeigten Kernbohrungen wurde noch zusätzlich eine dritte Kernbohrung ausgeführt. Anschließend wurden diese Kernproben ins Labor gebracht und auf die Abrissfestigkeit geprüft.

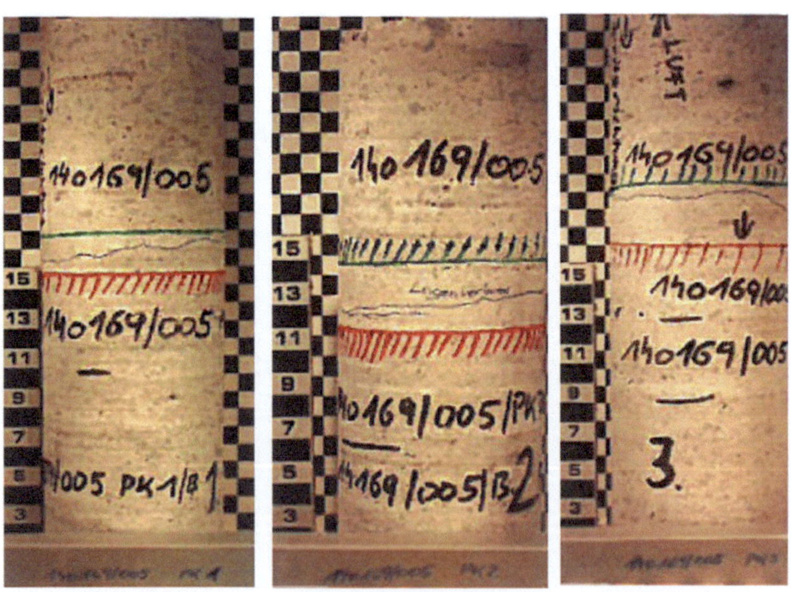

Bohrkern 1 Bohrkern 2 Bohrkern 3

Abbildung 7.88: Bohrkerne zur Prüfung im Labor

Es wurden bei jedem Bohrkern jeweils ein Abreißversuch im ungestörten Faserbeton und im Bereich der Spritzfuge durchgeführt. Die Ergebnisse der Versuche zeigen im Rahmen der Streuung keine wesentlichen Unterschiede der Messwerte. Dies zeigt, dass der Spritzbeton bis zu 3,5 Tagen noch einen guten Verbund herstellen kann, wenn die Verbundstelle vorher gesäubert und vorbefeuchtet wird. Dies ist bei Spritzbetonarbeiten eine übliche Arbeitsweise und wird von den professionellen Arbeitsteams auch eingehalten.

Bohrkern	Faserspritzbeton		FSpC im Lagenverbund	
	EW	MW	EW	MW
Nr:	[N/mm²]	[N/mm²]	[N/mm²]	[N/mm²]
1	2,76	2,91	3,25	2,80
2	2,48		2,14	
3	3,48		3,00	

Abbildung 7.89: Ergebnisse der Prüfung der Abreissfestigkeit im Labor

Im Vergleich dazu wird die theoretisch berechnete Zugfestigkeit des Faserbetons mit der Kunststofffaser Enduro HPP45 aufgezeigt

Wahl der Faser: Enduro HPP 45 **Wahl der Spritzbetongüte:** C 20
Wahl der Dosierung: 5

Durchmesser	d =	1	mm
Fläche	Af =	0,79	mm2
Länge	l =	45	mm
Volumen	v =	35,34	mm3
Gewicht	gf =	0,032	g
Oberfläche	Of =	141,4	mm2
E-Modul	Ef =	600	kN/cm2
Faserdichte	df =	0,7	Stk/cm2
Faserfaktor	cg =	2,50	-
Faserwinkel	β =	25,0	°
Raumwinkel	α =	60,0	°
Faserrauhigkeit	ρ =	1,0	-
E-beiwert	ce =	0,20	-
Faserzugspannung	f-fk1 =	0,100	kN/cm2

Druckfestigkeit	fck =	2,00	kN/cm2
Zugfestigkeit	fctk =	0,221	kN/cm2
Biegezugfestigk	fctk,fl =	0,398	kN/cm2
E-Modul	Ec =	2.990	kN/cm2
Scherwinkel	φ =	41,9	°
Scherspannung	τc =	0,446	kN/cm2
Faktor-Dehnung	v =	0,91	-
Berechnung der Materialwerte für Faserbeton:			
reine Zugfestigkeit	fctfk =	0,321	kN/cm2
Druckfestigkeit	fcfk =	2,91	kN/cm2

Abbildung 7.90: Festigkeit von Faserspritzbeton bei gegebener Dosierung

Die bei einer vorgegebenen Mischung errechneten Faserzugwerte von 3,21 $[N/mm^2]$ werden sowohl vom Spritzbeton selbst (2,91) als auch von der Spritzfuge (2,80) erreicht. Die gemessenen Werte zeigen die Festigkeit nach 7 Tagen, es wird wohl noch eine Steigerung der Festigkeitswerte von bis zu 15 % bis zum Erreichen der 28-Tage-Festigkeit geben. Somit werden die geforderten Werte für die Zugfestigkeit des Faserspritzbetons auch in der Fuge allemal erreicht.

$$f_{ctfk} = 2{,}91 / 0{,}85 = 3{,}42\ kN/cm^2 \quad \text{bzw.} \quad = 2{,}80 / 0{,}85 = 3{,}29\ kN/cm^2$$

Es zeigt sich hier in der Praxis, dass der Prozess der Zementsteinbildung, wie unter Punkt 3.7.6 beschrieben, über mehrere Tage andauert und somit die Verbindung von zwei zeitlich abgesetzten Spritzbetonen letztendlich auch als eine Einheit nicht nur optisch, sondern auch statisch angesehen werden kann. Die statische Wirkung über eine Spritzfuge ist somit auch voll gegeben.

7.4.5.2 Stahlfaser

Anlässlich der Bundesgartenschau in Koblenz 2012 wurde ein Schrägaufzug zur Burg Ehrenbreitenstein gebaut. Die Talstation hatte einen Geländeeinschnitt mit einer Höhe von annähernd 13 m, der zu sichern war. Ein Großteil dieser Sicherung sollte auch später noch sichtbar sein, da der Einschnitt nur teilweise verfüllt werden sollte.

Abbildung 7.91: Baugrube in Koblenz-Pfalz mit Stahlfaser-Spritzbeton anlässlich BUGA 2012

Es wurde eine vernagelte Spritzbetonsicherung mit Faserbeton gewählt, wobei Stahlfasern zum Einsatz kamen. Um keinen Kontakt mit den Stahlfasern an der Oberfläche zu haben, wurde anschließend die gesamte Fläche mit einer dünnen Haut von Spritzbeton überzogen. Somit war das Problem der Verletzungsgefahr durch hervorstehende Stahlfasern gelöst worden.

Bei dem insgesamt fast 13 m hohen Geländeeinschnitt wurde eine Böschungsneigung von 80° festgelegt. Die gesamte Höhe des Einschnittes wurde in einem Zug ohne Berme (Zwischenstufe) vorgesehen. Es wurde darauf verzichtet, da sich oberhalb der Spritzbetonsicherung keine absturzgefährdeten Gegenstände befanden.

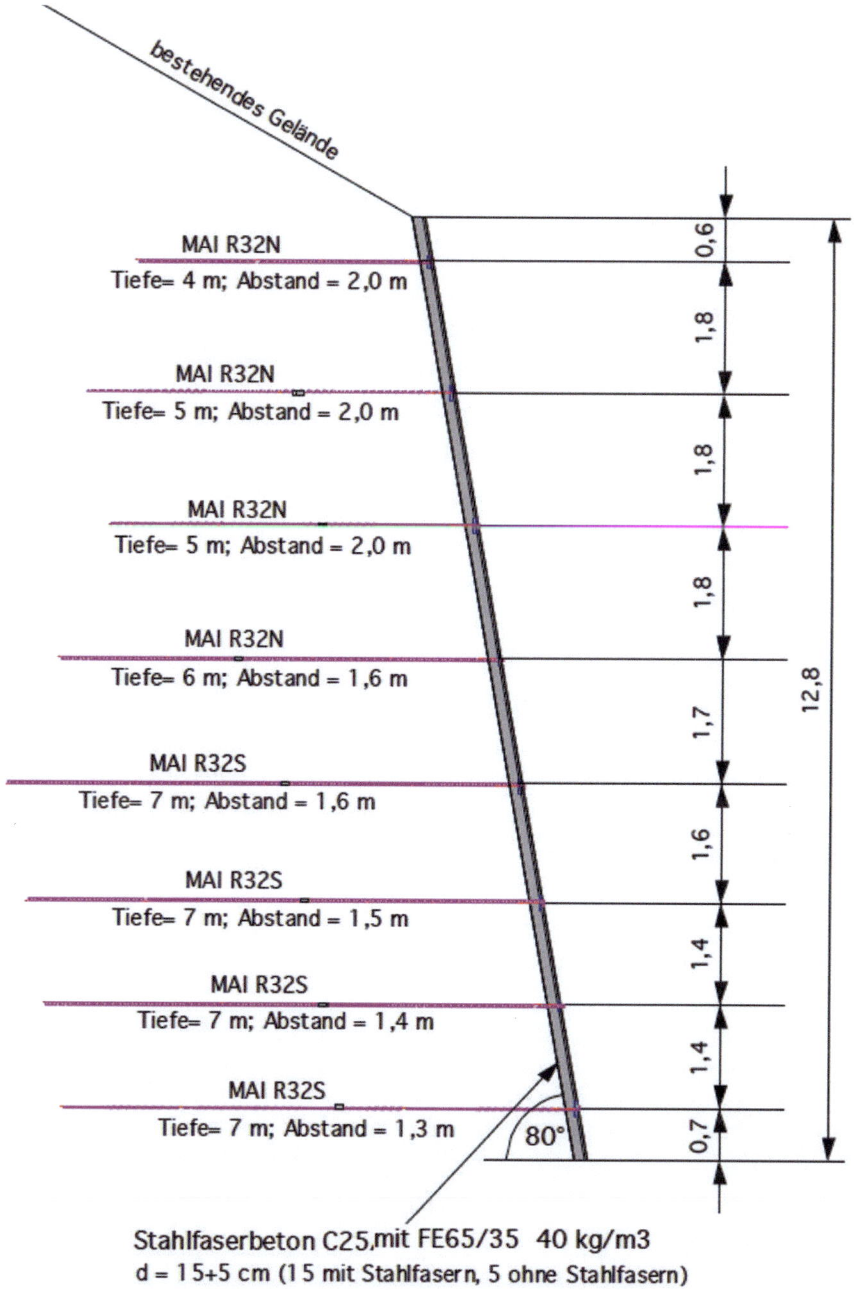

Abbildung 7.92: Schnitt mit Angaben des Verbaues der Baugrube

Die geotechnische Berechnung lieferte den aufgezeigten Regelschnitt mit den entsprechenden statischen Bemessungsgrundlagen.

Es wurde nun die Qualität des Spritzbetons mit SpC 25 festgelegt und die entsprechenden Materialkennwerte der Zug- und Druckfestigkeit des Spritzbetons ermittelt.

Wahl der Spritzbetongüte: SpC 25

Druckfestigkeit	fck =	2,50	kN/cm2
Zugfestigkeit	fctk =	0,256	kN/cm2
Biegezugfestigk	fctk,fl =	0,462	kN/cm2
E-Modul	Ec =	1.570	kN/cm2
Scherwinkel	φ =	43,5	°
Scherspannung	τC =	0,537	kN/cm2
Faktor-Dehnung	ν =	2,00	-

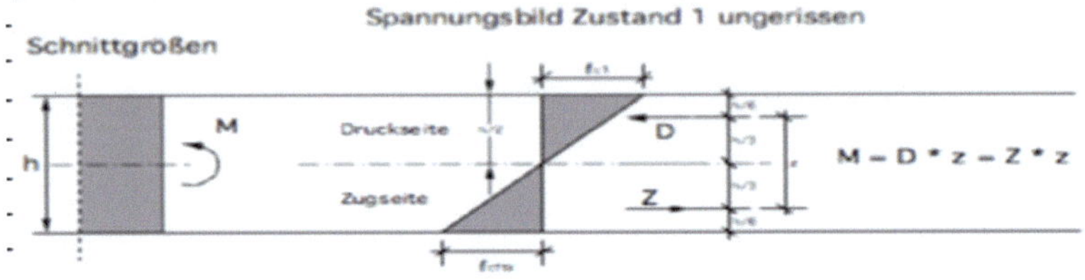

Abbildung 7.93: Betonqualität für BV Talstation Burgaufzug Ehrenbreitenstein

Nach der Wahl der Spritzbetonsorte musste auch die Faser und deren Dosierung ausgewählt werden. Man entschied sich hier zu einer Stahlfaser und zwar der FE65/34 der Fa. Arcelor mit einer Dosierung von 40 $[kg/m^3]$.

Wahl der Faser: FE 65/35
Wahl der Dosierung: 40

Durchmesser	d =	0,65	mm
Fläche	Af =	0,33	mm2
Länge	l =	35	mm
Volumen	v =	11,61	mm3
Gewicht	gf =	0,092	g
Oberfläche	Of =	71,5	mm2
E-Modul	Ef =	21000	kN/cm2
Faserdichte	df =	1,5	Stk/cm2
Faserfaktor	cg =	1,30	-
Faserwinkel	β =	10,0	°
Raumwinkel	α =	60,0	°
Faserrauhigkeit	ρ =	0,7	-
E-beiwert	ce =	1,00	-
Faserzugspannung	f-fk1 =	0,263	kN/cm2

Abbildung 7.94: Faserqualität und Dosierung für BV Talstation Burgaufzug Ehrenbreitenstein

Die Faserdichte und die zugehörige Faserzugspannung wird entsprechend den vorgegangenen Beispielen berechnet und der Berechnungsgang muss hier nicht wiederholt werden.

Die Faserdichte ergibt sich zu 1,53 $[Stk/cm^3]$ und die Faserzugspannung zu 0,26 $[kN/cm^2]$.

Berechnung der Materialwerte für Faserbeton:			
reine Zugfestigkeit	fctfk =	0,520	kN/cm2
Druckfestigkeit	fcfk =	5,06	kN/cm2

Abbildung 7.95: Faserbetonkennwerte bei gegebenen Materialien

Als Ergebnis der Baustoffwerte wurde eine Zugfestigkeit von 0,520 $[kN/cm^2]$ und eine Druckfestigkeit von 5,06 $[kN/cm^2]$ errechnet.

mit Teilsicherheit: Faserbeton		1,35	
Zugfestigkeit	fcfts =	0,385	kN/cm2
Druckfestigkeit	fcfs =	3,75	kN/cm2

Abbildung 7.96: Faserbetonkennwerte mit Sicherheit

Mit Einrechnung einer Sicherheit von 1,35 ergibt sich die zulässige Zugfestigkeit zu 0,385 $[kN/cm^2]$ und die zulässige Druckfestigkeit von 3,75 $[kN/cm^2]$.

Mit diesen Baustoffwerten kann nun in die schichtweise Berechnung des Baugrubenverbaues eingestiegen werden. Bei der geotechnischen Berechnung ergaben sich maximale Momente in jeder Berechnungsschicht, die es nun mit dem Baustoff Faserbeton abzudecken gilt. Wie bei der bereits aufgezeigten Bemessung auf Biegung wird das notwendige Widerstandsmoment des Querschnittes errechnet und mit den zulässigen Maximalspannungen kann nun die erforderliche Mindesthöhe (-stärke) der berechneten Lage ermittelt werden.

Ebene	Tiefe	max. Moment	erf. W	erf. h	wähle h	vorh. Sicherheit
Nr.	m	kNm	cm3	cm	cm	-
1	0,6	1,4	353	4,6	15	4,40
2	2,4	5,4	1414	9,2	15	2,20
3	4,2	9,5	2474	12,2	15	1,66
4	6,0	10,4	2706	12,7	15	1,59
5	7,7	11,9	3087	13,6	15	1,49
6	9,3	11,9	3082	13,6	15	1,49
7	10,7	11,9	3089	13,6	15	1,49
8	12,1	11,6	3012	13,4	15	1,51

Abbildung 7.97: Schichtweise Bemessung der Faserbetonwand bei Baugrube Talstation Burgaufzug Ehrenbreitenstein

Die errechneten Mindesthöhen werden nun der gewählten Höhe (Spritzbetonstärke) gegenübergestellt und die Gesamtsicherheit ermittelt. Man erkennt, dass mit dem gewählten Dicken des Faserspritzbetons die Momente ausreichend gut aufgenommen werden können.

7.4.6 Anwendung mit verkehrtem Plattenbalken

Ein verkehrter Plattenbalken besteht aus einer Platte, auf die Balken oder Stege schubfest aufgesetzt sind. Somit sind im Gegensatz zum Plattenbalken, bei dem die Stege unter der Platte angeordnet sind, diese oberhalb. Eingesetzt werden die verkehrten Plattenbalken bei hohen Wandkonstruktionen, bei denen Erd- und/oder Wasserdruck aufzunehmen ist.

Der verkehrte Plattenbalken soll bei größeren Stützweiten die Belastung auf die Auflager ableiten. Die durch die Belastung entstehende Biegung im Querschnitt erzeugt Zug- und Druckkräfte. Das beim Faserbeton die zulässigen Zug- und Druckspannungen sehr unterschiedlich sind, wird dem bei der Biegung entstehenden Biegemoment bestehend aus Druck- und Zugkraft jeweils die Fläche zugeordnet, dass der Zug- bzw. Druckquerschnitt ausgenutzt wird. Daher ist der Druckquerschnitt wesentlich kleiner (Stegbereich) als der Zugquerschnitt (Platte). Die Dicke der Platte richtet sich nach der Dicke des Zugbereiches, wobei dies normalerweise die halbe Querschnittshöhe des Gesamtquerschnittes ist.

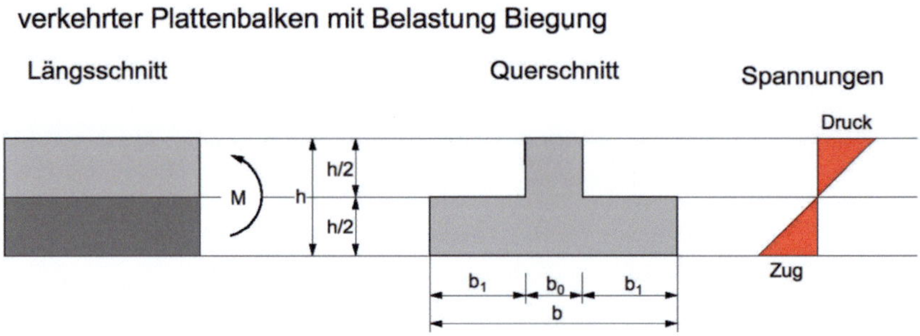

Abbildung 7.98: Spannungen beim verkehrten Plattenbalken

Die Bemessung erfolgt bei ungerissenen Querschnitt (Zustand 1). Daher ist bei reiner Biegung die Stegbreite zur mitwirkenden Plattenbreite im selben Verhältnis wie die zulässige Druckspannung zur zulässigen Biegezugspannung. Diese beiden Werte hängen von der Betonfestigkeit und der Faserart sowie Dosierung (Faserbeton) ab. Ist die Faserbetonfestigkeit ermittelt, kann die mitwirkende Plattenbreite einfach ermittelt werden und so die Bemessung im Zustand 1 durchgeführt werden.

7.4.7 Bemessung für eine Brücke

Es soll an dieser Stelle gezeigt werden, dass auch kleine bis mittlere Brücken für den üblichen Verkehr durchaus aus Faserbeton hergestellt werden können. Dies insbesondere mit Kunststofffaserbeton um die leidige Korrosionsbeeinträchtigung bei unseren Verkehrswegen nicht berücksichtigen zu müssen. Damit wären wesentlich längere Lebenszyklen bei diesen Brücken erreichbar und somit die Rentabilität jedenfalls gegeben.

Als Beispiel sei hier eine 8,7 m breite Brücke gerechnet, die für kleinere bis mittlere Strassen ausgeführt werden kann.

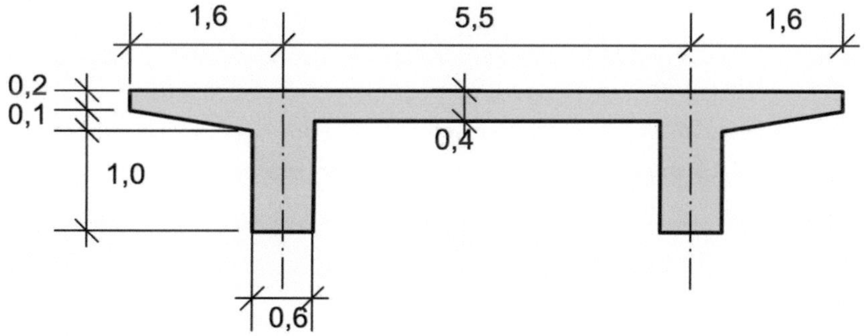

Abbildung 7.99: Querschnitt einer Brücke

Als Belastung dieses Querschnittes wurde für die Eigenbelastung ein Raumgewicht der Konstruktion von 24 kN/m^3 angesetzt. Zusätzlich wurde für die Konstruktion der Fahrbahn (Belag) eine Flächenlast von 5 kN/m^2 angenommen. Die Nutzlast der Brücke wurde als gleichmäßige Verkehrslast (Vollast) mit 10 kN/m^2 angesetzt, was einer großzügigen Ersatzlast bei Brücken entspricht.

Mit diesen Lastangaben bei der gegebenen Geometrie kann das Kragarmmoment mit einer Größe von 31,43 kNm und das maximale Feldmoment zu 59,30 kNm ermittelt werden. Diese beiden Momente müssen nun vom Faserbeton alleine aufgenommen werden.

Wählt man nun für die Brücke die Betonsorte C25 und eine Kunststoffaser Enduro HPP45 mit einer Dosierung von 5 kg/m^3, so ergeben sich folgende Festigkeiten für den Faserbeton:

Wahl der Faser: Enduro HPP 45 Kunststoff
Wahl der Dosierung [kglm3]: 5 Fehlfasern: 10%
Wahl der Betonsorte: C 25

Durchmesser	d =	1	mm
Fläche	Af =	0,79	mm2
Länge	l =	45	mm
Volumen	v =	35,34	mm3
Gewicht	gf =	0,032	g
Oberfläche	Of =	141,4	mm2
E-Modul	Ef =	600	kN/cm2
Faserdichte	df =	0,70	Stk/cm2
Faserfaktor	cg =	2,50	-
Faserwinkel	β =	25,0	°
Raumwinkel	α =	66,0	°
Faserrauhigkeit	ρ =	1,0	-
E-beiwert	ce =	0,19	-
Faserzugspannung	f-fk1 =	0,096	kN/cm2

Druckfestigkeit	fck =	2,50	kN/cm2
Zugfestigkeit	fctk =	0,256	kN/cm2
E-Modul	Ec =	3.140	kN/cm2
Scherwinkel	α =	43,5	°
Scherspannung	τc =	0,537	kN/cm2
Faktor-Dehnung	ν =	1,04	-

Faserbeton:

Zugfestigkeit	fcftk =	0,557	kN/cm2
Druckfestigkeit	fcfk =	3,02	kN/cm2

Abbildung 7.100: Faserbeton Zug-, Druckfestigkeit

Mit diesen Spannungen können nun unter Berücksichtigung der Teilsicherheitsfaktoren für die Belastung und das Material die notwendigen Querschnitte errechnet werden.

Beim Kragarm ergibt sich folgendes:

Eingabe der Trägerbreite:

Breite	b =	100	cm

Eingabe des Momentes: (ohne Sicherheit)

Moment	Md =	32,0	kNm

Eingabe der erforderlichen Teilsicherheiten:

Sicherheit FB	eta =	1,5	
Sicherheit Last	eta =	1,35	

Werte mit Sicherheit:

Zugfestigkeit	fcfts =	0,372	kN/cm2
Druckfestigkeit	fcfs =	2,01	kN/cm2
Moment	Ms =	43,20	kNm
erf. Widerst.mom	Werf =	11.624	cm3
erforderl. Höhe	erf.h =	26,41	cm

Abbildung 7.101: Kragarm

Eingabe der Trägerbreite:

Breite	b =	100	cm

Eingabe des Momentes: (ohne Sicherheit)

Moment	Md =	60,0	kNm

Eingabe der erforderlichen Teilsicherheiten:

Sicherheit FB	eta =	1,5	
Sicherheit Last	eta =	1,35	

Werte mit Sicherheit:

Zugfestigkeit	fcfts =	0,372	kN/cm2
Druckfestigkeit	fcfs =	2,01	kN/cm2
Moment	Ms =	81,00	kNm
erf. Widerst.mom	Werf =	21.795	cm3
erforderl. Höhe	erf.h =	36,16	cm

Abbildung 7.102: Feldplatte

Beim Kragarm sind somit 26,4 cm erforderlich, diese werden von den gewählten 30 cm Plattenstärke am Trägerrand somit auch eingehalten.

Die Feldplatte muss mindestens 36,2 cm sein, mit den gewählten 40 cm werden diese auch eingehalten.

Somit kann diese Querschnittsform für die gewählte Brücke mit ihren vorgegebenen Belastungen und den eingehaltenen Teilsicherheiten verwendet werden.

Betrachtet man nun den Längsschnitt der Brücke, so erkennt man eine Bogenbrücke, die aus den beiden Brückenträgern besteht und darauf die Tragwerksplatte liegt.

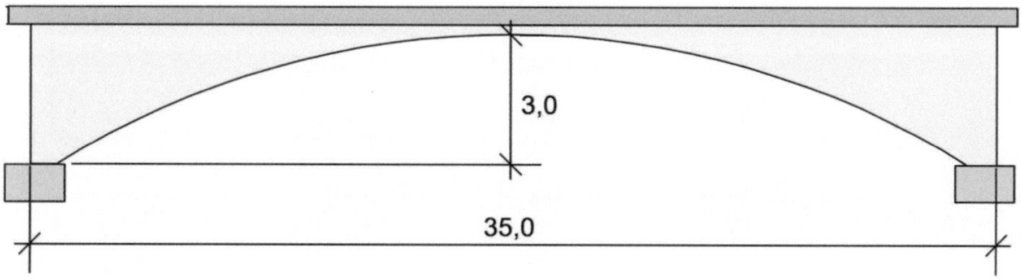

Abbildung 7.103: Längsschnitt einer Brücke

Mit den angegebenen 35,0 m Spannweite ist die Brücke durchaus als solche mit einer mittleren Spannweite einzuschätzen.

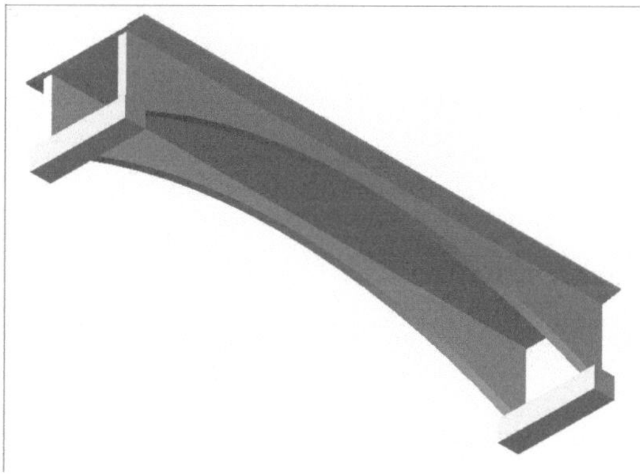

Abbildung 7.104: von schräg unten

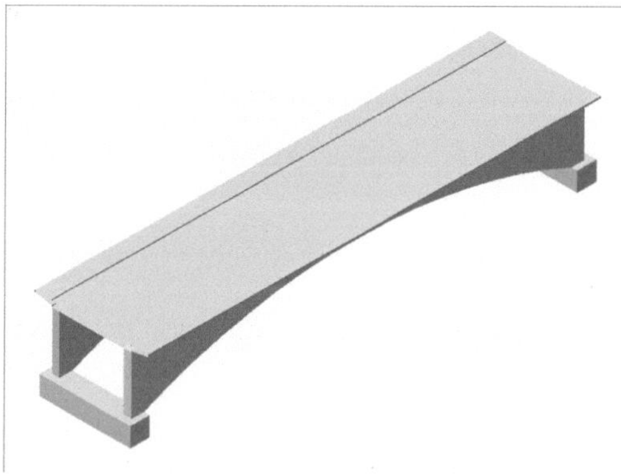

Abbildung 7.105: von schräg oben

Es wird nun für jeden Bogenträger einzeln die Belastung ermittelt, wobei dies im vorliegenden Fall eine Belastung von126,57 kN/m ergibt. Bei einem Gesamtgewicht von 4.430 kN je Brückenträger ist diese Last nun auf die beiden Wiederlager abzuleiten. Es wird der Bogenträger als Dreigelenksbogen gerechnet wobei sich daraus folgende Randkräfte ergeben:

- max. Scheitelkraft = 6.460 kN
- max. Auflagerkraft = 6.830 kN

Diese Kräfte sind nun vom Bogenträger einerseits am Scheitel direkt unter der Fahrbahnplatte in Brückenmitte und andererseits von den Fundamenten als Auflagerkräfte zu übernehmen. Die Druckkräfte werden als Knickstab nachgewiesen wobei die dazu notwendige Stockwerkshöhe mit 15 m angesetzt wird, was schon auf der sehr großzügigen Seite liegt.

Es ergeben sich aus der Faserbetonbemessung die folgenden Werte:

Eingabe der Geometrie:

Breite 1	b1 =	60	cm
Breite 2	b2 =	100	cm
Stockwerkshöhe	h =	15,00	m

Eingabe des Knickfalles nach Euler: 3

Werte für den Knickfall:

Knicklänge:	l-k =	10,65	m
Trägheitsradius	i =	17,3	
Schlankheit	λ =	61,5	
ω-Wert	ω =	1,24	

Eingabe der Belastung und der erf. Teilsicherheiten:

Normalkraft	N =	6.500	kN
Sicherheit FB	eta =	1,5	
Sicherheit Last	eta =	1,35	

Werte mit Sicherheit:

Druckfestigkeit	fcfs =	2,01	kN/cm2
Normalkraft	Ns =	8.775	kN

Knicklast nach Euler:

Knicklast	N* =	14.593	kN
zul. Knicklast	N-zul =	10.809	kN

Querschnitt:	ist zulässig
	ist wirtschaftlich

Sicherheit bei Zustand 1:	2,25

Legende:

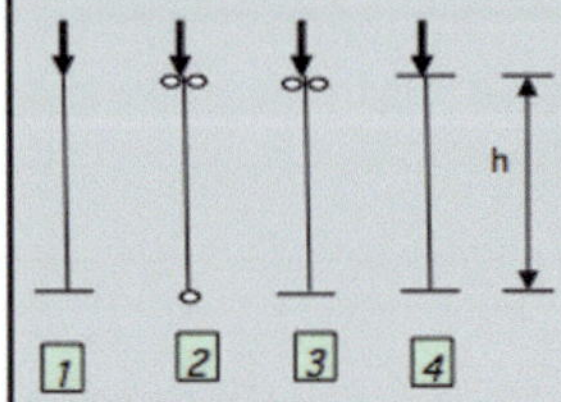

Knickfall nach Euler:

Die Knicklänge wird entsprechend dem eingegebenen Euler-Fall direkt berechnet.
Es werden derzeit nur rechteckige Querschnitte berücksichtigt.

Abbildung 7.106: Bemessung des Bogenträgers auf Knicken

Dies zeigt, dass eine so gewählte Brücke durchaus auch den heutigen Verkehrsstandarts genügen kann und dabei kein Stahl verbaut wird, sondern nur Faserbeton. Es möge manchem Brückenbauherr doch zum Nachdenken bringen, dass es auch Lösungen für Verkehrsbrücken gibt, die nicht korrodieren und somit sehr viel längere Lebensdauern haben als die derzeit hergestellten Brücken aus Stahl- und Spannbeton.

7.4.8 Bemessung für eine Hafenmauer ohne Anker

Bei den meisten Hafenanlagen insbesondere den Kaimauern bei Seehäfen ist die Korrosion der Metallteile ein sehr großes Problem, da sich nur aufwendig und kostenintensiv in den Griff zu bekommen ist. Daher sei hier eine Möglichkeit aufgezeigt, die ein Bauteil konstruiert, das nicht aus Metall sondern nur auf Faserbeton besteht und somit keine Korrosionsprobleme bezüglich Metallkorrosion haben kann. Dies wirkt sich auf die Haltbarkeit der Konstruktion aus und erhöht somit die Rentabilität der Gesamtkonstruktion.

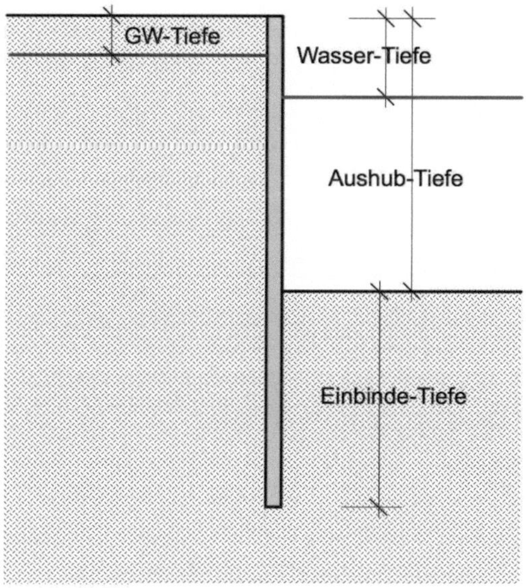

Abbildung 7.107: grundsätzlicher Schnitt bei einer Hafenmauer

Grundsätzlich muss eine Hafenmauer den Erd- und überschüssigen Wasserdruck aufnehmen, der in das Hafenbecken wirkt. Es kommen bei normalen Hafenbecken sehr große Kräfte diesbezüglich zusammen, warum auch gerne sehr stabile Verbauwände gewählt werden. Es haben sich in den letzten Jahrzehnten immer mehr die Stahlspundwand mit Verankerungen aus Stahlankern durchgesetzt. Dies hat jedoch zur Folge, dass der Korrosionsschutz immer mehr in den Vordergrund rückt und auch die Kosten beherrscht.

Will man von diesen Randbedingungen abrücken, so muß eine neue Konstruktion gewählt werden, die zwar beim Bau etwas kostenintensiver ist, jedoch kaum Wartungskosten entstehen lässt. Es ist dies mit einer Konstruktion aus Faserbeton durchaus möglich und soll hier auch aufgezeigt werden.

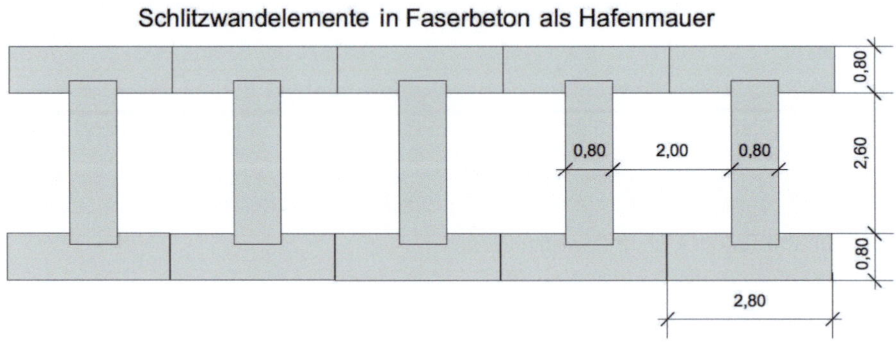

Abbildung 7.108: Grundriss einer Hafenmauer

Es wird zunächst im Grundriss eine aufgelöste Konstruktion so gewählt, dass mit Hilfe von Schlitzwänden zwei Wände mit Abstandswänden verbunden werden, sodass eine Art Hohlwand entsteht, die aber durch Überschneidungen sehr wohl miteinander verbunden ist und somit auch kräftemäßig einen vollen Verbund hat.

Es entsteht somit eine Verbundwand mit extrem hoher Tragfähigkeit, deren geometrische Querschnittserte je Meter Wand folgende sind:

- Querschnitt = 2,34 m^2
- Trägheitsmoment = 5,13 m^4
- Widerstandsmoment = 2,44 m^3

Mit diesen Querschnittswerten wird nun eine Hafenmauer gerechnet, die in einem Untergrund mit folgenden Bodenkennwerten zu liegen kommt:

Sand, kiesig			
Raumgewicht feucht	γ_f	21	[kN/m³]
Raumgewicht mit Auftrieb	γ_a	11	[kN/m³]
Reibungswinkel	φ	32,5	[Grad]
Kohäsion	c	0	[kN/m²]

Abbildung 7.109: Bodenkennwerte für die Hafenmauer

Im Schnitt gesehen soll das Hafenbecken eine Gesamttiefe von 15 m erhalten und der Grundwasserspiegel liegt 2,0 m unter dem Gelände. Der Hafenwasserspiegel schwankt und nimmt als größte Tiefe den Wert mit 4,0 m an.

In nachfolgendem Schnitt ist die Situation nochmals dargestellt.

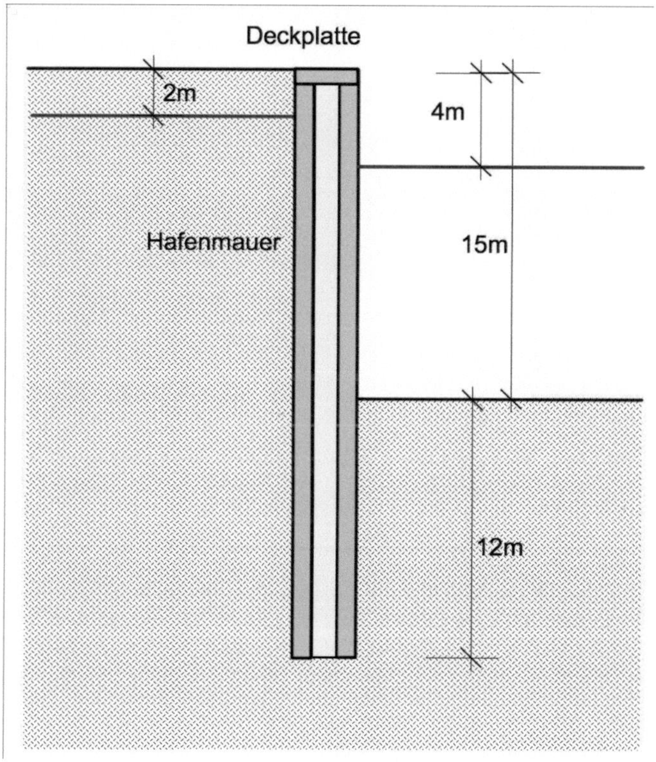

Abbildung 7.110: Schnitt einer Hafenmauer

Die im Schnitt angedeutete Deckplatte verbindet die einzelnen Elemente und ermöglicht zusätzlich auf der Hafenmauer eine Fahrbahn zu installieren auf der Fahrzeuge und/oder Hafenkräne sich bewegen können. Es wurde in der Berechnung eine Flächenbelastung von 15 kN/m^2 berücksichtigt. Diese einwirkenden Vertikallasten können mit der Hafenmauer leicht übernommen werden, sie sind sogar als positive Erscheinung bei der Mauerbeanspruchung zu werten, da Momente somit überdrückt werden und die Zugspannungen im Querschnitt sich verringern.

Die Berechnung der Hafenmauer erfolgte nach dem Verfahren von Blum mit einer Schichtstärke von ca. 50 cm bis zu einer Gesamttiefe von 27,0 m. Dies entspricht einer Einbindetiefe der Hafenmauer von 12m in den unter dem Hafenbecken stehenden Untergrund. Dabei wurde in der Berechnung zusätzlich ein Ruhedruckanteil von 30% berücksichtigt um auf der sicheren Seite bei der Bemessung zu liegen.

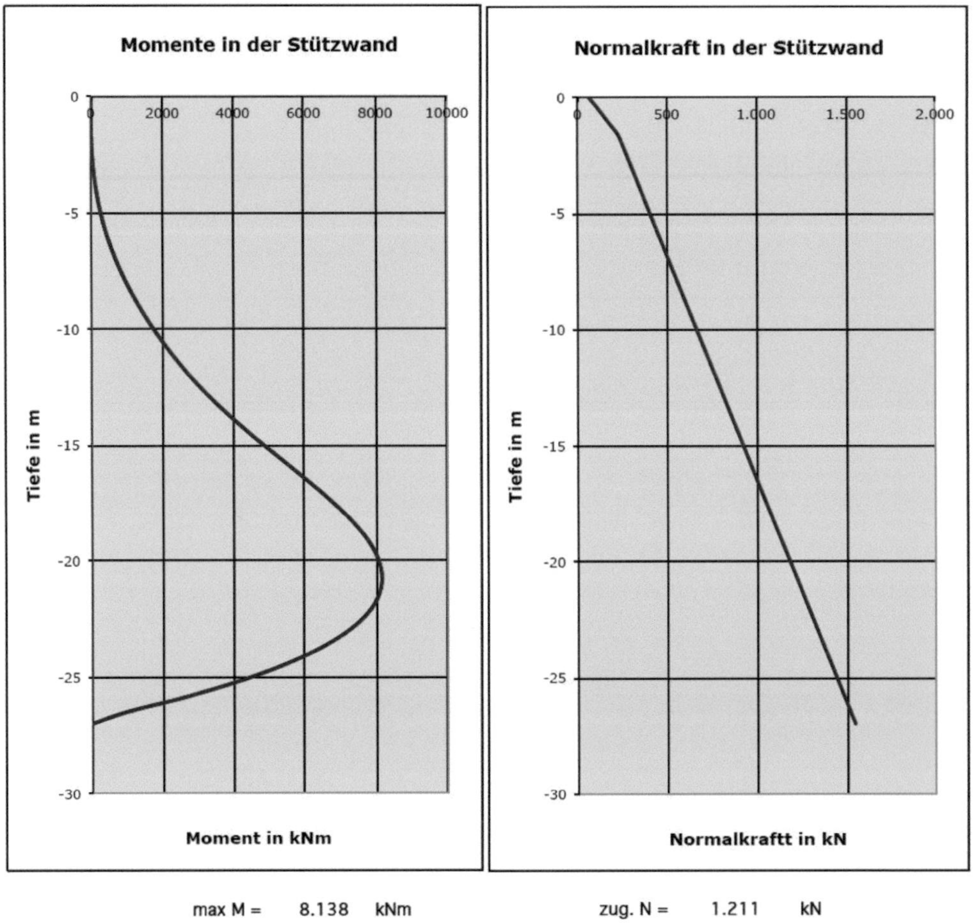

Abbildung 7.111: Biegemomente und Normalkräfte in der Wand

Die ermittelten Biegemomente in einer Tiefe von ca. 21 m sind zwar mit 8.138 kNm sehr hoch, werden jedoch von der dabei auftretenden Normalkraft von 1.211 KN stark gedrückt, wobei sich die durch das Biegemoment entstehenden Zugspannungen verringern. Die gesamte Wand ist im tieferen Untergrund eingespannt, somit können die Kräfte gut aufgenommen werden, wobei eine Verankerung zusätzlich nicht notwendig ist. Das große Biegemoment baut sich relativ schnell ab, sodass mit einer Einspanntiefe von 12,0m das Ausreichen gefunden werden kann. Die Gesamthöhe (-tiefe) der Wand kann somit mit 27m eingehalten werden, wobei dies eine Beckentiefe von 15m beinhaltet.

Infolge der aufgelösten Wandkonstruktion mit dem relativ hohen Widerstandsmoment entstehen in der Wand nur geringe Zugspannungen, die in der Tiefe des maximalen Biegemomentes einen Wert von 0,28 kN/cm^2 annehmen, die der Faserbeton auch gut aufnehmen kann..

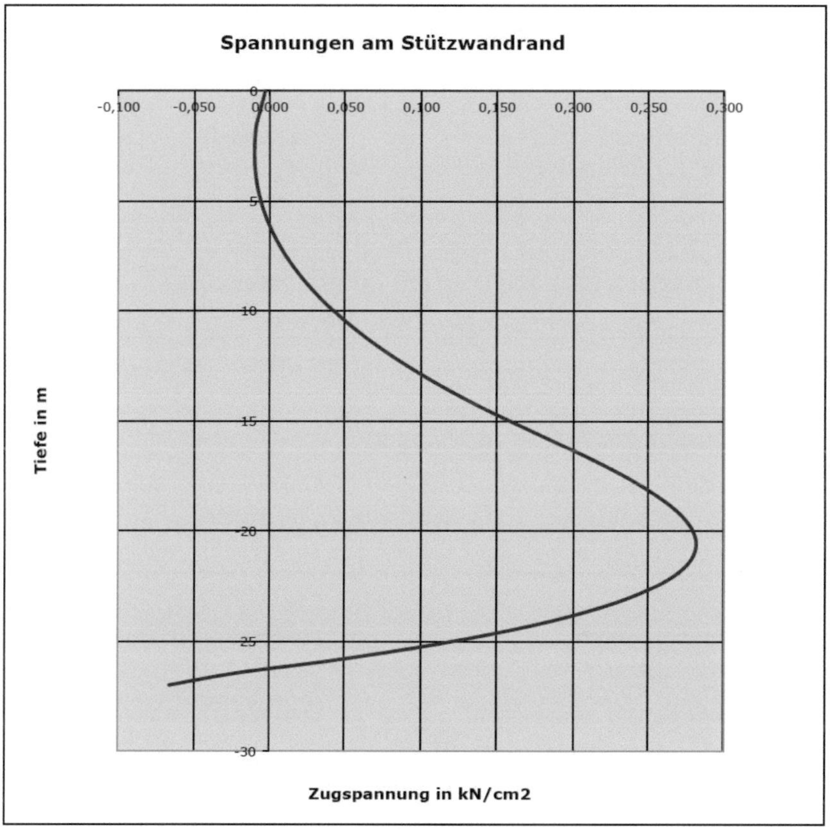

max Zugspannung = 0,282 kN/cm2

Abbildung 7.112: Randspannungen in der Wand

Beim Hafenbecken sollte eine bessere Betonsorte zur Anwendung kommen, da die Beanspruchung zusätzlich von den Stoßwirkungen der anlegenden Schiffe und dem andauernden Wellengang auch noch zusätzlich beansprucht wird. Aus diesem Grund wird eine Betonfestigkeitsklasse von C30 gewählt. In diesen Beton wird die Kunststofffaser Enduro HPP45 mit einer Dosierung von 5 kg/m^3 eingemischt und somit Faserbeton hergestellt.

Dieser wird mit der für die Schlitzwand üblichen Einbringungsmethode eingebaut. Es muss dabei berücksichtigt werden, dass die einzelnen Nachbarelemente innerhalb von 3 Tagen hergestellt werden müssen. Nur innerhalb dieser Zeitspanne können sich die einzelnen Wandscheiben kraftbündig miteinander verbinden. Dies ist wegen des Mineralwachstums im Frischbeton während der Abbindephase gegeben.

Dabei ergeben sich für die Bemessung der Wand folgende Kennwerte für den Faserbeton.

Baustelle:	Hafenmauer	Datum:	15.05.20
Schnitt:	Berechnung am 15.5.2020	Bearbeiter:	Wietek

Wahl der Faser: Enduro HPP 45 — Kunststoff
Wahl der Dosierung [kglm3]: 5,00 — Fehlfasern: 10%
Wahl der Betonsorte: C 30

Durchmesser	d =	1	mm
Fläche	Af =	0,79	mm2
Länge	l =	45	mm
Volumen	v =	35,34	mm3
Gewicht	gf =	0,032	g
Oberfläche	Of =	141,4	mm2
E-Modul	Ef =	600	kN/cm2
Faserdichte	df =	0,70	Stk/cm2
Faserfaktor	cg =	2,50	-
Faserwinkel	β =	25,0	°
Raumwinkel	α =	66,0	°
Faserrauhigkeit	ρ =	1,0	-
E-beiwert	ce =	0,18	-
Faserzugspannung	f-fk1 =	0,107	kN/cm2

Druckfestigkeit	fck =	3,00	kN/cm2
Zugfestigkeit	fctk =	0,290	kN/cm2
E-Modul	Ec =	3.280	kN/cm2
Scherwinkel	α =	44,7	°
Scherspannung	τc =	0,625	kN/cm2
Faktor-Dehnung	v =	1,00	-

Faserbeton:

Zugfestigkeit	fcftk =	0,628	kN/cm2
Druckfestigkeit	fcfk =	3,61	kN/cm2

Abbildung 7.113: Kennwerte des Faserbetons

Eingabe der Trägerdaten pro m:

Querschnitt	A =	2,34	m2
Widerstandsmom	W =	2,44	m3

Eingabe dr Belastung: (ohne Sicherheit)

Moment	Md =	8.140,0	kNm
Normalkraft	Nd =	-1.200,0	kN

+ = Zug

Eingabe der erforderlichen Teilsicherheiten:

Sicherheit FB	eta =	1,5	
Sicherheit Last	eta =	1,35	

Querschnitt ist ungerissen (Zustand 1)
Zug- und Druckkräfte werden vom Beton und den eingebauten Fasern übertragen. Die Bemessung wird nur für den Zustand 1 durchgeführt. Dabei bleibt der gesamte Querschnitt ungerissen und somit wasserdicht. Es wird von der maximal möglichen Zugspannung bei der Berechnung ausgegangen. Als Ergebnis wird die erforderliche Höhe des Querschnittes ermittelt.

Werte mit Sicherheit:

Zugfestigkeit	fcfts =	0,419	kN/cm2
Druckfestigkeit	fcfs =	2,409	kN/cm2
Moment	Ms =	10989,0	kNm
Normalkraft	Ns =	-1620	kN
Zugspannung	σ_z =	0,282	kN/cm2
Druckspannung	σ_d =	0,385	kN/cm3

Abbildung 7.114: Bemessung des Faserbetons der Wand

Die in der Konstruktion wirkenden Zug- und Druckspannungen sind kleiner als die zulässigen Spannungen. Damit ist diese Art der Hafenmauer ausreichend dimensioniert.

Es zeigt sich somit, dass Faserbeton auch bei großen Konstruktionen recht kostensparend auf längere Sicht betrachtet eingesetzt werden kann und dies bei Einhaltung aller Sicherheiten, die derzeit von den gültigen Codes gefordert werden.

7.4.9 Bemessung einer Doppelwand

Abbildung 7.115: Doppelwand Montage

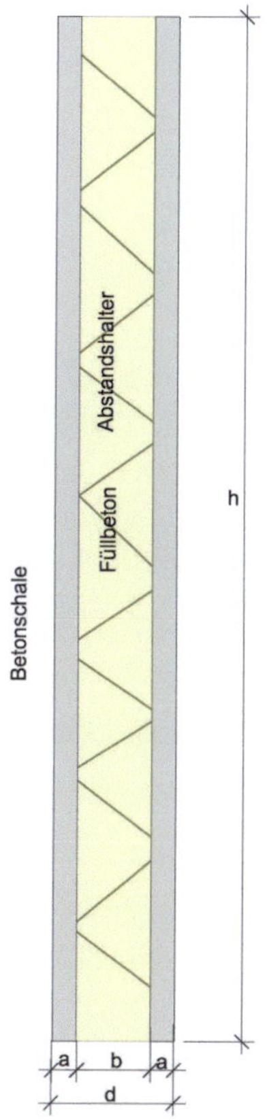

Die Doppelwand im Massivbau ist eine vorgefertigte Wand mit zwei aussenliegenden Schalen, die über Abstandhalter verbunden sind. Die Dpooelwand wird werkseitig hergestellt und auf die Baustelle transportiert. Dort wird sie plangemäß aufgestellt und mit Beton vergossen.

Der große Vorteil einer Doppelwand besteht in der Bauzeit. Dadurch dass die Außenschale bereits abgebunden ist, sind keine Wartezeiten für das Abbinden des Betons mehr notwendig, es kann unmittelbar nach dem Betoniervorgang mit den weiteren Bauarbeiten fortgefahren werden, Dies verkürzt die Bauzeit eines Bauwerkes erheblich, sodass Bauzeiten für ein Stockwerk im Hochbau durchaus unter 3 Tage zu erreichen sind.

Die Besonderheit bei dieser Wand ist, dass die beiden Aussenschalen nicht aus bewehrtem Stahlbeton sind, sondern aus Faserbeton hergestellt werden. Es wird gezeigt, daß der Faserbeton die auf die Außenschalen wirkenden Kräfte beim Betoniervorgang aufnehmen kann, und somit keine Bewehrung notwendig ist.

Geometrische Größen:			
Betonschale	a =	4	[cm]
Füllbeton	b =	7	[cm]
Wanddicke	d =	15	[cm]
Wandhöhe	h =	300	[cm]
Abstand Gitterträger	e =	60	[cm]

Abbildung 7.117: Geometrie

Es wurden hier Im Beispiel Dimensionen gewählt, die einem normalen Stockwerk im Hochbau entsprechen. Die Stärke der Aussenschale wurde bewusst sehr dünn gewählt, damit das Transportgewicht gering wie möglich ist.

Materialien:			
Betonschale:	Beton	C 40	
	Faser	SikaForce 50	
	Dosierung	5	
	Raumgewicht	24	[kN/m3]
Füllbeton:	Beton	C 20	
	Faser	SikaForce 50	
	Dosierung	3	
	Raumgewicht	24	[kN/m3]

so

Abbildung 7.118: Materialien der Doppelwand

Es wurden mit üblichen Betonfestigkeiten von Fertigteilwerken gerechnet. Der Füllbeton kann dann auf der Baustelle durchaus eine geringere Festigkeit haben, dies wird jedoch von der statischen Beanspruchung der Wand abhängen.

Kräfte auf Betonschale:			
Druck auf Schale:	p =	64,80	[kN/m2]
max Moment	M =	1,46	[kNm]

Abbildung 7.119: Kräfte auf die Doppelschale

Der Druck auf die Schale und das einwirkende Biegemoment entstammen dem flüssigen Beton , der in die Doppelwand eingegossen wird. Dabei wird die Schale als punktgetützte Platte mit dem Abstand der Abstandhalter gerechnet.

Wahl der Faser:		SikaForce 50	Kunststoff
Wahl der Dosierung [kg/m3]:		5 Fehlfasern	10%

Wahl der Betonsorte: C 40

Durchmesser	d =	0,73	mm
Fläche	Af =	5,33E-01	mm2
Länge	l =	50	mm
Volumen	v =	2,66E+01	mm3
Gewicht	gf =	2,42E-02	g
Oberfläche	Of =	1,46E+02	mm2
E-Modul	Ef =	750	kN/cm2
Faserdichte	df =	1,03	Stk/cm2
Faserfaktor	cg =	2,50	-
Faserwinkel	β =	25,0	°
Raumwinkel	α =	66	°
Faserrauhigkeit	ρ =	0,9	-
E-beiwert	ce =	0,21	-
Faserzugspannung	f-fk1 =	0,2164	kN/cm2

Druckfestigkeit	fck =	4,00	kN/cm2
Zugfestigkeit	fctk =	0,351	kN/cm2
E-Modul	Ec =	3.520	kN/cm2
Biegezug	fctkb =	0,632	[kN/cm2]
Scherwinkel	φ =	46,66	[°]
Scherspannung	tc =	0,795	[kN/cm2]
Dehnung	εz =	0,179	[Promill]

Faserbeton:

Zugfestigkeit	fcftk =	0,848	kN/cm2
Druckfestigkeit	fcfk =	5,37	kN/cm2

Abbildung 7.120: Bemessung des Faserbetons der Doppelschale

Die Zug- und Druckfestigkeit des Faserbetons der Aussenschale wird nach den bestehenden Formeln und der ausführlichen Beschreibung unter Kapitel 6 Bemessung durchgeführt.

Eingabe der Trägerbreite:

Breite	b =	100	cm

Eingabe des Momentes: (ohne Sicherheit)

Moment	Md =	1,46	kNm

Eingabe der erforderlichen Teilsicherheiten:

Sicherheit FB	eta =	1,3
Sicherheit Last	eta =	1,15

Werte mit Sicherheit:

Zugfestigkeit	fcfts =	0,652	kN/cm2
Druckfestigkeit	fcfs =	4,13	kN/cm2
Moment	Ms =	1,68	kNm
erf. Widerst.mom	Werf =	257,0	cm3
erforderl. Höhe	erf.h =	3,93	cm

Abbildung 7.121: Bemessung und Ergebnis für die Doppelschale

Das Ergebnis der Berechnung zeigt, daß die 4 cm dicke Außenschale den Betondruck durchaus stand hält. Somit ist eine kostengünstige Variante für die Doppelwand möglich.

7.4.10 Vergleich Bemessung mit unterschiedlichen Fasern

Damit man einen Überblick über die Anwendung unterschiedlicher Fasern bei einem Bauteil hat, werden nachfolgend bei dem Berechnungsbeispiel für die Testplatte in Bissen (siehe Punkt 7.4.1.2) die Bemessung für den Faserbeton mit den unterschiedlichsten Fasern durchgeführt.

Dazu sind bei der jeweiligen Bemessung folgende statischen Grundwerte und Materialien gegeben:

Betongüte C 20
Plattenstärke d = 20 cm
max. Biegemoment M = 16,9 kNm

Der Querschnitt und die Gesamtsituation ist unter Punkt 7.4.2.1. aufgezeigt.

7.4.10.1 Vergleich mit unterschiedlichen Fasern

Es wird hier nur eine Bemessung aufgezeigt, da diese Art der Berechnung schon mehrfach gezeigt wurde. Es wird eine Berechnung mit einer Faser gezeigt, die in diesem Buch noch nicht in einer Bemessung vorgekommen ist und so die Detaildaten der Faser auch erkennbar sind.

Wahl der Faser: G 18 A Glas
Wahl der Dosierung [kglm3]: 2 Fehlfasern: 10%
Wahl der Betonsorte: C 20

Durchmesser	d =	0,02	mm
Fläche	Af =	0,00	mm2
Länge	l =	18	mm
Volumen	v =	0,01	mm3
Gewicht	gf =	0,000	g
Oberfläche	Of =	1,1	mm2
E-Modul	Ef =	7.000	kN/cm2
Faserdichte	df =	235,79	Stk/cm2
Faserfaktor	cg =	1,00	-
Faserwinkel	β =	0,0	°
Raumwinkel	α =	66,0	°
Faserrauhigkeit	ρ =	0,8	-
E-beiwert	ce =	1,00	-
Faserzugspannung	f-fk1 =	0,194	kN/cm2

Druckfestigkeit	fck =	2,00	kN/cm2
Zugfestigkeit	fctk =	0,221	kN/cm2
E-Modul	Ec =	2.990	kN/cm2
Scherwinkel	α =	41,9	°
Scherspannung	τc =	0,446	kN/cm2
Faktor-Dehnung	ν =	1,10	-

Faserbeton:

Zugfestigkeit	fcftk =	0,591	kN/cm2
Druckfestigkeit	fcfk =	2,97	kN/cm2

Abbildung 7.122: Bemessung der Decke mit Glasfaserbeton

Es folgt nun eine Zusammenstellung vom Ergebnis verschiedener Fasern für die Decke in Bissen.

	Dimension	Tabix 1/30	HE 55/35	Enduro HPP45	Enduro 600	G 18 A	C C6-4.0/240
Fasermaterial		Stahl	Stahl	Kunststoff	Kunststoff	Glas	Carbon
Dosierung	[kg/m3]	40	40	5	5	2	2
Zugfestigkeit	[kN/cm2]	0,541	0,511	0,481	0,522	0,591	0,709
Druckfestigkeit	[kN/cm2]	2,72	2,57	2,42	2,62	2,97	3,56
erforderliche Höhe	[cm]	19,5	20,1	20,7	19,8	18,6	17

Abbildung 7.123: Vergleich unterschiedlicher Fasern im Faserbeton

Es zeigt sich, dass die Stahlfaser und die Kunststofffaser in etwa gleichwertig sind, da auch der Einkaufspreis für 40 kg Stahlfaser in etwa dem Preis von 5 kg Kunststoffaser entspricht. Somit ist die Wahl von anderen Bedingungen als dem Preis abhängig. Oft entscheidende Kriterien zwischen diesen beiden Fasermaterialien sind die Verarbeitbarkeit und die Mögliche Korrosion.

Die Glasfaser ist etwas besser in ihrer Tragfähigkeit, dies wird aber meist durch den Preis der Faser wett gemacht, sodass diese Faser auch zu Kunststoff und Stahl in Konkurenz steht

Die Carbonfaser zeigt erhebliche statische Vorteile. Dies macht sich in der geringen erforderlichen Höhe bemerkbar. Da dazu auch eine geringe Dosierung notwendig ist, kann der relativ hohe Preis für diese Faser auch durchaus zu einem günstigen Bauteil führen.

Es verbleibt also beim Planer und Bauherrn, sich aus der Vielzahl der angebotenen Fasern die für seine Anwendung optimale Faser zu wählen und dann auch einzusetzen.

7.4.10.2 Vergleich mit Schrumpffaser und unterschiedlichen Fasern

Bei diesem Vergleich wird zuerst eine Microfaser zur Rissvermeidung der Schrumpfrisse angewendet. Dadurch sind zwei unterschiedliche Fasern in der Anwendung, die sich bei der Kraftübertragung ergänzen. Dies kommt insbesondere bei größeren Bauteilen zur Anwendung. Somit ist gewährleistet, dass keine bzw. nur geringe Schrumpfrisse auftreten. In der Berechnung wird von 10 % Schrumpfrissen ausgegangen, sodass im Gegensatz zu Stahlbeton der Beton und somit der Faserbeton erhebliche Zugspannungen übertragen kann.

Bei der nachfolgenden Bemessung wird eine Carbonfaser angewendet, die bei der Platte in Bissen eingesetzt wird. Die Detaildaten dieser Faser können der nachfolgenden Bemessung entnommen werden.

zur Rissvermeidung:	Micro-Faser 1		
Wahl der Faser:	Fibermesh 150	Kunststoff	
Wahl der Dosierung [kg/m3]:	1		
zur Kraftübertragung:	Faser 2		
Wahl der Faser:	C C6-4.0/240-T130	Carbon	
Wahl der Dosierung [kg/m3]:	2		

Wahl der Betonsorte: C 20

Druckfestigkeit	fck =	2,00	kN/cm2
Zugfestigkeit	fctk =	0,221	kN/cm2
E-Modul	Ec =	2.990	kN/cm2
Scherwinkel	φ =	41,9	°
Scherspannung	τc =	0,446	kN/cm2
Faktor-Dehnung	ν =	0,84	-

Faser 1			
Durchmesser	ø =	0,032	mm
Breite	b =	0	mm
Dicke	d =	0	mm
Fläche	Af =	0,00080	mm2
Länge	l =	12	mm
Volumen	v =	0,01	mm3
Gewicht	gf =	0,000009	g
Oberfläche	Of =	1,2	mm2
E-Modul	Ef =	540	kN/cm2
Faserdichte	df =	136,6	Stk/cm2
Faserfaktor	cg =	1,00	-
Faserwinkel	β =	0,0	°
Faserrauhigkeit	ρ =	1,0	-
E-beiwert	ce =	0,18	-
Faserzugspannung	f-fk1 =	0,0270	kN/cm2

Faser 2			
Durchmesser	ø =	0,007	mm
Breite	b =	0	mm
Dicke	d =	0	mm
Fläche	Af =	0,000038	mm2
Länge	l =	6	mm
Volumen	v =	0,000231	mm3
Gewicht	gf =	0,00000042	g
Oberfläche	Of =	0,132	mm2
E-Modul	Ef =	24.000	kN/cm2
Faserdichte	df =	2887,165	Stk/cm2
Faserfaktor	cg =	1,00	-
Faserwinkel	β =	0,0	°
Faserrauhigkeit	ρ =	0,90	-
E-beiwert	ce =	1,00	-
Faserzugspannung	f-fk1 =	0,3110	kN/cm2

Fehlfasern [%]	Faserwinkel α [°]
10	66

Faserbeton:

Zugfestigkeit	fcftk =	0,736	kN/cm2
Druckfestigkeit	fcfk =	3,70	kN/cm2

Abbildung 7.124: Bemessung der Decke mit Carbonfaserbeton

In der nachfolgenden Zusammenstellung der Bemessungen für die unterschiedlichen Fasern kann im Vergleich zum vorigen Kapitel festgestellt werden, dass hier etwas geringere Konstruktionshöhen erforderlich sind. Dies ist die Wirkung der Faser zur Vermeidung der Schrumpfrisse. Der Anteil an der Zugfestigkeit ist relativ gering, wesshalb diese Microfasern eigentlich fast ausschließlich zur Vermeidung der Schrumpfrisse angewendet werden.

	Dimension	Tabix 1/30	HE 55/35	Enduro HPP45	Enduro 600	G 18 A	C C6-4.0/240
Fasermaterial		Stahl	Stahl	Kunststoff	Kunststoff	Glas	Carbon
Dosierung	[kg/m3]	40	40	5	5	2	2
Zugfestigkeit	[kN/cm2]	0,568	0,538	0,508	0,549	0,618	0,736
Druckfestigkeit	[kN/cm2]	2,86	2,70	2,56	2,76	3,11	3,7
erforderliche Höhe	[cm]	19,0	19,5	20,1	19,4	18,2	16,7

Abbildung 7.125: Vergleich unterschiedlicher Fasern im Faserbeton

Insgesamt gesehen ist beim Vergleich der unterschiedlichen Fasern wieder festzustellen, dass es bei der Wahl der Faser hauptsächlich auf die Verarbeitbarkeit und die mögliche Korrosion abhängt. Bei der Glasfaser ist noch zusätzlich die chemische Verträglichkeit wegen dem alkalischen Beton zu prüfen.

Zusätzlich ist bei Anwendung von Carbonfasern zu bedenken, dass bei den geringen Dimensionen der jeweiligen Einzelfaser selbst bei kleinen Dosierungen eine relativ große Oberfläche der eingebauten Faser zustande kommt. Im vorliegenden Fall bildet die Carbonfaser bei einer Dosierung von 2 kg/m^3 eine Oberfläche von 635 m^2. Dies führt dazu, dass wie in Kapitel 6.4 (Fasern zur Vermeidung von Schwindrissen) beschrieben bei der Mischung des Frischbetons eine Ergänzung notwendig ist.

Im gegebenen Fall bei einer Faseroberfläche von 635 m^2 ergibt sich für eine Betongüte von C 20 mit dem Größtkorn von GK 32 mm und einer Kornverteilungslinie B sowie einer plastischen Konsistenz folgende Anteile, die zusätzlich zum Frischbeton zugegeben werden müssen:

Wasser 67,4 Liter

Zement 119 kg

Mit diesen zusätzlichen Mengen ist dann auch die Festigkeitsklasse des gewünschten Betons wieder gegeben.

8 Anwendungen

Faserbeton ist ein Baustoff, der auf Grund der nunmehr nachvollziehbaren Eigenschaften eine immer größere Anwendungsbreite gewinnt. Dadurch, dass der Baustoff so variabel in seiner Form ist und auch einfach in der Herstellung, ist die Grundlage gegeben, diesen Baustoff, wenn möglich einzusetzen und somit auch die Wirtschaftlichkeit auszunutzen.

8.1 Bodenplatten

Oft sind die exakte Lage der Wände und Stützen, die auf die Bodenplatte die Bauwerkslasten abtragen, noch nicht bekannt oder müssen variabel sein (z. B bei Regallager), da ist ein homogener Baustoff als Bodenplatte von Vorteil. Zusätzlich zur Lastenverteilung bietet die Ausführungsvariante Faserbeton den Vorteil, dass sie wasserdicht ist und in relativ große Einzelfelder zerlegt werden kann, deren gegenseitige Abdichtung heute kein Problem mehr darstellt.

8.1.1 Wohnhäuser

Gerade im Wohnhausbau ist eine Bodenplatte mit Faserbeton sehr gut anzuwenden.

Abbildung 8.1: Bodenplatte bei Wohnhaus

B. Wietek, *Faserbeton*, https://doi.org/10.1007/978-3-658-44750-2_8

Die statische Berechnung und Bemessung erfolgt wie üblich bei Plattengründungen, wobei unterhalb großer Einzellasten auch Vouten ausgebildet werden können, die dann die Last auch flüchig verteilen.

8.1.2 Industrieböden

Bei großen Hallenbauten wie Großmärkten hat sich die Faserbetonplatte sehr gut eingeführt. Die üblichen Punktlasten der Regale sind vergleichbar mit den Radlasten der in den Hallen verwendeten Gabelstaplern. Diese Lasten können mit dem Baustoff Faserbeton gut verteilt werden.

Abbildung 8.2: Herstellung eines Hallenbodens mit Faserbeton (Foto: Rindler)

So gilt die Stahlfaser bereits seit den 90er Jahren als Bewehrungsstandard für Industrieböden.

Abbildung 8.3: Fertiger Hallenboden mit Faserbeton (Foto: Rindler)

Ein fertig gestellter Hallenboden für eine Werkshalle in der noch die Einrichtung individuell aufgestellt werden kann.

8.2 Wände

Die Stärke einer Wand hängt von ihrer Belastung und auch von den Abmessungen ab. Gerade große Wände sind zu optimieren, da die Baustoffkubatur entscheidend in den Preis der Wand eingeht. Hier bietet der Faserbeton deutliche Vorteile gegenüber den bestehenden Wandkonstruktionen, auf die im Folgenden noch näher eingegangen wird.

8.2.1 Kellerwände

Diese haben meist eine Höhe des Kellerstockwerkes und liegen somit bei 2,5 bis 3,5 m. Damit ist die Belastung auf die Wand relativ gering und die Materialeigenschaften vom Faserbeton können voll ausgenutzt werden.

Abbildung 8.4: Kellerwand aus Faserbeton

Rechnet man den üblichen Erddruck auf eine Kellerwand und dazu noch zusätzlich Wasserdruck bis in halbe Wandhöhe, so kann mit einer Wanddicke von 20 cm mit Faserbeton das Auslangen gefunden werden. Die Wasserdichtheit der Wand ist bei einem ungerissenen Faserbeton mit 20 cm jedenfalls gegeben. Auch wasserdichte Bodenanschlüsse sind mit Fugenbänder durchaus zu erreichen.

Abbildung 8.5: Kellerwand aus Faserbeton

Somit ist gegenüber den derzeit üblichen Wandstärken von 30 cm bei Kellerwänden aus Betonziegel oder Stahlbeton ein erhebliches Einsparungspotential in den Baukosten gegeben. Eine Stahlbetonwand muss mindestens 30 cm dick sein, da im gerissenen Zustand der Druckbereich nur ca. 5–6 cm beträgt und eine Wasserdichtheit bei Beton erst ab 5 cm ungerissenen Material gewährleistet werden kann. Somit ist der ungerissene Faserbeton bezüglich der Wasserdichtheit materialtechnisch im Vorteil.

8.2.2 Wandscheiben

Bei höheren Wandscheiben, die auch noch hinterfüllt werden, kann mit einem verkehrten Plattenbalken die Aufnahme der großen Erddruckkräfte auch erreicht werden. Dabei werden die Wandscheibe als Zugzone und die zugehörigen Balken als Druckzone in die Berechnung eingeführt. Somit rechnet man einen Plattenbalken nur mit umgekehrten Spannungen.

Die Anordnung ist zwar ungewohnt, jedoch sehr effektiv, da gegenüber den üblichen Wandscheiben erheblich Material eingespart werden kann. Es gibt somit kein überflüssiges Material, das nicht zur Lastabtragung beiträgt.

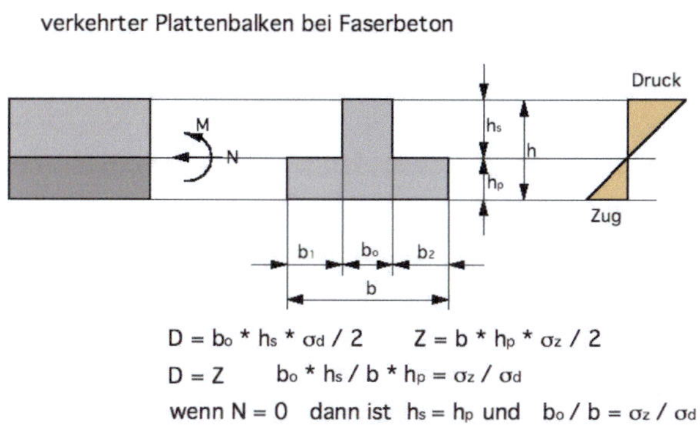

Abbildung 8.6: Beanspruchung beim verkehrtem Plattenbalken

Die Bemessung erfolgt bei nicht gerissenem Querschnitt, also im Zustand 1. Daher ist bei reiner Biegung die Stegbreite zur mitwirkenden Plattenbreite im selben Verhaltnis wie die zulassige Druckspannung zur zulässigen Biegezugspannung zu berechnen.

Diese beiden Werte hängen von der Betonfestigkeit und der Faserart sowie Dosierung ab. Ist die Faserbetonfestigkeit ermittelt, kann die mitwirkende Plattenbreite einfach ermittelt werden und so die Bemessung im ungerissenen Querschnitt durchgeführt werden.

Abbildung 8.7: Außenwand der Garage der Muldenbahn im Pitztal

Bei dem aufgezeigten Beispiel wurde die Konstruktion bei einer eingeschütteten Wand mit einer Wandhöhe von annähernd 6,0 m angewendet. Auch bei der unmittelbar danebenliegenden breiten Fensteröffnung wurde keine Verstärkung, wie z. B. eine Sturzbewehrung, in den Faserbeton eingearbeitet. Diese ausgeführte Konstruktion hat sich nun in der Praxis bewährt.

8.2.3 Doppelwände

Abbildung 8.8: Doppelwand Montage

Die Doppelwand im Massivbau ist eine vorgefertigte Wand mit zwei außenliegenden Schalen, die über Abstandhalter verbunden sind. Die Doppelwand wird werkseitig hergestellt und auf die Baustelle transportiert. Dort wird sie plangemäß aufgestellt und mit Beton vergossen.

Der große Vorteil einer Doppelwand besteht in der Bauzeit. Dadurch dass die Außenschale bereits abgebunden ist, sind keine Wartezeiten für das Abbinden des Betons mehr notwendig, es kann unmittelbar nach dem Betoniervorgang mit den weiteren Bauarbeiten fortgefahren werden, Dies verkürzt die Bauzeit eines Bauwerkes erheblich, sodass Bauzeiten für ein Stockwerk im Hochbau durchaus unter 3 Tage zu erreichen sind.

8.3 Decken

Normalerweise haben Decken eine relativ schlanke Konstruktion, die mit erheblichen Biegemomenten beansprucht sind. Bei Anwendung von Faserbeton sind die Konstruktionshöhen meist etwas höher als bei vergleichbaren Fertigteildecken oder auch Stahlbetondecken, jedoch bietet die etwas stärkere Konstruktionshöhe durchaus auch Vorteile. Gerade für das Schwingverhalten und die Durchbiegung von Decken ist eine etwas massivere Konstruktion durchaus vorteilhaft.

8.3.1 Wohnhäuser

Hier sind Spannweiten von 4,5 m mit einer Deckenstärke von 20 cm möglich. Dies hat dann auch den Vorteil, dass die Decke nur geringe Verformungen bei der im Wohnbau üblichen Belastung aufweist.

Besonders im Ein- und Mehrfamilienhausbau ist die Faserbetondecke eine kostengünstige Variante, da hier auch noch zusätzlich der Vorteil besteht, dass keine Bewehrungseisen auf ihre richtig eingebaute Lage zu kontrollieren sind, sondern der Baustoff Faserbeton alleine die Lasten auf Wände abträgt.

Abbildung 8.9: Testdecke mit 3 x 3 Feldern

Beim obigen Beispiel handelt es sich um eine Testplatte der Fa. Arcelor in Luxemburg, die mit einer Stärke von 20 cm und drei mal drei Feldern von jeweils 6,0 m ausgeführt und belastet wurde. Dabei ist der Nachweis der Tragfähigkeit erbracht worden.

Sollte die Decke durch Stützen unterstellt sein, so müssen Unterzüge die Lastenverteilung ermöglichen. Auch dafür kann Faserbeton verwendet werden, wenn dies statisch nachgewiesen wird. In solchen Fällen ist generell die Lastabtragung der Baukonstruktionsteile von einem Statiker durchzuführen bzw. zu überwachen.

8.3.2 Industriebauten

Die Anwendung bei Decken im Industriebau ist wegen der begrenzten Spannweite bei Faserbetonanwendungen eher begrenzt. Es sind also eher wenige Anwendungen in diesem Bereich zu erwarten.

Im nachfolgend aufgezeigten Fall ist eine Garagendecke mit Spannweite von 6,0 m mit einer 30 cm dicken Faserbetondecke bei einer Talstation einer Seilbahn ausgeführt worden. Es ist dies die Talstation bei der auch die hohe Wandkonstruktion mit dem verkehren Plattenbalken ausgeführt wurde. Die Decke selbst hat nur geringe Nutzlast, da über der Decke die Sessel der Seilbahn in einer Art Bahnhof eingefahren werden und nicht auf der Decke gestapelt werden. Bei der Belastung der Decke handelt es sich lediglich um das Personal der Seilbahn zur Bedienung der Sesselgehänge.

Abbildung 8.10: Decke eines Garagenbaues bei einer Talstationn

8.4 Träger

Faserbeton kann auch in begrenztem Maße bei Trägern eingesetzt werden, insbesondere dort, wo aus geometrischen Gründen eine große Konstruktionshöhe gegeben ist, bei der Biegemomente nur begrenzte Zugspannungen entstehen lassen.

8.4.1 Unter- und Überzüge

Im Hochbau sind Über- bzw. Unterzüge meist von der Architektur in ihren Dimensionen bestimmt. Es ist dabei eine Ableitung von Biegemomenten oft gut mit Faserbeton möglich.

Abbildung 8.11: Träger bei Talstationsbauwerk

Bei dem Garagengebäude der Talstation wurden auch die über- und Unterzüge in Faserbeton hergestellt.

8.4.2 Einzelträger

Die Variation von Trägern ist sehr groß. Bei der Anwendung von Faserbeton ist grundsätzlich darauf zu achten, dass die Zugspannungen im Querschnitt in keiner Stelle die zulässigen Werte überschreiten. Diese werden von der Betonsorte, der Faser in ihrer Dosierung vorgegeben.

8.4.3 Fahrbahnen

Als Lastverteilungsplatte bei Fahrbahnen (Straßenbahn und Pkw-Straßen) kann Faserbeton eingesetzt werden, wobei dies meist kostengünstig ist.

Abbildung 8.12: Fahrbahn aus Faserbeton

Ähnlich wie bei Industrieböden ermöglicht die Faserbetonplatte eine gute Lastenverteilung auf den Untergrund und so können auch kleine Unregelmäßigkeiten beim Untergrund leicht überbrückt werden.

8.5 Galerien

Zur Sicherung von Verkehrswegen im Gebirge vor Lawinen oder Steinschlag werden Galerien gebaut. Die gerundeten Decken machen hier besonders bei einer Ausführung in Stahlbeton Schwierigkeit, da es nicht einfach ist, die Bewehrung genau nach dem geplanten Radius zu biegen und dann noch den Beton in diese Form vollständig einzubringen. Aus diesem Grunde ist der Wunsch entstanden, die Galerie mit dem Baustoff Faserbeton zu bauen.

8.5.1 Fuß- und Radwege

Bei einem Fuß- und Radweg im Hochgebirge soll im Bereich einer Felswand eine Galerie vorgesetzt werden, da die dahinter liegende Felswand sehr bruchgefährdet ist und auch über 50 m sehr stell ist. Eine alternative Vernetzung des Hanges würde zu hohe Kosten erzeugen.

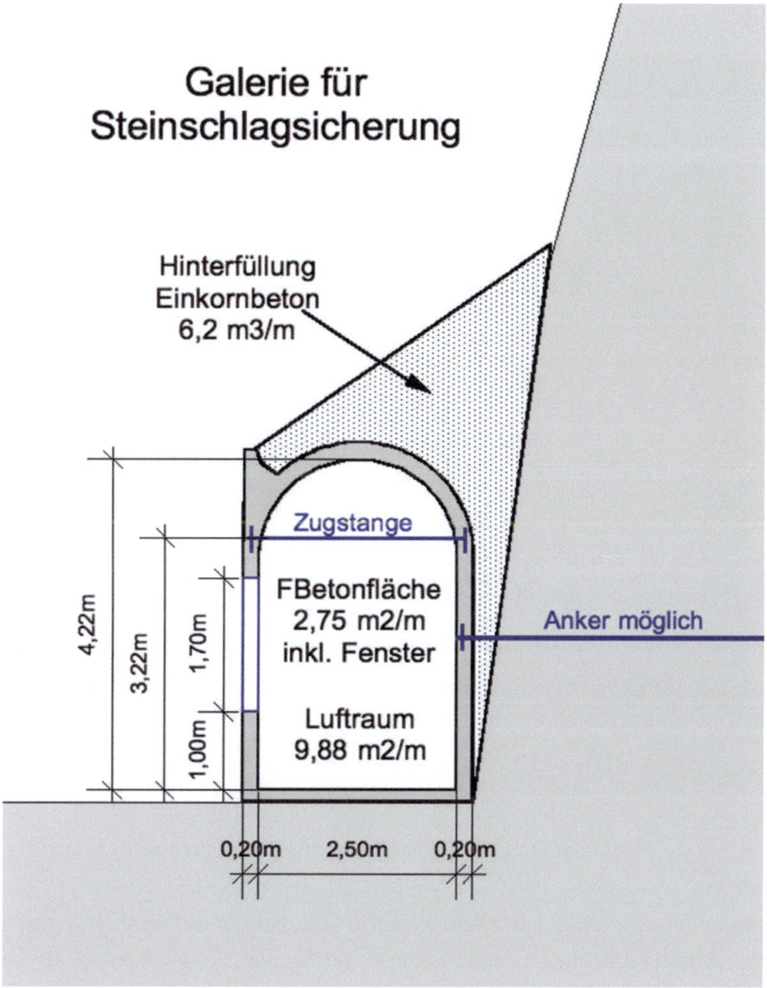

Abbildung 8.13: Steinschlaggalerie für Fußgänger und Radfahrer

Es wurde eine Galerie in Fertigteilbauweise geplant und berechnet, wobei die Fertigteile vom Bagger versetzt werden können und sich somit niemand in den ungeschätzten Bereichen auch während der Herstellung aufhalten muss. Der Bauherr hat diese Planung akzeptiert und es wird derzeit die Ausführung kostenmäßig geplant.

8.5.2 Straßen

Es wurde auch im Rahmen einer Diplomarbeit an der Universität Innsbruck eine Straßengalerie untersucht, ob eine solche auch mit Faserbeton ausführbar ist. Grundsätzlich wäre dies für die Ausfährung und auch fär die Erhaltung ein großer Vorteil, der jedoch nur dann ausgenutzt werden kann, wenn ein statischer Nachweis der Machbarkeit erbracht ist, und auch die wirtschaftliche Untersuchung ein positives Ergebnis bringt.

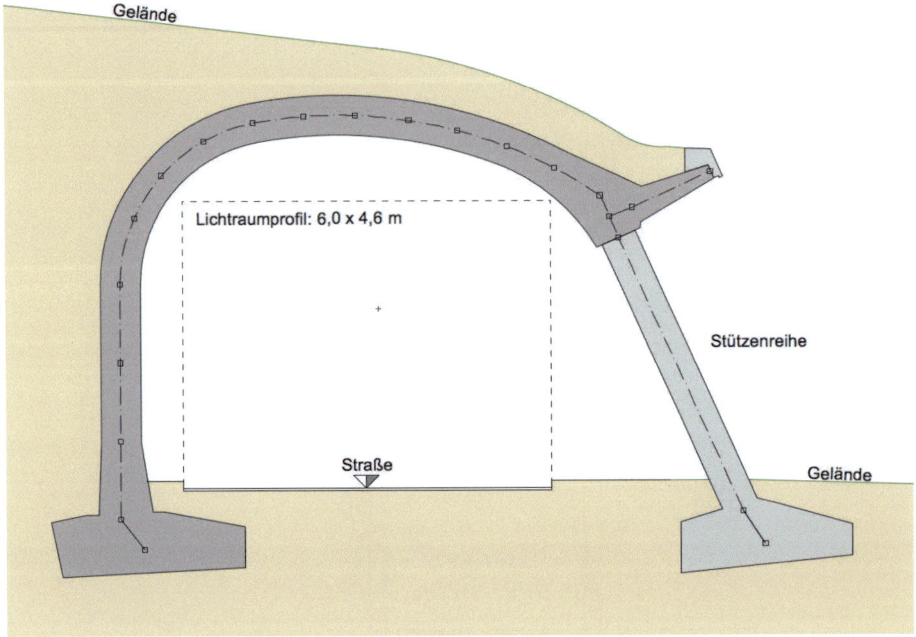

Abbildung 8.14: Straßengalerie für Lawinenschutz

In der Diplomarbeit von Alexander Klotz wurde eine bereits in Stahlbeton ausgeführte Galerie mit Stahlfaserbeton berechnet, wobei hier auch der Vergleich zwischen der Bemessung wie in diesem Buch vorgeschlagen mit der Bemessung gemäß der Richtlinie für Faserbeton angestellt wurde. Es zeigte sich, dass diese gewählte Galerie für eine zweispurige Straße durchaus statisch mit Faserbeton machbar und dabei auch wirtschaftlich interesseant herstellbar ist.

8.6 Tunnelauskleidung

Im Tunnelbau wird derzeit schon sehr viel mit Spritzbeton gearbeitet, wobei dieser immer mit Bewehrungsmatten und gegenenenfalls auch mit Tunnelbögen unterstützt wird. Beim Einsatz von Faserspritzbeton stellt sich die Frage, ob nicht auf die Mattenbewehrung verzichtet werden kann und wieweit sich der Einsatz von Tunnelbögen reduzieren lässt. Hier gibt es noch keine ausreichenden Vergleiche, doch einzelne Baustellen lassen bereits einen Trend zum Faserbeton erkennen.

8.6.1 Stützmaßnahmen

Für die sofortige Stützung des Gebirges nach dem Ausbruch eignet sich Faserspritzbeton ausgezeichnet. Es kann direkt nach dem Ausbruch eingebracht werden, wobei dies entweder händisch mit Mann oder über eine an der Lafette befestigte und gesteuerte Spritzdüse erfolgen kann.

Abbildung 8.15: Tunnel in Oberlech Sicherung

Die hier aufgezeigte Stützung erfolgte in einem Tunnel unter einem Hotel, der in steindurchsetztem Geschiebelehm ausgefräst wurde. Bei Ausbruchtiefen von 0,5 bis 0,8 m konnte die Stützung sofort eingebracht werden. Weitere Stützmittel waren hier wegen des kleinen Querschnittes nicht erforderlich. Der Tunnel wurde von unten in das bestehende Kellergeschoss des Hotels durchgebrochen und dann auch als Durchgang ausgebaut.

Die gesamte Maßnahme konnte ohne Deformationen und auch Risse im Hotel ausgeführt werden, was auf eine sehr kurze freie Standzeit des Untergrundes zurückgeführt werden kann. Der Untergrund hatte keine Zeit sich zu deformieren, die Sicherung war sehr schnell eingebaut und somit waren die Forderungen des Bauherrn erfüllt.

8.6.2 Innenauskleidung

Der Faserspritzbeton kann auch als Innenschale verwendet werden. Da diese meist nur Druckkräfte aufnehmen muss, ist der Faserspritzbeton dazu sehr gut geeignet.

Abbildung 8.16: Tunnel in Oberlech ausgebaut

Im vorstehenden Beispiel wurde eine Kunststofffaser für die Innenschale verwendet und es musste die spritzraue Oberfläche nicht nachbearbeitet werden, sowohl Architekt als auch Bauherr waren mit dieser entstandenen Oberfläche einverstanden.

Abbildung 8.17: Tunnel in Norwegen ausgebaut (Foto Rindler)

Das vorstehende Bild zeigt eine Innenschale bei einem Tunnel in Norwegen, die mit Faserbeton hergestellt wurde. Hier ist besonders der Einsatz von Kunststofffasern zu erwähnen, da diese bei Brand im Tunnel eine sehr positive Eigenschaft haben und die Innenschale dabei wesentlich bessere Trageeigenschaften aufweist als Normalbeton.

8.7 Tübbinge

Tübbinge sind Fertigteile, die zusammengesetzt einen Tragring ergeben. Sie werden im Tunnelbau und auch im Schachtbau oft verwendet. Da diese Einzelteile hauptsächlich auf Druck belastet sind, eignet sich Faserbeton hervorragend für eine Anwendung. Zusätzlich ist bei Anwendung einer Kunststofffaser die Materialeigenschaft bei Brand empfehlenswert.

8.7.1 Tunnelbau

Immer mehr Tunnel werden mittels Vollschnittmaschinen hergestellt. Da der ausgebrochene bzw. ausgefräste Querschnitt eine genaue kreisrunde Form hat, ist die Anwendung von Tübbingen als Stütz- und Ausbaumittel von entscheidendem wirtschaftlichen Vorteil.

Abbildung 8.18: Tübbinge vor dem Einbau

Die Tübbinge werden in ausreichender Zahl vorproduziert und je nach Vortriebsleistung der Tunnelbohrmaschine eingesetzt.

Abbildung 8.19: Tübbinge vor dem Einbau

8.7.2 Schachtbau

Da Schächte schon immer mit Fertigteilen hergestellt wurden und diese auch hauptsächlich auf Druck belastet werden, war es naheliegend, auch diese Schachtringe aus Faserbeton herzustellen. Damit konnte ein wesentlicher wirtschaftlicher Vorteil erarbeitet werden, wobei die Produktion auch noch zusätzlich vereinfacht wurde.

8.8 Fertigteile

Faserbeton eignet sich besonders beim Einsatz mit Fertigteilen. Da es sich hier oft um komplizierte Formen handelt, ist ein homogener Baustoff wie Faserbeton im Vorteil gegenüber einem mit Baustahl bewehrten Beton, da dieser bei Rundungen und allgemeinen Kurven nur schlecht angepasst werden kann.

8.8.1 Rohre

Dies ist wohl die Form, bei der Faserbeton zuerst eingesetzt wurde. Denkt man insbesondere an Schleuderbeton, so ist Faserbeton mit dem selben Einbauverfahren möglich und kann hier seine Materialeigenschaften gut anwenden.

Abbildung 8.20: Faserbetonrohre

Die Größen der Faserbetonrohre haben mittlerweile jeden Durchmesser und auch jede Form (oval und auch Eiform) erreicht. Somit kann jedes Rohr auch in Faserbeton hergestellt werden und die meisten Dimensionen sind auch im Fertigteilhandel mit Faserbeton als Baustoff erhältlich.

8.8.2 Platten und Decken

Abbildung 8.21: Wandfertigteil aus Faserbeton (Foto Rindler)

Im Hausbau kommen immer mehr Fertigteile aus Faserbeton z.B. als Wände zum Einsatz.

8.8.3 Treppen

Treppen im Wohnhausbau, ob gerade oder gewendelt, sind als Fertigteile schon lange im Gebrauch. Sie werden mit fast allen Baustoffen wie Holz, Stahl, Stahlbeton hergestellt. Faserbeton kann ebenfalls die aufkommenden Beanspruchungen bei Treppenläufe durchaus übernehmen. So wurden einige Versuche mit Faserbeton gestartet und derzeit sind schon zahlreiche Fertigteiltreppen für die Anwendung im Wohnhausbau hergestellt und auch eingebaut worden.

Abbildung 8.22: Fertigteiltreppe aus Faserbeton im Werk ausgeschalt und aufgestellt

Bei der Berechnung dieser Fertigteiltreppen wurden Kunststofffasern eingesetzt. Es zeigte sich bei der Bemessung, dass der tragende Querschnitt nur unwesentlich stärker ist als bei Herstellung mit Stahlbeton sein muss.. Es wurde dabei mit einer Dosierung von 5 kg/m^3 gerechnet und auch das Auslangen gefunden. Somit wurde mit einer relativ geringen Dosierung die Faserbetontreppe ausreichend dimensioniert. Für die Anwendung im Werk ist die Herstellung mit Faserbeton wesentlich einfacher und so wird sich diese Form auch in der Praxis durchsetzen.

Nach der Aushärtezeit, in der der Faserbeton seine Festigkeit und somit Tragfähigkeit erreicht, wird die Fertigteiltreppe aus der Schalung gehoben und weiter verarbeitet. Die Fertigteiltreppen werden auf die Baustelle mit LKW transportiert und dort mittels Hebeeinrichtung des LKW oder auch vom Kran eingebaut. Dabei sind eigene Hängevorrichtungen in die Treppenläufe integriert, die nach Gebrauch verschlossen bzw. ausgegossen werden können.

Die hier abgebildete Treppe wurde in einem Wohnhaus in Oberösterreich eingebaut.

Abbildung 8.23: Fertigteiltreppe aus Faserbeton eingebaut

8.8.4 Stützwände

Hier wurden mit Stahlfaserbeton Fertigteile hergestellt, die anschließend mit zwei Bodennägeln in den Untergrund verankert wurden. Die vordere Ansichtsfläche wurde mit einer besonderen Schalung hergestellt, die ein Natursteinmauerwerk andeutet. Damit sieht die Fertigteilwand eher nach einer gemauerten Stützmauer aus, wie es der Bauherr auch wünschte.

Abbildung 8.24: Stützwand aus Fertigteilen mit Faserbeton

8.9 Baugruben- u. Hangsicherungen

Faserbeton als Spritzbeton angewendet eignet sich besonders zur Sicherung von natürlichen Böschungen wie Baugruben, natürliche Hänge und auch zur Absicherung von hohen Ziegelwänden.

8.9.1 Baugruben

Hier ist besonders der schnelle Kraftschluss nach dem Aushub bei der Anwendung von Faserspritzbeton möglich. Das freigelegte Erdreich ist binnen kürzester Zeit gehalten und kann nicht weiter abrutschen. Besonders bei sandigen und kiesigen Böden ist der rasche Kraftverbund notwendig und auch vorteilhaft.

Bei der aufgezeigten Baugrube (Tiefe ca. 10 m) waren lockere Sandschichten beim Aushub problematisch, da der Sand abzurutschen drohte und so einen Verbruch hinter der Spritzbetonschale ermöglichte. Mit Aushubtiefen von 60 bis 80 cm (siehe kleines Bild) wurde sofort nach dem Aushub der Faserbeton angespritzt und das Erdreich somit zurückgehalten. Es konnten dabei mit sehr wenig Überprofil die theoretischen Mengen eingehalten werden.

Abbildung 8.25: Hangsicherung in Patsch bei Innsbruck

Die Übergänge zwischen den einzelnen Spritzvorgängen mussten nur abgeschrägt werden, so wurden sie verlaufend hergestellt. Nach dem benachbarten Anspritzen konnte die Wand auch die auftretenden Belastungen übernehmen und es zeigten sich dabei keine Risse im Spritzbeton. Somit ist der Übergang zwischen den einzelnen Spritzvorgängen vollkommen unproblematisch, es muss nur darauf geachtet werden, dass der neu aufgebrachte Spritzbeton auf eine saubere Oberfläche aufgebracht wird.

Eine besonders herausfordernde Baugrubensicherung war hinter einem bestehenden Hotel in Ischgl. Es wurde der Raum zwischen bestehendem Hotel und der Grundgrenze unterirdisch als Erweiterung genutzt. Dafür wurde eine Spritzbetonsicherung der Baugrube mit Faserspritzbeton gewählt.

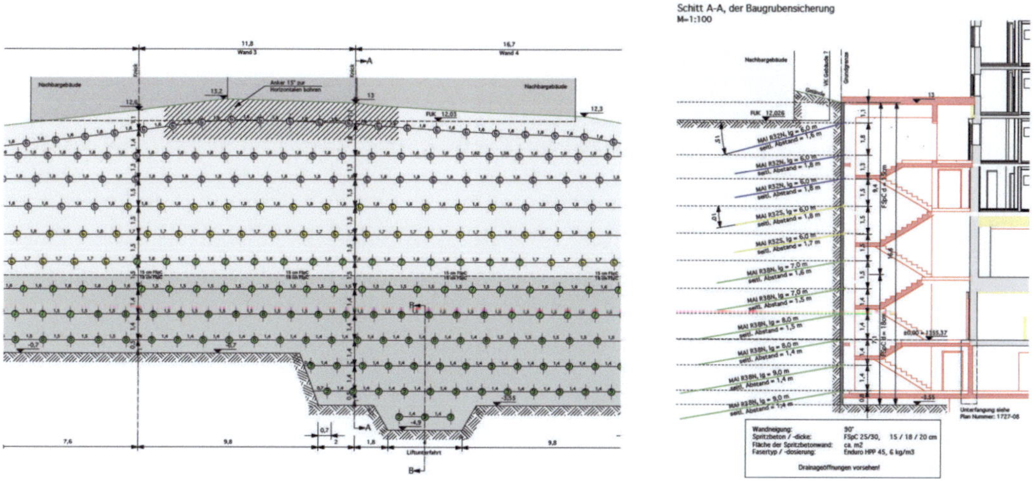

Abbildung 8.26: Baugrubensicherung in Ischgl - Pläne

Im Plan ist ersichtlich, dass die zu sichernde Höhe insgesamt ca 16 m war, wobei oberhalb der Sicherung ein 4-geschossiges Hotel als Auflast zu berücksichtigen war.

Es wurde Faserspritzbeton in der Betongüte SpC 25 und der Kunststofffaser Enduro 45 mit einer Dosierung von 6 kg/m3 verwendet. Die Stärke des Faserspritzbetons wurde gestaffelt von 15 bis 20 cm, wobei die Angleichung an den natürlichen Untergrund zusätzlich zu berücksichtigen war. Man erkennt in den Bildern, dass im Untergrund Steine und metergroße Blöcke angetroffen wurden, die teils in die Baugrube hineinragen oder auch beim Aushub entsprechende Hohlräume erzeugten, die geschlossen werden mussten.

Nicht nur die Tiefe der Baugrube, sondern auch besonders die beengten Platzverhältnisse waren nur durch entsprechenden Geräteeinsatz und sehr guter Arbeitsvorbereitung mitsamt dem bis ins Detail durchorganisiertem Bauablauf möglich. In den beiden nachfolgenden Bildern ist die Baugrube in ca. 12 m Tiefe gezeigt. Der Abtransport des Aushubmaterials erschwerte sich zunehmend, da in diesem Bereich noch eine ehemalige Baugrubensicherung gleichzeitig mit dem Aushubfortschritt entfernt werden musste, da sie mitten in dem Aushubbereich gelegen war.

Abbildung 8.27: Baugrubensicherung in Ischgl - Bilder

Es wurden zur Beobachtung der Wandbewegungen eigens Messmarken gesetzt, die optisch durch die Baufirma täglich kontrolliert wurden. Zusätzlich wurde an 5 Punkten durch ein unabhängiges Vermessungsbüro die Wanddeformation gemessen. Zum Zeitpunkt der aufgenommenen Bilder waren Bewegungen in der gesamten Wandschale in horizontaler Richtung von ca. 10 mm und vertikal von ca. 12 mm.

Diese relativ geringen Deformationen konnten nur erreicht werden, da ein Teil der Bodennägel zusätzlich nach dem Einbau vorgespannt wurden, um so die Ankerkraft müglichst frühzeitig ohne große Bodendeformation zu erreichen.

8.9.2 Hangsicherungen

Bei natürlichen Hängen ist eine Sicherung meist nicht mit ebenen Flächen begrenzt. Hier eignet sich besonders der Faserspritzbeton, da jegliche Geländeform eingespritzt werden kann, ohne dass hier großer Mehrverbrauch an Spritzbeton entsteht.

Bei hohen und labilen Hängen kann der Faserspritzbeton auch vom Kran aus aufgebracht werden, es muss das Gelände nicht von der Arbeitsmannschaft durchstiegen werden, was eine große Erleichterung der Arbeiten aus sicherheitstechnischer Sicht darstellt.

Die oft mit großen Felsrippen durchsetzten Hänge können nicht immer mit ebenen Sicherungen ausgeführt werden. Am nachfolgenden Beispiel wird eine Hangsicherung bei felsdurchsetztem Gelände aufgezeigt, das selbst nach der Verankerung mit Felsanker immer noch sehr grobe Struktur aufweist. Diese Form ist nur mit Faserspritzbeton erreichbar. Die Wirtschaftlichkeit hat den Einsatz gegenüber der bewehrten Methode einer Hangsicherung den Vorzug gegeben.

Abbildung 8.28: Spritzen einer Hangsicherung am Gerlosberg - Tirol

Es ist nicht nur die Wirtschaftlichkeit, sondern auch das optische Aussehen, das im Hochgebirge zusätzlich ein Kriterium ist. So erkennt man die Strukturen des Felsuntergrundes noch hinter der Spritzbetonschale und dies macht einen sehr harmonischen Eindruck zur benachbarten

Natur. Es erscheint sich wesentlich besser in die Landschaft einzufügen, als harte geometrische Strukturen.

Abbildung 8.29: Hangsicherung bei der Brenner Autobahn

Die Verankerung bei dieser Sicherung konnte für den Betrachter vollkommen im Spritzbeton eingebunden werden, so dass man sie nicht erkennt.

8.10 Wandsicherung

Beim Abbruch eines innerstädtischen Hauses entstand eine Baulücke, an die die alten Mauern der Nachbarhäuser angrenzten. Nach Untersuchung der Wandstärke wurde festgestellt, dass die Ziegelwand nur 15 cm stark und eher schlecht vermörtelt war. Es wurde befürchtet, dass die so offene Wand den Belastungen durch Wind und Wetter nicht standhalten würde. Es musste daher eine Sicherung bzw. Verstärkung der Ziegelwand vorgenommen werden.

Es wurde eine 5 cm Faserspritzbetonschale vorgesehen, da es nicht möglich war an der bestehenden Ziegelwand Bewehrungsmatten anzudübeln. Dies hätte möglicherweise eine Lockerung des Mauerwerks bewirkt, wovor man sich gehütet hat. Mit der dann durchgeführten Auflage der Faserbetonschicht war die Wand als sicher gegen Wind und Wetter eingestuft worden und konnte die Bauzeit von ca. einem Jahr die alte Ziegelwand schützen.

Abbildung 8.30: Sicherung einer Hauswand in Innsbruck

8.11 Videos von Baustellen

Es werden in diesem Buch von etlichen Baustellen Bilder gezeigt. Zusätzlich wurden an ausgewählten Baustellen Videos aufgenommenen, die zu kurzen Filmen zusammengefasst wurden. Es soll hier auch besonders die einfache Verarbeitung von Faserbeton aufgezeigt werden.

Videos können bei der Internetseite youtube unter folgenden Adressen angesehen werden:

http://youtu.be/bcX21yHPqU0

Abbildung 8.31: Herstellung einer Bodenplatte im Wohnbau mit Faserbeton

https://www.youtube.com/watch?v=jqo3cwiq6H0

Abbildung 8.32: Versuche mit Faserspritzbeton

https://www.youtube.com/watch?v=-fFcjDUg2FM

Abbildung 8.33: Herstellung eines Tunnels mit Faserspritzbeton

https://www.youtube.com/watch?v=gUK7dvYP_jI&index=2&list=UUV-WBZNFeiRH-XYct4rGCyQ

Abbildung 8.34: Herstellung eines tiefen Baugrubenverbaues mit Faserspritzbeton

Anhang

B. Wietek, *Faserbeton*, https://doi.org/10.1007/978-3-658-44750-2

Tabellenverzeichnis

B. Wietek, *Faserbeton*, https://doi.org/10.1007/978-3-658-44750-2

Abbildungsverzeichnis

B. Wietek, *Faserbeton*, https://doi.org/10.1007/978-3-658-44750-2

Literaturverzeichnis

[1] Kustermann A. *Einflüsse auf die Bildung von Mikrorissen im Betongefüge.* PhD thesis, Universität der Bundeswehr München, 2005.

[2] Meyer A. Glasfaserbeton. *BFT Betonwerk + Fertigteil-Technik*, 39(6), 1973.

[3] Schuchter A. Bauvorhaben Maschinenhalle Ritzer Stahlfaserbewehrte Geschossdecke. In Schretter Vilser Baustofftag, editor, *Faserbeton*, volume 11. Zement Beton, 2007.

[4] Thienel K.Ch; Kustermann A. *Sonderbetone - Faserbeton.* Universität der Bundeswehr München, Institut für Werkstoffe des Bauwesens, München, 2010.

[5] Peer B. *Numerische Traglastanalysen von Durchlaufträgern aus Stahlfaserbeton.* PhD thesis, Institut für Grundlagen der Bauingenieurwissenschaften Arbeitsbereich Festigkeitslehre, Baustatik, Tragwerkslehre, Universität Innsbruck, Innsbruck, 2005.

[6] Thomee B. Stahlfaserbeton: Elastoplastisches Materialgesetz - Berechnungsmodelle - Versuche. page 10, 2001.

[7] Wietek B. *Grundbau – Einführung in Theorie und Praxis.* Manz-Verlag, 4. edition, 2002.

[8] Wietek B. Über die Bemessung von Stahlfaserbeton. *österreichische Bauzeitung*, 48:33–36, November 2007.

[9] Wietek B. *Stahlfaserbeton Grundlagen und Praxisanwendung.* Number ISBN 978-3-8348-0872-1. Vieweg + Teubner, 2. edition, 2010.

[10] Alfes Ch. Die neue dafstb-richtlinie stahlfaserbeton - konzeption und herstellung. In *BFT Betonwerk + Fertigteiltechnik 75*, volume H. 2. 53. Beton Tage 2009, Ulm, 2009.

[11] Pockes Ch. Stahlfaserbeton im bauwesen. *Alumni biw-fhd*, page 7, 1999.

[12] Weisse D. Stahlfaserbeton – Tragverhalten, Nachweisführung, Berechnungsbeispiele. page 24, 2000.

[13] Deutscher Beton- und Bautechnik-Verein e.V., Berlin. *Stahlfaserbeton - Beispielsammlung zur Bemessung nach DBV-Merkblatt*, 2004.

[14] Chen L ; Mindess S ; Morgan D.R. Toughness evaluation of steel fibre reinforced concrete. pages 16 – 29, Ottawa, 1993.

[15] Banholzer B; et.al. Bestimmung eines verbundgesetzes auf basis von einzelfaser-pull-out-versuchen. *Bautechnik*, 81(10), 2004.

[16] Fachvereinigung Faserbeton e.V., editor. *Glasfaserbeton - Konstruieren und Bemessen.* Beton.Verlag, 1994.

[17] Knab Franz. *Modellierung von Stahlfaserbeton mit SOFiSTiK.* PhD thesis, TH-München, März 2000.

[18] Institut für Bauforschung der RWTH Aachen. Korrosion von stahlfasern in gerissenem und ungerissenem stahlfaserbeton. Frauenhofer IRB Verlag, 1998.

B. Wietek, *Faserbeton*, https://doi.org/10.1007/978-3-658-44750-2

[19] Brux G. Beton mit erhöhter brandbeständigkeit. *Beton- und Stahlbetonbau*, 96(2), 2001.

[20] Fritsche G. Faser- contra Stahlbeton. *betonstahl*, 2/07(93):6–12, 2007.

[21] Kusterle W; Vogl G. Brandschutzschichten für verkehrstunnel - ein sachstandsbericht zur regelung und ersten anwendung in österreich - grundlagen und anwendung. *beton*, 58(3):90 – 95, 2008.

[22] Lohmeyer G. *Baustatik 2 – Bemessung und Festigkeitslehre*. B.G. Teubner Verlag, 2006.

[23] Lohmeyer G. *Stahlbetonbau Bemessung – Konstruktion – Ausführung*. B.G. Teubner Verlag, 2006.

[24] Valentin G. *Stahlbetonbau*. Manz-Verlag, 10. edition, 2001.

[25] Schorn H. *Faserbetone für Tragwerke*. Number ISBN 978-3-7640-0508-5. Verlag Bau + Technik, 2010.

[26] Zorn H. Alkaliresistente glasfasern - von der herstellung bis zur anwendung. *Coll. on Textile Reinforced Structures*, 2007.

[27] Körmeling H.A. Impact tensile strength of steel fibre concrete. Technical report, Stevin Laboratory TH Delft, Delft, 1984.

[28] Becker Heinz-Rainer. Anwendungsbeispiele von Stahlfaserbeton in der Tragwerksplanung. *Westdeutsches Architekten und Ingenieurforum, Bochum*, 2007.

[29] Schweizer Ingenieurverein. Stahlfaserbeton. *SIA162/6*, page 20, 1999.

[30] Horwarth J. *Beiträge zum Brandverhalten von Hochleistungsbetonen*. PhD thesis, Technische Universität Wien, Fakultät für Bauingenieurwesen, 2003.

[31] Rosenbusch J. Einfluss der faserorientierung auf die beanspruchbarkeit von bauteilen aus stahlfaserbeton. *Beton- und Stahlbetonbau*, 99(5):372–377, 2004.

[32] König G; Dehn F; Holschemacher K. *Faserbeton*. Bauwerk-Verlag, Leipzig, 2002.

[33] Tue N.V; Henze S; Küchler M; Schenck G; Wille K. Ein optoanalytisches verfahren zur bestimmung der faserverteilung und -orientierung im stahlfaserverstärktem uhfb. *Beton- und Stahlbetonbau*, 102(10):674–680, 2007.

[34] Beer Klaus. *Bewehren nach DIN 1045-1*. B.G. Teubner Verlag, 2007.

[35] Bergmeister Konrad, editor. *Beton Kalender*. Ernst u. Sohn, 2005.

[36] Zastrau B; Richter M; Lepenies L. On the analytical solution of pullout phenomena in textile reinforced concrete. *Journal of Engineering Materials and Technology*, 31(125), 2003.

[37] F. Leonhardt. *Vorlesungen über Massivbau*, volume 1 - 6. Springer, 1979.

[38] Empelmann M; Steven G; Teusch M. Auswirkung der herstellung auf die faserorientierung und die leistungsfähigkeit von stahlfaser- sowie kunststofffaserbeton. Bericht IR 3-2008; Fachgebiet Massivbau der TU Braunschweig, Juni 2008.

[39] Hempel R; Schorn H; Schiekel M; Butler M. Durability of textile reinforced concrete. *ACI-Journal*, 108(9), 2005.

[40] Rohde S; Teusch M. Zugversuche an stahlfaserbewehrten stahlbetonbalken. Technical Report 109, IBMB der TU Braunschweig, 1994.

[41] Schadde M. *Bewehrungskorrosion im Stahlfaserbeton*, Oktober 2007.

[42] Vitruvius Pollio Marcus. *De Architectura.* Primus Verlag Darmstadt 1996, -27.

[43] Schadde Markus. Stahlfasern - bewehrung im hochbau. In Schretter Vilser Baustofftag, editor, *Faserbeton*, volume 11. Zement Beton, 2007.

[44] Wetzell O. *Wendehorst Bautechnische Zahlentafeln.* Teubner, 2007.

[45] Proc of the RILEM TC 162, editor. *Design of Steel Fibre Reinforced Concrete - New Approach - Method.* TDF Workshop Bochum, RILEM Publications 2003, 2003.

[46] Strack M; Mark P. Zur biegebemessung von stahlfaserbeton und stahlfaserverstärktem satahlbeton. *Beton- und Stahlbetonbau*, 98(12), 2003.

[47] Krapfenbauer R. *Bau Tabellen.* Jugend u Volk, 2006.

[48] Röck R. Grundlagen über die Wirkung von Fasern im Beton. In Schretter Vilser Baustofftag, editor, *Faserbeton*, volume 11, pages 3–7. Zement Beton, 2007.

[49] Travnicek R. Bauelemente aus glasfaser-spritzbeton. *Frauenhofer IRB Verlag Stuttgart*, 2003.

[50] Zaina M; Foster S.J;. Modelling of fibre-reinforced hsc columns. Technical Report 439, UNCIV Report Sydney, 2005.

[51] Friedrich T. *Glasfaserverstärkter Beton.* Beuth Verlag, Berlin, 2004.

[52] Sakomtaskkul P; Mindess S; Banthia N; Mikami T. Fracture and laterally confined fibre reinforced concrete under impact loading. In *Proceedings of the Third Internat. Conference on Concrete Under Severe Conditions.* University of British Columbia Vancouver, 2002.

[53] Schrepfner T. Glasfaserbeton als werkstoff für bauprodukte. Technical report, Stuttgart, 1996.

[54] Höcker Th. *Einfluss von Stahlfasern auf das Verschleißverhalten von Betonen unter extremen Betriebsbedingungen in Bunkern der Abfallbehandlungsanlagen.* DAfStb, Berlin, h 468 edition, 1996.

[55] Pfyl Th. *Tragverhalten von Stahlfaserbeton.* PhD thesis, ETH Zürich, Zürich, 2003.

[56] VDS Verband deutscher Stahlfaserhersteller e.V., D-45703 Dattein, Postfach 1214. *Stahlfaserbeton für Bauteile und Bauwerke*, 2006.

[57] Verband deutscher Stahlfaserhersteller e.V., D-45703 Datteln, Postfach 1214. *Anforderungen an den Untergrund*, 2003.

[58] Brameshuber W. Textile reinforced concrete, state of the art report of rilem. Technical committee 201-trc, RILEM, Bagneux, 2006.

Index

B. Wietek, *Faserbeton*, https://doi.org/10.1007/978-3-658-44750-2